KB040179

만약 영화 이후 가장 몰입하게 하는 새로운 커뮤니케이션 미디어를 이해하고 싶다면… 베일렌슨의 책으로 시작하기를 권한다. 간결하고도 빈틈이 없으며 당신이 알아야 할 것을 들려줄 것이다. 무엇보다 이 책은 가끔 제기되는 성가신 질문, 즉 가상현실이 어디에 좋은가 하는 질문에 대답한다.

_《월스트리트 저널》

놀랍도록 재미있다. 가상현실의 응용이 현재 어떤 상황에 이르렀는지에 관심이 있는 사람이라면 베일렌슨의 책을 즐길 것이다.

_《뉴욕타임스》

가상현실이라는 위험에 대한 쉬운 개론서이자 설득력 있는 입문서.

_《워싱턴 포스트》

가상현실 주제의 탁월한 입문서. 매혹적인 여행을 약속한다.

_《샌프란시스코 크로니클》

가상현실 분야 선구자인 제러미 베일렌슨은 가상현실이 어떻게 일상 속에서 구현되고 어떤 도움을 주며 미래에 우리에게 어떤 영향을 줄 것인지 잘 이해시킨다.

_손영권(삼성전자 사장, 최고전략책임자)

제러미 베일렌슨만큼 가상현실에 대해 잘 아는 사람은 드물다. 수십 년간 그는 가상현실이 어떻게 인간에게 영향을 미치는지 연구해왔다. 새로운 세상이 오기 전에 이 책을 읽을 것.

_케빈 켈리(《와이어드》 창립 편집인, 『인에비터블 미래의 정체』 저자)

제러미 베일렌슨은 위축되지 않고 대담하다. 그는 우리의 취약점과 잠재력을 더 많이 보여준다. 이 책은 우리 자신에 대한 지식의 최전선과 피할 수 있는 인간의 약점을 보여준다.

_재런 러니어(가상현실 선구자, 『가상현실의 탄생』 저자)

제러미 베일렌슨은 21세기에 '거기에 있음'의 의미에 관한 명확한 틀을 제공한다. 이 책을 읽고 윤리적, 도덕적 선택을 조정하라.

_셰리 터클(MIT 과학기술사회학 교수, 『대화를 잃어버린 사람들』 저자)

날카로운 지성과 명료한 문장. 제러미 베일렌슨은 독특하고도 강력한 가상현실의 현재를 꼼꼼하게 살핀다. 이 매력적인 책은 세계를 변화시킬 '공감 기계'인 가상현실의 엄청난 잠재력을 보여주고, 그 함정과 한계에 대해 분명히 알린다.

_로렌 파월 잡스(에머슨 콜렉티브 사장)

가상현실이란 무엇인가? 누구나 이에 대해 말하지만, 이 예술적이며 잘 만들어진 시뮬레이션에 진정으로 빠져 있는 사람은 거의 없다. 제러미 베일렌슨은 과장된 선전을 넘어, 가상현실이 소통부터 엔터테인먼트까지 삶의 모든 면을 향상키는 심오하며 공감되는 방법을 안내한다. 우리가 사는 세상에 대해 알고 싶다면, 반드시 읽을 것.

_제인 로젠탈(트라이베카 엔터프라이즈의 프로듀서 겸 공동 설립자)

하드웨어 설계와 시장 역학의 높은 수준의 문제에서부터 인간의 상호 작용 및 행동에 대한 세부 사항에 이르기까지, 가상현실에 관한 제러미 베일렌슨의 지식은 출중하다. 이 책도 예외는 아니다. 이 책에는 가상 환경에서의 인간 경험에 관한 필수적인 통찰력과 정보가 담겨 있다. 가상현실 경험 디자이너를 위한 필독서.

_필립 로즈데일(하이 피델리티 및 세컨드 라이프 설립자)

가상현실은 운동선수의 훈련법을 바꾸고 있다. 가상현실로 기술을 연마하려는 사람이라면 누구나 읽어야 한다.

_조 몬태나(미식축구 쿼터백, NFL 명예의 전당 헌액)

두렵지만 매력적인

가상현실(VR)이 열어준 인지와 체험의 인문학적 상상력

Experience On Demand

두렵지만 매력적인

가상현실VR이 열어준 인지와 체험의 인문학적 상상력

제러미 베일렌슨Jeremy Bailenson 지음 | 백우진 옮김

동아시아

내가 만난 가장 친절한 천재,

클리퍼드 나스에게 바침.

추천의 글

가상현실(VR) 분야 선구자 중 한 명인 제러미 베일렌슨은 가상현실이 어떻게 일상 속에서 구현되고 어떤 도움을 주며 미래에 우리에게 어떤 영향을 줄 것인지 잘 이해시킨다. 가상현실이 세계를 더 좋게 바꿀 큰 잠재력과 함께 인류에게 해를 끼칠 중대한 위험을 불러올 파괴적인 기술인 것은 분명한 것 같다. 제러미는 가상현실이 우리 사회에 제기하는 실제 위험을 인정하면서, 우리 삶을 향상시킬 많은 방식에 대해서도 실마리를 준다. 새로운 혁신 기술이 가져올 미래의 문제들을 해결하는 한마디로 간단한 정답을 제시하는 것은 아니고, 그 기술 활용을 둘러싼 건강한 생태계를 만들어가는 일은 우리 모두 함께 수행해야 할 공동의 책임이라고 역설하고 있다. 여러분이 이 책을 읽고 가상현실과 다가올 변화의 잠재력을 더 잘 이해하고, 가상현실이 좋은 데 쓰이는 힘이 되도록 보장하려면 우리가 어떻게 해야 하는지 생각해보기를 권한다.

손영권

삼성전자 사장, 최고전략책임자 CSO

하만 이사회 의장

As one of VR's pioneers, Jeremy Bailenson sheds light on how it works, its benefits, and how it will impact us in the future. VR is undeniably a disruptive technology which brings a lot of potential to improve the world for the better as well as significant risks to harm humanity. Jeremy sheds light on the many ways VR can enhance our lives while acknowledging the real dangers it poses to our society. There is no clear-cut answer to addressing future problems a new breakthrough technology may bring, and it is a shared responsibility for all of us to work together to establish a healthy ecosystem around its use. I encourage you to read this book to increase your understanding of VR and the potential changes to come and think about how we can ensure VR is used as a force for good.

Young Sohn

President & Chief Strategy Officer, Samsung Electronics

Chairman of the Board, HARMAN

/CONTENTS/

일러두기

- 각주는 '지은이 주'라는 표시가 있는 경우를 제외하고는 모두 옮긴이가 쓴 것이다.
- 본문 중 굵은 글씨는 원서에서 강조한 부분이다.
- 본문에 나오는 전문용어는 학계에서 두루 쓰이는 용어를 선택해 우리말로 옮겼다.
- 책, 장편소설은 『 』, 논문집, 저널, 신문은 《 》, 단편소설, 시, 논문, 기사는 「 」, 예술작품, 방송 프로그램, 영화, 게임은 〈 〉로 구분했다.

들어가며

마크 저커버그Mark Juckerberg는 이제 막 널빤지를 걸어가려는 참이다.

2014년 3월 스탠퍼드대학의 가상인간상호작용연구소VHIL, Virtual Human Interactive Lab의 다중감각실. 나는 그가 쓴 가상현실 체험 헤드셋 HMDHead Mounted Display를 최종 조정하고 있다. 그가 쓴 HMD는 덩치가 크고 값비싼 헬멧 같은 기기였다. 그 HMD는 이제 곧 그를 다른 세상으로 데려갈 것이다. HMD가 작동해 시야가 깜깜해지자 저커버그는 내 연구소에 있는 가상현실 하드웨어의 기술적인 사양에 대해 물어본다. 눈앞의 디스플레이는 해상도가 얼마나 되나? 디스플레이의 이미지는 얼마나 빨리 바뀌나? 그가 호기심이 많고 아는 게 많은 실험 대상임은 놀라운 사실이 아니다. 게다가 그는 사전에 이 실험에 대해 알아봤음이 분명하다. 그는 최첨단 가상현실을 체험해보고 싶어서 여기에 왔고, 나는 가상현실이 페이스북Facebook 같은 소셜 네트워킹에 어떻게 활용될지에 대해 내 의견을 그에게 들려주고 그와 얘기를 나누려고 한다.

스탠퍼드대학은 우리가 외부 세상과 마주하고 우리의 작업을 나누도록 장려한다. 교류 대상은 학자들만이 아니라 모든 유형의 의사결정자도 포함된다. 나는 종종 이런 교류 행사를 자주 벌여 기업 경영자, 외국의 고위 공직자, 언론인, 유명인사, 그리고 가상현실 체험을 궁금해하는 다른 사람들과 내 연구소의 특별한 역량을 공유한다. 저커버그는 기계에서 나는 듯한 끼익끽 하는 소리를 듣는다. 바닥이 흔들리고 그가 서 있던 작은 가상 플랫폼이 발사된 것처럼 바닥에서 날아가버린다. 나는 그의 시야에 펼쳐진 상황을 벽에 있는 프로젝션 스크린으로 본다. 그는 이제 공중 30피트(약 9미터) 위에 걸린 좁은 시렁에 서 있다. 그 시렁은 좁은 널빤지를 통해 15피트(약 4.5미터) 떨어진 다른 플랫폼으로 연결된다. 저커버그는 다리가 풀리고 손은 부지불식간에 심장으로 향한다. "오케이, 꽤 무섭군." 만약 그의 스트레스 정도를 측정했다면 아마 심박수는 빨라지고 손바닥에서는 땀이 나기 시작했을 것이다. 그는 자신이 대학 연구소의 바닥에 서 있음을 알지만, 지배적인 감각은 떨어지면 사망할 수 있는 높이에 위태롭게 균형을 잡고 있다고 알려준다. 그는 가상현실이 주는 독특한 느낌인 '현존감presence', '그곳에 있음'을 맛보고 있다.

나는 20년 가까이 가상현실을 실험하고 시연하면서 그런 느낌, 즉 가상현실을 경험하는 사람이 가상의 환경에 처음 둘러싸였을 때 받는 느낌을 수천 번 목격했고 많은 반응도 봤다. 가상현실 프로그램에 따라서는 두려움에 사로잡혀 비명을 지르는 사람들도 있었다. 또는 자신이 벽으로 돌진하게 되자 자신을 보호하기 위해 손을 뻗는 사람들도 있었다. 나이가 지긋한 한 연방법원 판사는 가상 플랫폼에서 떨어지자 가상 선반을 잡기 위해 실제 탁자를 향해 수평으로 다이빙했다. 트라이베카 영화제에서 래퍼 Q-팁Q-Tip은 손과 무릎을 대고 널빤지를 기었다. 실험 참여자들은 종종 입을 딱 벌리고 서서 아래를 본 뒤 위와 둘레를 살펴보고, 디지털로 만들어졌지만 핵심적인 방식으로 실제처럼 느껴지는 세상에 갑자기 둘러싸인 데 대해 놀라워했다.

깊은 구덩이 위에 서 있는 건 이상한 느낌이다. 당신이 아무리 잘 대비했다고 생각하더라도 처음에는 놀라게 된다. 현재 구덩이 프로그램에 빠져 있더라도 당신은 가상현실 시연에 참여하고 있음을 안다. 당신은 우연히 가상현실 조작에 말려든 게 아니다. 따라서 상황을 예상한다. 사실 당신은 아마도 이미 다른 실험 참가자들이 가상현실 속에서 처한 상황을 벽에 비춰진 동영상으로 봤고 그들의 반응을 목격했고 게다가 그걸 재밌어했을 것이다. 그들이 무게중심을 낮추면서 다리를 굽히는 것을 봤고 균형을 잡으려고 팔을 뻗는 것도 봤다. 그들이 실은 프로그램의 코드로만 존재하고, 그들의 눈에 비친 환상을 해석하는 뇌의 부분에만 나타나는 좁은 띠를 발을 끌며 건너려고 하는 것을 지켜봤다. 그들은 연구소 가운데 서 있었고 케이블로 천장에 연결된 불편한 헬멧을 쓰고 있었고 존재하지 않는 급경사면을 내려다보려고 몸을 살짝 앞으로 기울였다. 그 모습도 당신은 이미 목격했다.

사실 그 모습은 재미있다. 그런데도 잠시 후 당신이 막상 HMD를 착용하면, 방금 전 걸어 다닌 단단한 바닥이 좁은 널빤지만 걸쳐진 위험한 함몰 구간으로 돌변한다. 이제 상황은 재미있지 않게 됐다. 당신이 내 연구소에서 실험에 참여한 사람 중 3분의 1에 해당한다면, 깊은 구렁으로 발을 디뎌보라는 내 말을 듣지 않고 선 자리를 지키고 있을 것이다.

저커버그는 널빤지를 건넌다. 쉽지 않은 일이지만 해낸다. 그가 다른 플랫폼으로 건너간 뒤 나는 새로운 프로그램을 가동한다. 그 프로그램에서 그의 아바타는 셋째 팔을 기르고 그는 자신의 진짜 팔다리를 써서 셋째 팔을 어떻게 움직이는지 배워야 한다. 그다음에 그는 슈퍼맨처럼 하늘을 난다. 우리는 그를 나이 지긋한 사람의 몸에 넣고 그 사람의 움직임을 가상 거울에 비춰, 그가 자신의 동작을 그 사람이 따라 하는 모습을 보도록 한다. 이제 또 다른 프로그램을 실행하는데, 그는 상어의 몸으로 들어가 산호초 둘레를 돈다. 그는 "상어가 되는 것도 나쁘지 않은데"라고 말한다. 이후 몇 분 동안 그는 충분히 경험했다. 가상현실은 너무 강력한 체험일 수 있고, 20분 정도가 지나면 최고의 장비를 끼고도 눈이 피곤하고 머리가 불편해질 수 있다.

그의 두 시간 방문 중 나머지 시간에 우리는 가상현실의 심리학에 대한 내 연구를 놓고 이야기를 나눈다. 우린 내가 연구를 통해 확신하게 된 것들을 놓고 대화했다. 그것은 가상현실의 독특한 힘이 여러 가지 방식으로 우리를 더 나은 사람으로 만들 수 있고, 더 공감하게 할 수 있고, 환경이 쉽게 파괴될 수 있음을 깨닫도록 할 수 있으며, 업무를 더 생산성 있게 수행하게끔 한다는 내용이다. 우리는 어떻게 가상현실이 교육의 질과 범위을 향상시킬지, 여행할 형편이 되지 않는 사람들에게 세계를 열어줄지, 사람들을 산의 정상이나 지구의 공전 궤도나 긴 하루의 끝에 고요한 대양의 해안으로 데려다줄지를 놓고 얘기를 나눈다. 또 어떻게 가상현실을 통해 우리가 친구들이나 가족과 이런 경험을 나눌 수 있을지에 대해서도 대화한다. 설령 그들이 멀리서 살고 있을지라도 말이다.

● ●

눈에 고글을 끼고 작은 공간에서 의자에 앉거나 서서 디지털 환경과 상호작용을 하다 보면, '경험'이라는 말이 무슨 일이 일어나는지에 대한 폭넓은 표현이라고 새롭게 생각하게 될 것이다. 경험은 기존 통념으로는

'실제 세계'에서 벌어지는 무언가이다. 실제로 무언가를 하는 것과 관련이 있다. 경험은 '힘들게 얻는' 것이고 지혜를 전하는, '최고의 교사'이다. 우리가 경험을 값지게 여기는 것은 사실 또는 사건에 직접 노출되는 것이 세상을 배우고 이해하는 가장 강력하고 효과적인 방법임을 알기 때문이다.

물론 미디어를 통한 경험도 우리에게 영향을 미칠 수 있다. 그러나 그런 경험은 실제 경험에 비해 영향력이 훨씬 덜하다. 물리적 세계와 현실보다 밀도가 낮은 추상화 버전과는 어마어마한 차이가 있고, 그 차이는 설령 영화나 비디오게임 같은 다중감각 미디어일지라도 좁혀지지 않는다. 우리는 그렇게 표현된 상황과 현실을 쉽게 가려낸다. 이는 모두 사실이다. 그러나 가상현실이 등장하면서 실제 경험과 간접 경험의 격차는 매우 줄어드는 중이다. 둘은 비슷하지는 않을 것이지만, 가상현실은 지금까지 발명된 어느 매체보다 심리적인 측면에서 훨씬 더 강력하다. 그래서 가상현실은 우리 삶을 극적으로 바꿔놓으려 하고 있다. 가상현실은 버튼 하나 클릭으로 경험을 즉각 불러온다. 어떤 종류든지 말이다. 일 분이면 당신은 의자에 앉고, 다시 일 분 뒤에는 스카이다이빙을 하거나 고대 로마 유적지를 방문하거나 대양의 바닥에 서 있다. 머지않은 어느 날 당신은 이런 경험을 원격으로, 즉 지구의 다른 편에 있는 가족이나 친구들이나 방금 만난 사람들과 함께 나눌 수 있게 될 것이다. 가상현실은 우리가 얻기 어려운 경험을 제공할 뿐 아니라 불가능하거나 환상적인 것들을 보도록 함으로써 우리로 하여금 실제 세계를 새로운 방식으로 보게 하고 상상 너머로 우리 마음을 넓히게끔 할 것이다. 당신은 아주 작아져서 세포핵 안을 들여다볼 수 있다. 반대로 엄청나게 커져서 우주를 떠다니며 행성을 손에 쥘 수도 있다. 다른 인종이나 성을 지닌 아바타 신체에 들어가거나 독수리나 상어의 시각으로 세상을 볼 수 있다.

가상현실 경험과 비디오 시청 사이에는 질적으로 큰 차이가 있다. 가상현실은 실제 같다. 좋은 가상현실은 그렇게 느끼게 한다. 제대로 만들어지면 가상현실 체험은 강력하고 아름답고 폭력적이고 감동적이고 관능적이고 교육적이며 이 밖에 당신이 선택하는 어떤 느낌도 줄 수 있다. 체험자가 정말 현실처럼 빠져들게 함으로써 그것을 실제 세계에서 겪은 것처럼 심대하고 지속되는 변화를 우리에게 일으킬 것이다.

저커버그가 방문한 그날 우리는 가상현실의 위험을 놓고도 얘기를 나눴다. 세상을 바꾸는 여느 기술과 마찬가지로 가상현실도 큰 위험과 함께 온다. 우리는 가상현실이 이용자의 몸과 마음의 건강에 미칠 폐해에 대해, 또 가상현실이 주류 기술이 됨에 따라 특정 가상현실 체험이 우리 문화에 줄 파괴적인 효과에 대해 논의했다. 나는 유혹적인 환상의 세계, 포르노, 비디오게임에 빠진 광범위한 중독으로 인해 현재 사회가 치르는 비용이 경계할 수준이라고 말한 뒤 그런 부담은 흡인력이 강력한 미디어가 등장하면 몇 배로 늘어날 것이라고 경고했다. 더 일상적이지만 만만찮은 위험이 있는데, 수백만 명이 눈을 떼지 못할 영상을 비추는 헤드셋을 끼고 다니면서 벽이나 커피 탁자에 부딪히는 것이다.

● ●

저커버그가 나를 만난 지 몇 주 뒤에 페이스북은 크라우드 펀딩 방식으로 설립된 작은 회사인 오큘러스VROculus VR을 20억 달러에 사들여 기술 생태계를 깜짝 놀라게 했다. 오큘러스는, 독학으로 기술을 익힌 뒤 천재 HMD 제작자 마크 볼라스Mark Bolas에게서 배운 21세짜리 엔지니어가 설립했다. 오큘러스는 이미 몇 년 전에 하이테크 기술자와 게이머 사이에서 가상현실에 대한 관심을 다시 불붙였는데, 오큘러스 리프트Oculus Rift라는 가볍고 효과가 큰 HMD 원형原型을 통해서였다. 오큘러스 리프트는 스마트폰 스크린을 활용해 임시방편으로 만들어졌고 프로그램이 영리하게 설계됐다. "마치 미래를 엿보는 듯한 느낌이 드는 기술 시연을 내 생에 몇 차례 목격했는데, 애플 II Apple II, 매킨토시Macintosh, 넷스케이프Netscape, 구글Google, 아이폰iPhone, 그리고 가장 최근에는 오큘러스 리프트였다."**01** 실리콘밸리의 영향력 있는 벤처캐피털 회사 앤드리슨-호로위츠Andreesen-Horowitz의 투자자 크리스 딕슨Chris Dixon의 말이다.

이 소비자용 가상현실 신장비는 내 연구소의 최첨단 하드웨어만큼 좋지는 않았지만, 이전까지 소비자와 업체를 괴롭혀온 문제, 즉 시차視差로 인한 메스꺼움을 피할 만큼 뛰어났다. 또 소비자 매체로 가상현실을 굴러가게 만드는 데 있어서 더 중요한 점이었는데, 오큘러스 리프트의 제작비용은 약 300달러로 내 연구소의 3만 달러짜리 최첨단 HMD에 비해 훨씬 저렴했다. 이전의 몇 차례 기대와 실패가 반복된 끝에 오랫동안 기대돼온, 값이 알맞고 실제로 작동하는 가상현실 기기가 등장했다.

페이스북이 2014년 단행한 대형 인수 이후 나는 가상현실을 둘러싼 여러 가지 혁신과 성장, 흥분을 지켜봤는데, 그건 내가 이 분야에 종사한 20년 중 나머지 기간에 발생한 것보다 훨씬 많은 것이었다. 게다가 변화의 속도가 빨라지고 있었다. 저커버그가 방문했을 때 가상현실을 체험할 수 있는 사람은 제한적이었다. 대학 연구소, 군사 시설, 병원, 기업 등 가상현실이 연구되거나 훈련·산업디자인·치료 등 다양한 응용을 위해 활용되는 곳에 접근 가능한 소수의 사람들이나 경험할 수 있었다. 그러던 상황이 구글이 카드보드Cardboard 플랫폼*을 내놓은 2014년 후반에 달라졌다. 불과 약 10달러짜리 구글 카드보드는 최근 스마트폰 모델을 가상현실 헤드셋으로 바꾸었다. 이를 통해 사람들은 제한적이나마 놀랍게도 흡인력이 큰 가상현실 체험을 믿기지 않을 만큼 저렴한 비용에 얻을 수 있었다. 삼성은 비슷한 시스템을 기어Gear라는 이름으로 선보였다. 기어는 플라스틱 안에 회전을 추적하는 시스템이 내장돼 값이 약간 더 비쌌다. 360도 동영상이나 매우 제한적인 몰입을 제공하는 카드보드와 기어를 기술적으로 가상현실에 포함해야 하나? 이는 논란을 일으킬 물음이다. 순수주의자는 가상현실이 움직임 추적 기능을 내장해야 하고 디지털로 창조된 움직이는 환경도 갖춰야 한다고 주장한다. 나는 이 책에서는 가상현실을 폭넓게 정의해, 실감 나게 하는 다양한 경험을 포함할 것이다.

2016년 추수감사절은 내게 이상하게 다가왔다. TV로 중계되는 전통의 미식축구 화면이 가상현실 광고로 도배된 것이다. 출시된 지 1년 넘은 삼성 기어뿐 아니라 구글 가상현실 시스템의 둘째 버전인 데이드림Daydream, 게임을 바꿔놓는다고 장담한 소니Sony의 플레이스테이션 VRPlayStation VR 광고가 전파를 탔다. 소니는 타코벨Taco Bell과 크로스 마케팅을 했는데, 나는 이를 가상현실이 공식적으로 주류가 됐다는 신호가 아닐까 하고 생각했다.

---

* 구글 카드보드: 구글이 발표한 저가의 가상현실 플랫폼. 골판지(cardboard)를 접고 스마트폰과 렌즈를 끼워 HMD를 만든다.

더 고사양·고가 제품 쪽으로 가면, 강력한 컴퓨터를 포함한 2,000달러 정도의 가상현실 시스템이 골수 기술광과 비디오게이머들을 겨냥해 출시되기 시작했다. HTC 바이브Vive와 오랫동안 고대된 오큘러스 리프트가 이런 변화를 주도한다. 이들 장비는 카드보드와 기어 같은 수동적인 가상현실 시스템과 달리 더 실감 나고 내 연구소에서 만드는 것에 더 가까운 경험을 제공한다. 이들 장비는 촉각과 게임 컨트롤러를 제공하는 햅틱haptic* 기기를 결합해 디지털로 만들어진 세상과 상호작용하도록 한다.

가상현실에서 일하는 것은 흥미진진하다. 돌연 등장한 이 새로운 하드웨어는 창의적인 응용과 콘텐츠가 폭발적으로 만들어지도록 자극하고 있다. 예술가와 영화제작자, 저널리스트 등은 이 매체가 어떻게 작동하는지 파악하는 노력을 기울이고 있다. 투자자들도 낙관적이어서, 적어도 하나의 기술 투자자 그룹은 가상현실이 주류 기술로 자리 잡아 향후 10년 내에 600억 달러의 가치를 형성하리라고 예측한다.[01]

● ●

그렇다고 해서 가상현실의 발전이 다음 수십 년 동안 매끄럽게 이뤄지거나 상당한 제약에 봉착하지 않으리라고 볼 수는 없다. 고급 가상현실은 값비싸고 헤드셋은 착용하기 불편하다. 얼굴 바로 앞 몇 인치 떨어진 스크린에 일정 시간 이상 집중하다 보면 눈이 피곤해진다. 어떤 사람

---

* 햅틱: 촉각과 힘, 운동감 등을 느끼게 하는 기술.

들은 이용하는 동안 어지러움을 느낀다. 방 크기의 가상현실 시스템은 체험자가 장면 속을 거닐도록 하는데, 집에 그런 시스템을 설치할 방 하나나 그만큼 널찍한 공간을 할애할 여유가 있는 사람은 드물다. 이들은 가상현실 설계자들이 출시를 위해 극복해야 할 난관 중 몇 가지에 불과하다. 그러나 지난 몇 년 동안 이뤄진 기술 발달을 고려할 때, 이들 난제는 넘어설 만하다.

실제로 장비를 착용하는 문제가 있다. "대체 누가 고글을 끼고 싶겠나?"라고 묻는 사람들이 있다. 이들은 구글이 많이 내세웠던 증강현실 안경 구글 글래스Glass의 실패를 든다. 영상과 음성을 매끄럽게 저장하는 바로 그 기능 때문에 사람들은 이 제품을 불편해했고 외면했다. 이 제품은 또 반사회적이라고 여겨졌는데, 착용한 사람들이 실제 세상과 상호작용하는 듯하지만 실은 이메일을 살펴볼 수 있게 한다는 점에서였다. 반면 가상현실은 사람들의 일상생활과 결합하는 것을 목표로 삼지 않는다. 적어도 가까운 미래를 고려할 때, 가상현실 헤드셋은 컴퓨터나 게임기 옆에 놓일 것이다. 사람들은 별개의 가상현실 콘텐츠를 즐기거나 가상의 환경 속에서 다른 사람들과 어울리기 위해 헤드셋을 낄 것이다. 아마 기사에는 가상현실 콘텐츠가 첨부되고, 당신의 형제는 당신 조카의 졸업식을 촬영한 가상현실 영상을 보내오고, 당신은 NBA 결승전의 하이라이트를 경기장에 앉아 있는 듯이 보기 위해서 헤드셋을 15분가량 낄 것이다. 고글을 끼고 인터넷을 이용한다는 아이디어가 생경한 것은 사실이다. 그러나 몇 년 전에는 모든 이가 아이폰 스크린을 바라보거나 스카이프Skype로 통화하거나 큼지막한 소음 제거 헤드폰을 끼고 도시를 걸어 다니는 것도 마찬가지였다. 가상현실이 주는 경험에 맛을 들이면 HMD의 이상함은 사라질 것이다.

결국 강렬한 가상현실 체험은 많은 사람의 예상보다 이른 시기에 대중 소비층에 제공될 것이다. 수십 년 동안 가상현실을 연구한 사람으로서 나는 이것이 작지 않은 변화라고 말할 수 있다. 가상현실은 영화에 3D를 추가하거나 TV를 컬러로 바꾸는 것과 같은 기존 매체의 확장이 아니다. 그것은 완전히 새로운 매체로, 그 자체의 독특한 특성과 심리적인 효과를 지니고 있으며 우리가 **진짜** 세계 및 다른 사람들과 상호작용하는 방식을 전혀 다르게 바꿔놓을 것이다.

새로운 가상현실 기술과 콘텐츠가 앞으로 몇 년 안에 나오더라도 기술이 어떻게 작동하고 가상현실이 우리 뇌에 어떻게 영향을 미치며 무엇에 쓸모가 있는지를 이해하는 사람은 별로 없을 것이다. 이것이 내가 이 책을 쓰는 이유이다.

이 책은 독자가 가상현실 기술의 최신 트렌드를 따라잡도록 하기 위한 것이 아니다. 그건 헛수고일 것이다. 그렇게 하기에는 변화가 너무 빠르다. 지금은 가상현실이 무엇을 할 수 있을지, 그리고 우리가 이 기술로부터 무엇을 원하는지를 모아보기 좋은 시기이다. 그래서 나는 긍정적인 응용에 특별히 중점을 두고 이 새 기술로 대두된 더 큰 이슈에 초점을 맞추려고 했다. 이 기술은 전에 개발된 어떤 것보다 눈을 떼지 못하게 하는 방식으로 가상 세계 속에서 지내고 상호작용하도록 한다.

물론 지금 개발되는 어떤 기술이 문화에 어떤 영향을 미칠지 예측하는 것은 기껏해야 추측일 뿐이다. 나는 2016년에 애플Apple 공동창업자인 스티브 워즈니악Steve Wozniak과 함께 참석한 기술 콘퍼런스에서 얘기하면서 이를 다시 떠올리게 됐다. 워즈니악은 가상현실에 대해 낙관적이다. 그는 HTC 바이브를 처음 경험할 때 소름이 끼쳤다고 한다. 그러나 그는 이용 범위를 지나치게 특정하는 데 대해 조심스러워한다. 그는 애플 초기의 얘기를 들려줬다. 그와 스티브 잡스Steve Jobs는 당초 애플Ⅱ를 컴퓨터에 열광하는 사람들의 가정용 기기로 구상했고 애플Ⅱ가 게임이나 요리법 저장이나 활용에 쓰일 것이라고 믿었다. 그러나 애플Ⅱ는 그들이 예상치 못한 용도에 적합한 것으로 드러났다. 스프레드시트 프로그램이 만들어지자 이용자들은 집에서 회사 업무를 처리할 수 있게 됐고, 애플Ⅱ의 매출이 급증했다. 워즈니악에 따르면 그와 잡스는 애플Ⅱ가 정확히 어디에 쓰일까 예상하는 데에서 틀렸다. 그들은 자신이 무언가 혁명적인 것을 창조했음을 알았지만 그 혁명이 무엇인지는 오인했다. 가상현실에서도 비슷한 양상이 나타날 것이다. 가상현실을 처음 경험하는 사람은 거의 누구나 이 기술의 중요성과 엄청난 범위를 느낄 수 있다. 그러나 이 기술이 가장 잘하는 것이 무엇인지는 아직 드러나지 않았고, 우리는 그것을 찾으려고 노력하고 있다. 91세인 내 할아버지는 이 과제를 다음과 같이 잘 요약했다. 할아버지가 마침내 오큘러스 리프트를 착용하게 된 날, 나는 몇 분 동안 데모를 체험시켜드렸다. 적당히 인상을 받은 할아버지는 헤드셋을 벗고 어깨를 으쓱인 뒤 말했다. "이제 내가 뭘 해야 하지?" 그는 조롱하는 투가 아니었다. 그러나 이 놀라운 기술의 핵심을 이해하려고 한다는 점은 분명했다.

소비자용 가상현실은 화물 열차처럼 다가오고 있다. 도착 시기는 2년 후일지도 모르고 10년 후일지도 모르지만, 콘텐츠에 활발히 투자되는 가운데 값이 알맞고 강력한 기술을 대중이 활용하게 되면 애플리케이션이 봇물처럼 쏟아져 우리 생활의 모든 국면에 영향을 미칠 것이다. 지금까지 연구자, 의사, 산업 디자이너, 조종사 등이 수십 년 동안 활용해온 강력한 효과를 이제 예술가, 게임 디자이너, 영화 제작자, 저널리스트를 넘어 정기 이용자들이 수단으로 쓸 것이다. 그들은 자기 영역의 경험에 맞춰 가상현실을 디자인하고 창조할 소프트웨어를 활용하게 된다. 그러나 현재 가상현실은 규제되지 않고 있으며 그에 대한 이해도도 낮다. 그 결과 역사상 심리적 효과가 가장 큰 매체가 그때그때 자체적으로 테스트되고 있다. 대학 연구소가 아니라 지구 곳곳의 거실에서 말이다.

이 기술이 어떻게 형성되고 발전할지 정의하는 데 우리는 저마다 역할이 있다. 이 책에서 나는 여러분이 가상현실 애플리케이션을 더 넓은 시각에서 살펴볼 것을 부탁하고자 한다. 가까운 시기의 게임이나 영화에 시야를 한정하지 않고 그 너머로 삶을 변화시킬 광범위한 것들을 고려하자는 것이다. 나는 여러분이 가상현실을 매체로 이해하도록 돕고 내가 20년 가까이 연구하면서 관찰한 강력한 여러 효과를 전할 것이다. 이는 걸음마 단계 가상현실을 지난 우리가 이 기술을 책임 있게 활용하고 최상의 가능한 경험을 만들고 선택하기 위해서이다. 우리와 우리 세상을 더 낫게 바꾸는 경험 말이다. 가상현실을 책임 있게 활용하기 시작하는 최상의 길은 우리가 다루는 게 무엇인지를 이해하는 것이다.

현재는 우리 매체 역사에서 유일무이한 순간으로, 바야흐로 가상현실이라는 잠재력이 크고 상대적으로 신생인 기술이 산업 및 대학의 연구소에서 세계 전역의 거실로 들어오고 있다. 우리는 가상현실이 가능하게 하는 믿기 힘든 것들에 매료되고 있지만, 가상현실의 불가피한 확산은 기회와 위험을 동시에 가져온다. 우리는 이 신기술에 대해 무엇을 이해해야 하나? 그것을 활용할 최선의 방법은 무엇인가? 가상현실의 심리적인 영향은 무엇인가? 가상현실 이용과 관련해서 윤리적으로 고려할 사항은 무엇인가? 실질적으로는 무엇을 고려해야 할까? 가상현실은 학습, 놀이, 의사소통 방식을 어떻게 바꿀 것인가? 우리에 대해 생각하는 방식에는 어떤 변화가 일어날까?

무제한의 선택이 앞에 있을 경우, 우리는 무엇을 실제로 경험하고 싶을까?

| 제1장 |

실전 경험은 최고의 훈련이다

스탠퍼드대학 미식축구팀의 쿼터백 케빈 호건Kevin Hogan이 받은 스냅*은 그날 경기의 10여 개 중 하나일 뿐이었다. 스탠퍼드대학은 2014 '포스터 팜스 볼'**에서 메릴랜드 테라핀스와 겨루고 있었다. 스탠퍼드대학의 코치진은 '95바마'라는 간단한 러닝 플레이를 요구했다. 호건이 러닝백에게 볼을 건네면 스탠퍼드의 와이드 리시버가 메릴랜드의 세이프티들 중에서 한 명을 막으라는 지시였다.*** 그러나 두 팀이 자리 잡았을 때, 호건은 테라핀스의 방어 대형에 미세한 변화를 눈치챘다. 테라핀스의 세이프티들이 위치를 옮기고 있었고, 이로 인해 스탠퍼드의 작전 중 핵심

---

* 스냅: 미식축구에서 센터가 뒤에 있는 쿼터백에게 공을 던지는 것을 가리킨다. 미식축구는 스냅으로 시작한다.

** 포스터 팜스 볼: 미국 대학풋볼(NCAA) 1부리그 포스트시즌.

*** 러닝백: 공격 팀에서 라인 후방에 있다가 공을 받아 달리는 선수. 와이드 리시버: 공격 라인의 몇 야드 바깥쪽에 위치한 리시버. 리시버는 플레이의 시작과 동시에 앞으로 뛰어나가 쿼터백의 패스를 받아 엔드존을 향해 전진하는 역할을 한다. 세이프티: 상대 팀과 멀리 떨어져 있는 수비수.

인 차단이 불가능해질 판이었다. 호건이 스냅을 받기 몇 초 전 순간이었다. 호건은 만약 자신이 작전을 바꾸지 않을 경우 메릴랜드의 세이프티를 막지 못할 것이고, 그렇게 되면 테라핀스의 세이프티가 자기 팀의 러닝백을 차단할 것임을 깨달았다. 스탠퍼드가 공격 기회를 한 번 날리게 되는 것이다. 그래서 호건은 코치진의 지시를 따르지 않고 자체 결정권을 발휘하기로 했다. 자체 결정은 쿼터백의 성패를 가르는 요소이다. 호건은 다른 러닝 플레이로 전환했는데, 러닝백인 리마운드 라이트가 테라핀스 방어 진영의 새로운 공간을 뚫도록 하는 작전이었다.

이 결정으로 스탠퍼드는 35야드 전진할 수 있었다. 이날 경기에서 호건은 이를 포함해 스탠퍼드가 볼 우승의 승기를 잡도록 돕는 수백 가지 의사결정을 내렸다. 호건은 나중에 질문을 받았는데, 어떻게 그 짧은 순간에 플레이를 바꿔야 할 상황 변화를 알아챘느냐는 것이었다. "쉬웠어요"라고 호건은 저널리스트에게 대답했다. 그는 테라핀스의 전격적인 작전 변경에 익숙했다. 그는 스탠퍼드가 그 시즌 초기에 채택한 가상현실 프로그램을 통해 그런 변경을 수없이 목격했다.[01]

● ●

대학이나 프로 미식축구의 큰 경기를 떠올리면 우락부락한 몸집과 놀라운 운동능력 같은 모습이 연상된다. 사실 주말에 벌어지는 몇 시간의 격렬한 경기에서 미식축구 팬들 그런 모습을 본다. 깨부수는 태클, 발레를 하는 듯한 캐치, 정교한 터치타운 패스처럼 최고의 운동능력을 보여주는 동작들이다. 팬들은 ESPN이나 유튜브Youtube 하이라이트 동영상에서 이런 모습을 본다. 이처럼 미식축구에서 극단적인 육체적 측면에 초점이 맞춰지기 때문에 무심한 팬들은 이 운동이 얼마나 최고 수준에서 지적인지를 잊어버리기 쉽다. 코치들뿐 아니라 선수들도 머리를 써야 하는 것이다. 미식축구에서 두뇌활동 측면에 초점을 맞춘다는 사실은 팀이 훈련하는 방식에 반영된다. 다른 팀 운동선수들이 훈련이나 연습경기를 하는 것과 달리 미식축구 선수들의 훈련은 종종 더 산문적이다. 미식축구 훈련 중 많은 시간이 플레이북*과 경기 영상 시청에 투입된다. 그렇게 함으로써 현대 코치진이 궁리해낸 방대한 맞춤형 공격을 익힐 수 있다.

미식축구계에서 이런 학습 과정은 '설치'라고 불린다. 선수들이 인간 컴퓨터로서 새로운 운영체계를 설치한다는 듯한 표현이다. 그러나 사람은 컴퓨터가 아니고, 공격 기법을 배우는 활동은 수동적으로 진행되지 않는다. 몇 시간 동안 철저하고 집중적인 공부를 요구한다. 공부는 훈련 전 아침에, 잠자리에 들기 전 저녁에, 월요일부터 토요일까지, 여름부터 겨울에 이르도록, 반복되고 반복된다. 이 복잡한 경기 계획을 암기하는 데에는 다른 방법이 없다. 그래서 시합을 시작하는 킥오프 때에 이르면 계획은 선수 개개인의 몸에 배고, 선수는 의식하지 않고도 그걸 실행하게 된다. 플레이를 제대로 효율적으로 하게끔 하는 것은 팀의 성공에 필수적이다. 대학과 프로 미식축구라는 큰 사업에서 구단이 많은 시간과 돈을 들여 이 과정을 개선하는 시스템을 개발하는 것은 따라서 놀라운 일이 아니다. 그런 시스템을 실행시키는 책임이 가장 큰 선수가 쿼터백이다.

---

* 플레이북: 팀의 공수작전을 그림과 함께 설명하는 책.

미국 프로미식축구연맹NFL의 베테랑 선수 카슨 파머Carson Palmer를 생각해보자. 애리조나 카디널스의 쿼터백인 파머는 시즌이면 주중에 대개 코치진과 함께 250가지 플레이가 담긴 최초의 플레이북을 약 170개로 줄인다.02 이렇게 추려진 각 플레이는 학습되고 암기된다. 여기엔 기본 대형, 위치, 동료의 움직임만이 아니라 관련된 모든 정보가 포함된다. 상대 팀이 택할 확률이 높은 수비는 무엇인가? 수비가 대형을 바꾸면 파머의 대응은 무엇이어야 하나? 패싱 플레이를 할 때, 어느 리시버가 쿼터백으로부터 처음 눈길을 받고 누가 마지막으로 최후의 구원자가 되나? 이런 다양한 우발상황에 대한 긴급대응 또한 익혀야 하고, 그것도 각 경기마다 익혀야 한다. 학습해야 하는 정보량은 현기증이 날 정도로 방대하다. 일요일 경기가 열리기 전까지 머리에 넣기 위해 파머는 거의 쉬지 않고 공부하는 규율을 채택했다. 시즌이면 파머와 다른 최상급 쿼터백들은 기말고사를 앞두고 일주일간 벼락치기하는 학생들이나 마찬가지이다. 쿼터백들이 치는 시험은 수천만 시청자에게 생중계되고 다음 날 ESPN과 스포츠 라디오에서 무자비하게 해부된다.

파머가 강도 높게 공부하는 한 주는 대개 화요일 밤에 시작된다. 코치진은 다가오는 일요일(어떤 경우엔 월요일) 경기에 대한 플레이북을 전달한다. 수요일부터 금요일까지 훈련하는 동안 팀은 플레이들을 연습한다. 전통적으로 플레이 연습은 비디오에 담겨 디지털로 저장된다. 선수들이 경기장 밖에 있을 때 확실히 알기까지 자신의 컴퓨터나 태블릿으로 재생해 보도록 하기 위해서이다. 그러나 2015~2016 시즌 이후 애리조나 카디널스는 케빈 호건이 2014년에 스탠퍼드에서 이용한 가상현실 기술을 추가했다. 훈련 전 아침저녁으로 파머는 헤드셋을 끼고, 훈련장에서 그의 뒤에 장착된 360도 카메라로 촬영된 훈련 영상은 살펴본다. 파머가 집 사무실에서 HMD를 착용하면 그는 즉각 검토하는 훈련 순간으로 옮겨진다. 그는 플레이를 재생한 빨려드는 영상에 둘러싸인다. 펼쳐지는 행동을 실제로 보는 그의 시야는 거의 똑같이 재생된다. 파머와 더 많은 프로, 대학, 심지어 고교 쿼터백들에게 가상현실은 문자 그대로 게임 체인저가 됐다.

● ●

파머는 미식축구 선수로 활동하면서 여러 종류의 기술을 보아왔다. 그는 1990년대 고교 시절에는 전통적인 플레이북을 여전히 활용했다. 포메이션 그림에 X나 O가 표시된 수백 페이지짜리 플레이북이었다. 그때에 이르러 영상이 널리 활용됐다. 나중에 공부하고 분석할 훈련과 경기 영상이 비디오테이프에 담겼다. 촬영은 경기장 기자석 위에 높이 설치된 카메라로 이뤄졌다. 파머의 경력이 쌓여갔지만 이런 기본적인 기술은 별로 달라지지 않았다. 비디오의 품질은 나아졌고 카메라 숫자도 늘었다. 일례로 그가 서던캘리포니아대학에서 뛴 시기에 TV 방송은 카메라 여러 대를 활용했고, 그래서 경기를 여러 각도로 검토할 수 있었다. 게다가 카메라가 구장 가까이에서 경기를 촬영했다. 이런 방식으로 몇 가지 문제가 빚어지기도 했다. 여전히 아날로그 포맷의 영상이 쌓이자 특정한 경기를 검토하기 위해 찾는 일에 품이 많이 들어가게 됐다. 파머는 아날로그

베타캠* 테이프를 찾으면서 좌절한 기억이 아직도 생생하다. "퍼스트 다운이나 레드존이나 퍼스트 앤드 텐을 찾고 싶으면 비디오테이프 더미를 다 살펴봐야 했고, 요즘처럼 디지털로 분류가 돼 있지 않았어요.** 이제 키워드만 입력하면 영상이 딱 뜨죠. 이건 어마어마한 도약이에요."

나는 카디널스의 2016년 미니캠프*** 막바지에 파머와 얘기했다. 파머는 몇 개월 전 시즌에서 개인적으로 최고의 실적을 올리면서 애리조나를 미국 프로미식축구NFC 챔피언십 게임에 진출시켰다. 애리조나 팀 역사상 가장 좋은 성적이었다. 가상현실을 연구하는 과학자이자 파머가 당시 활용한 가상현실 시스템을 설계한 회사인 스트라이버STRIVR의 공동 창업자로서 나는 그의 가상현실 경험을 더 알고 싶었고 그가 왜 가상현실 덕분에 자신이 더 나은 선수가 됐다고 느끼는지를 듣고 싶었다. 이전 시즌에 보도된 기사 두어 건에 인용된 자신의 말에 그 스스로도 매료됐다고 들었다. 그 발언은 스트라이버 직원들 사이에서도 큰 화제가 됐다.[03] 그는 ESPN 기자에게 "가상현실이 나를 사로잡았다"라며 "말 그대로 일주일에 엿새 동안 활용하고 있고 매주 내 훈련의 큰 부분이 됐다"라고 말했다.[04]

파머에게 그가 전에 경험한 다른 기술과 비교해 가상현실이 어떠냐고 물었다. 그는 플레이북, 태블릿 컴퓨터, 그리고 심지어 경기 영상까지도 포함해 이전 기술은 "선사시대 것 같다"라고 말했다. 또한 "가상현실

---

* 베타캠: 소니에서 개발해 1982년에 등록한 상표명으로 영상 저장 · 재생 플레이어, 촬영용 카메라, 카세트테이프 등을 가리키는 데 쓰인다.

** 퍼스트 다운: 최초의 다운. 게임의 단위가 되는 플레이의 한 단위를 다운이라고 하는데, 4회 다운 이내에 볼을 10야드 이상 전진시키면 새로운 4회의 공격권을 얻는다. 레드존: 팀의 골라인에서 20야드 이내의 구역. 퍼스트 앤드 텐: 공격팀이 퍼스트 다운에서 10야드를 전진해야 하는 상황을 가리킨다.

*** 미니 캠프: 프리 시즌 훈련에 앞서 특정 선수 훈련, 스카우트 예상 선수 테스트 등을 위해 운영되는 캠프.

훈련은 다른 선수의 영상이나 그림이나 프로젝터로 비춰진 자료를 보는 것보다 훨씬 더 도움이 된다"라고 말했다. 이어 "가상현실은 정말 내 훈련을 도왔고 아주 복잡한 시스템을 더 빨리 흡수하도록 했으며 덕분에 나는 더 많은 레퍼토리를 갖게 됐다"라고 말했다.

"경험은 정말 많은 도움이 된다"라고 그는 덧붙였다.

가상현실은 어떻게 작동하는가

물리적 세계는 우리가 움직임에 따라 변한다. 우리가 나무에 다가서면 나무는 커진다. TV 쪽으로 귀를 돌리면 소리가 커진다. 벽에 손가락을 대면 손가락에 저항이 느껴진다. 모든 물리적인 행동에 우리 감각이 업데이트된다. 이를 통해 인간은 곰을 피했고 짝을 찾았고 수천 년 동안 세상을 헤쳐 나왔다.

가상현실이 정말 잘 작동하면, 물리적인 세계가 그렇듯 이음매 없이 매끄럽게 바뀐다. 그럴 경우 이용자는 인터페이스도, 장비도, 픽셀도 의식하지 못한다. 즉, 당신은 HMD를 착용하자마자 다른 곳에 존재하게 되는 것이다. 이처럼 '그곳에 있는' 느낌, 프로그램이 어디로 데려가든지 받아들이는 그 느낌을 연구자들은 '심리적인 현존감psychological presence'이라고 부른다. 이는 가상현실의 근본적인 특징이다. 그런 상황에서 운동신경과 인지체계는 물리적인 세계에서와 비슷한 방식으로 가상 세계와 상호작용한다. 카슨 파머가 비디오보다 가상현실로 플레이북을 더 빠르게 받아들이는 것은 이 느낌 덕분이다. 현존감은 가상현실에 필수 불가결하다.

행동 속에서 현존감을 느끼는 사례를 들려주겠다. 2015년에 우리는 우리 연구소에서 주요 네트워크 뉴스 프로그램을 위해 촬영하고 있었다. 그 프로그램의 고정 진행자는 HMD를 끼고 10여 회 데모를 체험했다. 방송사의 카메라 기사들은 그 앵커를 세 가지 앵글에서 찍고 있었다. 하루 걸린 촬영에서 두드러진 데모는 우리가 '지진'이라고 부르는 것이었다. 그 데모에서 이용자는 가상 공장의 바닥에 서 있는데, 그는 천장까지 쌓인 무거운 목재 상자들에 둘러싸여 있다. 목재 상자는 책상만 하고, 되는 대로 위험하게 약 3미터 높이로 당신의 앞뒤로 쌓여 있다.

큰 지진을 겪어본 사람이라면 이런 상태는 위험함을 안다. 좋은 소식은 이 가상현실 공장에는 당신의 왼쪽에 튼튼하고 이용자가 그 아래 들어갈 정도로 큰 철제 탁자가 있다는 점이다. 이는 '드롭 앤드 커버(지진 때 떨어지는 물체에 맞지 않도록 튼튼한 사물의 아래로 몸을 피하는 것)'를 전형적으로 예시한 것으로, 사실 우리는 이 데모를 샌머테이오 카운티 소방서장을 위해 제작했다. 취지는 이런 긴급대응 행동을 근육이 기억하도록 해 지진이 발생했을 때에도 잊어버리지 않게 한다는 것이었다. 말하자면 그 데모는 지진 생존 시뮬레이터였다.

그 앵커는 헤드셋을 착용한 뒤 주위를 둘러봤다.

"전에 지진을 겪어본 적이 있나요?"라고 나는 물었다.

그는 없다고 대답했다. 나는 그가 탁자를 봤다고 확신했다.

"저것이 당신이 생명을 구할 수단입니다."

이렇게 말한 뒤 나는 키보드의 Q 버튼을 눌러 프로그램의 지진을 일으킨다. 매우 딱딱한 금속으로 만들어졌고 진동을 전하도록 설계된 우리 연구소의 바닥은 흔들리고 튀기 시작했다. 연구소 공간에 맞춘 입체 음향 스피커 시스템은 천둥 치는 듯 우르릉 쾅쾅 소리를 냈다. 우리는 그가 바라보는 모든 걸 연구소 벽에 설치된 모니터로 관찰할 수 있었다. 가상 공장에서 상자가 흔들리고 기울기 시작했고 쌓인 더미가 앵커 위로 무너질 게 분명했다.

아주 그럴듯한 이런 시뮬레이션에 반응을 감출 수 있는 사람은 드물다. 가상현실 속 사람들은 대부분 심박수가 빠르게 올라간다. 손에서는 땀이 난다. 환상에 너무 강하게 사로잡힌 나머지 변연계(뇌에서 기본적인 감정·욕구 등을 관장하는 신경계)가 최고조로 가동되는 사람도 있다. 우리는 이런 사람을 '높은 수준의 현존감'이라고 표현한다. 그런 사람에게는 가상현실이 특별히 강력한 매체가 된다.

이 앵커는 그런 묘사에 들어맞는 유형이었다. 지진 시뮬레이션은 그에게 심리적으로 진짜와 다름없었다. 그는 우리가 긴급대응으로 가르치려고 하는 바로 그 행동을 했다. 무릎을 꿇더니 가상 탁자 아래로 뛰어들었다. 머리를 바닥에 대고 손으로 머리를 감쌌다. 그는 적절하게 대응했고 자신의 목숨을 구할 행동을 했다. 그리고 그가 지진으로 혼비백산했음은 분명했다.

그런데 여느 때와 다른 일이 벌어졌다. 데모 시작 단계에서 상자가 쌓인 방식은 항상 동일하고, 지진은 그 상태에 확률적으로 영향을 미친다. 다른 말로 하면, 지진이 달라지면 상자도 다른 양상으로 떨어진다는 것이다. 뒤로 떨어지는가 하면, 앞으로 떨어지기도 한다. 또 상자끼리 부딪히고 벽에서 되튀는 양상도 언제나 다르다. 그 앵커는 내가 전에 본 적이 없는 경험을 했다. 그가 잭팟을 터뜨렸다고 비유할 수 있다. 상자 중 하나가 완벽한 궤적을 그리며 탁자 아래로 되튀었다. 탁자 아래 공간은 상자

높이보다 몇 인치밖에 여유가 없었다. 상자가 탁자 아래 안전한 공간을 좁히며 그를 향해 돌진했다.

그는 비명을 질렀고 상자 밖으로 나와 벌떡 일어나더니 내달렸다. 가상현실 속에서 그는 안전한 곳으로 도망치고 있었다. 실제 세계에서는 벽을 향해 뛰었다. 나는 그가 벽에 부딪치기 전에 가까스로 제지할 수 있었다. 체험 전에 그는 시뮬레이션이 사실이 아님을 알고 있었다. 그러나 그 순간 환상이 그를 압도했다. 그의 뇌는 상자가 진짜 위험인 것처럼 반응했다. 그의 뇌에 관한 한, 가짜 상자도 떨어져서 그를 다칠 수 있었다.

매튜 롬바드Matthew Lombard 템플대학 교수는 1990년대부터 가상현실을 연구해왔는데, 현존감이라는 느낌을 '중개되지 않은 듯한 환상'이라고 표현한다.[05] 기술적인 측면에서 우리는 동작추적(트래킹)의 정확도를 높이고 지체를 줄이기 위해 노력을 집중하며 대단한 가상현실을 만들기 위해 필요한 온갖 기술을 동원한다. 그러나 이 모든 기술은 이용자에게는 드러나지 않는다. 이용자는 다만 상자가 탁자 아래 웅크린 자신의 머리로 달려드는 상황에 직면한다.

트래킹, 렌더링, 디스플레이

논의를 더 진전시키기 전에, 우리는 몇 가지 기술적인 부분을 이해해야 한다. 현존감을 창조하려면 세 가지 기술적인 요소가 매끄럽게 실행돼야 한다. 트래킹tracking, 렌더링rendering, 디스플레이display이다. 소비자 가상현실이 가능해진 이유 중 하나는 이런 핵심적인 요소가 이제 충분히 덜 비싸졌고 그 결과 가상현실이 두터운 소비자층을 대상으로 판매할 정도로 저렴해졌다는 것이다. 만약 세 요소 중 하나가 빠질 경우 이용자는 시뮬레이터 멀미에 시달리게 된다. 이 멀미는 몸으로 전해지는 눈에 들어오는 정보에 시차視差가 날 경우 발생한다.

트래킹은 신체 움직임을 측정하는 과정이다. 지진 데모에서 우리는 신체 위치를 X, Y, Z 공간과 이용자의 머리 회전에서 트래킹하고 있었다. 무슨 말이냐면, 이용자가 한 발 앞으로 걸으면(Z축에 플러스로 나타나는 움직임), 우리는 그의 위치를 측정했다. 그가 왼쪽을 보면(기우뚱yaw에 마이너스로 표시), 이 회전을 측정했다. 우리는 최근 이른바 메타 분석을 펴냈는데, 메타 분석이란 어느 분야에서 나온 모든 논문(그리고 발행되지 않은 많은 논문)의 요약 데이터를 결합하는 것이다. 우리가 설계한 메타 분석은 가상현실을 특별하게, 실험 심리학 용어로는 행동 유도성을 갖게 만드는 특징들과 심리적인 현존감의 관계를 이해하기 위한 것이었다. 우리는 각각의 기술적인 요소의 상대적인 효과, 즉 이용자가 심리적으로 얼마나 몰입하도록 하는지를 이해하고자 했다. 우리는 기술적인 요소로 이미지 해상도, 디스플레이 시계視界, 음질 등에 걸쳐 10여 가지 살펴봤다. 상대적인 효과를 기준으로 한 트래킹의 순위는 2위였다. 트래킹을 한 단위 향상시킬 경우 심리적인 현존감에 대한 영향은 다른 요소를 개선하는 경우에 비해 더 컸다는 얘기다.[06] 트래킹의 효과 사이즈는 0.41이었는데, 이는 통계학자들이 중간이라고 평가하는 정도였다. 우리 연구소는 트래킹을 정확하고 빠르게 하고 업데이트 빈도를 높이는 데 공을 아주 많이 들인다. 그래야 지체를 피할 수 있다. 가상현실 기술을 묘사할 때 나는 종종 이런 농담을 한다. 가상현실 기술에서 가장 중요한 다섯 가지 측면은 무엇일까? 답은 트래킹, 트래킹, 트래킹, 트래킹, 트래킹이다.

렌더링*은 상징적이고 수치적인 3차원(3D) 모델을 활용하는 것이다. 렌더링을 통해 트래킹된 위치의 시야, 소리, 촉감, 가끔은 냄새가 예시된다. 이 책을 내려다보는 당신은 특정한 각도와 거리에서만 그렇게 한다. 만약 당신이 고개를 살짝 돌리면, 각도와 거리가 변한다. 가상현실에서는 동작이 트래킹될 때마다 장면의 디지털 정보가 새로운 장소에 따라 적절하게 렌더링된다. 복합적인 장면에서 모든 시각의 정보를 저장하는 일은 가능하지 않고, 따라서 각각의 시각의 정보는 그때그때 렌더링된다. 앞서 소개한 사례의 앵커는 바닥에 다이빙할 때 모든 프레임에서 방의 새로운 버전을 보게 됐다. 2015년 당시 우리 시스템의 프레임은 초당 75였다. 각 프레임에서 우리는 그의 정확한 위치를 파악하고 그의 머리가 다이빙함에 따라 바닥을 점점 더 가깝게 다가오게 했다. 아울러 소리도 더 크게 했는데, 왜냐하면 우르릉 쾅쾅 소리가 바닥에서부터 들리기 때문이었다. 물리적 세계와 마찬가지로 가상현실에서도 감각은 움직임에 따라 매끄럽게 업데이트되어야 한다.

가상현실에서 디스플레이는 물리적인 감각을 디지털 정보로 대신하는 방식을 가리키는 용어이다. 우리는 이용자의 위치를 트래킹해서 광경과 소리를 렌더링한 다음에는 그 정보를 이용자에게 전해야 한다. 시각 정보는 입체 정보를 나타내는 헤드셋으로 보여준다. 이 책이 나올 즈음에 통상의 가상현실 헤드셋은 이용자의 두 눈에 각각 1,200픽셀×1,200픽셀의 이미지를 초당 90프레임으로 보여준다. 음성은 어떤 때는 이어폰

* 렌더링: 2차원의 화상에 광원 · 위치 · 색상 등을 추가해 사실감을 주는 3차원 화상을 만드는 작업.

을 활용하고, 소리가 나는 공간을 특정해야 하는 때는 외부 스피커를 작동한다. 촉감에는 바닥 흔들림에 더해 가끔 이른바 햅틱 기기를 쓴다(이 부분은 나중에 더 논의한다).

● ●

운동 훈련에 가상 시스템을 활용한 역사는 길고 다채로웠지만, 운동 선수들이 가상현실 기술을 채택한 것은 최근의 일이다. 1929년에 미국 발명가이자 비행에 열광한 에드윈 링크Edwin Link는 '링크 트레이너Link trainer'라는 훈련 장치를 개발했다. 특허출원서를 보면(그는 모두 30개 가까운 특허를 냈다), 그 장치는 "외형은 비행기의 기체와 비슷하고 비행하는 움직임과 느낌을 내는 조종석과 조종간을 갖추고 있다"라고 묘사됐다.[07] 우리는 이제 그 장치가 최초의 비행 시뮬레이터임을 안다. 그리고 많은 사람이 그것을 가상현실의 초기 사례로 여긴다. 링크의 전기에 따르면 이 장치를 만든다는 아이디어의 출발점은 그가 처음 받은 비행 교습으로 거슬러 올라간다. 첫 비행 교습은 답답했고 불만족스러웠다. 1920년 당시 교습비는 50달러(현재 금액으로 600달러 이상)였는데, 강사는 링크가 조종간을 만지지도 못하게 했다. 그런 교습 방식은 당시 강사의 자리에 앉아보면 이해하지 못할 바가 아니었다. 비행기는 아주 값비쌌고 생명은 더욱 귀했다. 링크는 조종간을 잡아보고 싶어서 안달이 났다. 뭐라도 해봐야 배우기 마련이니, 그럴 만했다. 이런 괴리에서 다음과 같은 아이디어가 떠올랐다. 위험한 기술을 위험하지 않게 가르치는 방법이 없을까?

여기서 링크는 사업 기회를 봤다. 1920년대 미국은 민간 비행에 대한 관심이 뜨거웠고, 조종술 교습 수요가 크게 증가했다. 초보자가 비행기 조종 권한을 갖는 데 따른 치명적인 위험을 제거하기 위해 그는 수강생이 조종간을 작동함에 따라 압축공기 풀무에서 동력을 받아 3차원으로 움직이는 동체胴體를 제작했다. 이 장치는 대성공을 거뒀다. 그러자 미군이 1934년에 그의 회사를 인수했다. 1930년대 말에 이 장치는 35개국에 보급됐고 수많은 조종사를 훈련하는 데 활용됐다. 링크의 1958년 추정에 따르면 링크 트레이너로 조종사 200만 명이 훈련받았고, 그중 50만 명은 제2차 세계대전 동안 훈련받은 군 조종사였다.[08]

시청각 재생 및 컴퓨터 분야 혁신 덕분에 1960년대에 디지털 가상현실 기술이 가능해졌다. 그 결과 이후 수십 년 동안 우주비행사, 군인, 외과 의사처럼 어려운 일자리의 전문가들을 훈련하는 가상 시뮬레이터들이 개발됐다. 이들 분야에서 가상현실이 채택된 이유는 비행 시뮬레이터가 조종사를 훈련하는 데 핵심적인 부분이 된 것과 동일하다. 가상현실에서는 실수가 용인되고, 사내 직무훈련에서 발생할 수 있는 위험이 클 때는 위험을 제거한 훈련 기술이 큰 호응을 얻게 된다. 그런 기술은 조종사, 외과 의사, 군인으로 하여금 각 업무의 생명을 책임질 수 있는 능력을 갖추도록 한다.

가상현실을 훈련에 활용하는 사례는 더 늘어날 것이다. 초기 가상현실 개척자 중 스킵 리조Skip Rizzo 서던캘리포니아대학 교수는 1980년대와 1990년대에 발작, 두뇌 손상 등을 겪은 환자의 재활 치료와 환자가 인공 기관을 활용하는 것을 돕는 데 가상현실을 응용하는 방안을 연구했다.

당시 가상현실 시스템은 이용자에게 동기를 부여하고 반복되는 재활 치료의 지루함을 상호작용 경험을 통해 덜어주도록 설계됐다. 환자의 움직임에 따라 피드백을 주는 가상현실 기기도 있었다. 그럼으로써 움직일 때 실수의 가능성을 줄였다. 연구 결과 이런 실험적인 치료법은 매우 효과적이었다.

가상현실 훈련이 다양한 분야에서 유용함을 보여주는 연구는 많았지만, 이 기술을 다른 훈련 기술과 비교한 연구는 드물다는 사실을 내가 깨달은 것은 2005년이었다. 당시 기업들은 가상현실 훈련 시스템을 구축하는 비용이 많이 드는 상황에서 이 기술의 상대적인 비용 대비 효과를 궁금해했다. 나는 이 부분을 자세히 살펴보기로 하고, 가상현실이 당시 가장 인기 있는 훈련 매체였던 비디오와 비교하는 연구를 동료들과 함께 진행했다.

시청각 기술이 얼마나 교육을 혁명적으로 바꿔놓았는지를 오늘날 우리는 잊고 지내기 쉽다. 영화가 발명되기 이전 시대에 당신이 살았다고 생각해보자. 춤을 배우든 테니스 라켓 스윙을 배우든, 가장 간단한 동작조차도 가르쳐줄 누군가가 없이 해야 한다. 도표나 문서, 음성으로 된 설명만 활용할 수 있다. 그런 방식이 얼마나 버거운지는 문서로 된 설명서를 보고 차를 수리하려고 시도해본 사람이면 누구나 금세 떠올릴 수 있다. 동영상 교습의 이점은 영화의 발명으로 뚜렷해졌다. 교습용 동영상의 역사가 영상 매체의 역사만큼 오래됐음은 그래서 놀라운 일이 아니다. 에듀케이셔널 픽처스Educational Pictures는 1915년에 할리우드에 설립된 스튜디오였는데, 처음에는 이름처럼 오로지 교습용 영상만 만들었다. 이 스튜디오가 코미디 단편영화에서 사업 기회를 발견한 것은 몇 년 뒤였다.[09] 20세기가 전개되면서 교습 영상 시장은 번창했고, 특히 미국 정부에서 인기가 있었다. 1970년대 말에 저렴한 휴대용 녹화 기술이 등장하면서 교습 비디오 시장이 폭발적으로 성장했다.

오늘날에는 저렴해진 카메라와 스마트폰, 유튜브 같은 인터넷 유통 채널을 누구나 언제 어디서나 쉽게 활용할 수 있게 됐다. 그 덕분에 세계의 열성적인 아마추어 수억 명이 영상으로 쉽게 그림 그리기, 골프 스윙, 새는 수도꼭지 고치기, 기타로 <스테어웨이 투 헤븐Stairway to heaven>을 연주하기 같은 걸 배울 수 있다. 물론 동영상 학습이 개별 수강보다 더 효과적이지는 않다. 강사로부터 직접 배우면 실시간으로 맞춤형 피드백과 동기부여를 받을 수 있다. 그러나 비디오 교재는 개인 강사를 채용하는 데 비해 훨씬 저렴하고 이전 형태의 자습 교재에 비해 훨씬 상세하다.

한 세기 넘는 세월 동안 동영상은 신체 활동을 가르치는 최상의 매체로 꼽혔다. 그런 가운데 가상현실이 등장해 그곳에 존재함이라는 느낌을 강화함으로써 가상의 강사가 교육장 내에 수강생 바로 옆에 있는 듯한 감각을 창조했다. 가상현실의 독특한 특성이 이런 종류 학습을 한 단계 더 진전시킬 수 있을까? 그렇다면 그로부터 얻는 도움은 얼마나 클까?

우리가 연구 대상으로 정한 활동은 태극권이었다. 태극권의 훈련 품세는 3차원 공간 안의 복잡하고 정확한 동작을 포함했는데, 움직임이 느려서 당시의 트래킹 기술로도 포착할 수 있었다. 연구에서 우리는 참가자들을 두 그룹으로 나눴다. 각 그룹은 태극권 품세 세 가지를 배웠다. 한 그룹은 비디오로 태극권 사부의 시범을 봤다. 다른 그룹에게는 가상 사부의 3D로 구현된 동작이 스크린에 입체적으로 비춰졌다(실험은 신체 움직임과 관련된 것이었고, 그래서 우리는 가상 사부로부터 배우는 제자들에게 불편한 HMD를 착용시키지 않았다). 교습 영상을 다 본 실험 참가자들에게 태극권 품세를 기억에 따라 해보라고 했다. 우리는 참가자들의 동작을 저장해 태극권 품세를 평가하도록 훈련받은 컴퓨터 프로그래머들에게 넘겼다. 가상현실로 배운 그룹이 비디오로 배운 쪽보다 동작이 25% 더 정확한 것으로 분석됐다.[10]

당시 렌더링 시스템의 제약 속에서도 우리는 3D 가상현실에 몰입하는 것이 2차원 비디오에 비해 신체 동작 학습을 향상시킴을 보여주고 이를 측정할 수 있었다. 태극권 연구는 안무, 직무훈련, 인체 치료를 비롯해 많은 분야에 가상현실 교습이 활용될 수 있다는 청신호를 보여줬다. 나는 기술이 발달하면 언젠가 가상현실 훈련 시뮬레이션으로 수강생에게 피드백을 주고, 주고받는 교습을 통해 복잡한 스포츠의 움직임을 가르칠 수 있겠다고 확신하게 됐다. 이 연구 이후 10년 동안 연구소를 방문한 프로 스포츠 팀의 선수와 경영진들은 바로 이 점을 물어보곤 했다. 이 기술이 어떻게 미식축구에 활용될 수 있나? 야구에는? 농구에는? 당시 골프 스윙이나 투구投球를 훈련시키는 기본적인 가상현실 시스템은 있었지만 그런 장치도 대부분 전문 선수용이 아닌 시험용이었다. 내가 아는 한 아무도 가상현실을 전문 운동의 세계에 들여오지 못했다.

당시 그런 상황에는 몇 가지 이유가 있었다. 앞서 말한 것처럼 2014년 무렵까지 머리에 씌우는 가상현실 디스플레이와 컴퓨터는 너무 고가였고 내가 운영한 것 같은 연구소 밖에서는 활용하기 까다로웠다. 이런 어려움도 다는 아니었다. 가상현실 환경을 제작하는 것만 해도 많은 시간이 들었다. 예를 들어 미식축구 시뮬레이션에 이용자가 푹 빠져들게 만들려면 모든 세부를 묘사해야 한다. 즉, 경기장의 원뿔, 선수 셔츠의 주름, 헬멧의 반사 같은 이미지를 하나하나 표현해 전체를 그려야 한다. 그것도 제한된 예산으로 말이다. 프로 스포츠 구단은 이런 투자를 감당할

재원이 있을 수 있다. 그러나 효과가 입증되지 않았고 스포츠에만 특화된 훈련 기술이 프로 팀의 이미 빠듯한 훈련 일정 속에서 실행되기에는 너무 비용이 많이 들고 위험하다.

다른 난관들도 있었다. 팀을 위한 시나리오의 코드를 누가 짤 것인가? 가상 훈련은 어떻게 설계할 것인가? 기술적인 장애물은 어떻게 넘을까? 미식축구 플레이 같은 복잡하고 동적인 경험을 효과적으로 시뮬레이션하는 일은 극도로 까다롭다. 또 당시엔 동영상을 가상현실에 접목할 기술이 없었다. 물론 가상현실을 이용해 수준 높은 운동선수의 성적을 향상시키는 게 가능하다는 연구가 나왔고 그 가능성이 너무 먼 미래는 아닐 것 같았다. 그러나 가상현실을 운동선수 훈련에 활용하는 시기가 조만간일 것 같지도 않았다. 당시에는 가상현실 기술을 더 넓은 시장으로 가져오는 데 드는 비용이 너무 부담스러웠다. 내 연구소도 그랬고 여러 기업 연구소의 가상현실 장비도 마찬가지였다.

되돌아보면 나는 오랫동안 고대된 소비자용 가상현실이 실제로 도래하는 시기를 예측하는 데 있어서 너무 조심스러웠다. 가상현실을 수년간 연구한 단계에서 이 기술이 언젠가는 결국 주류가 되고 우리가 의사소통하고 배우는 방식을 혁명적으로 바꿀 것이라고 확신했다. 그러나 이 분야에 종사하는 우리 중 그날이 얼마나 빨리 올지 예측한 사람은 거의 없었다.

그러던 가운데 퍼펙트 스톰이 닥쳤다. 기술적 진전, 경제적인 힘, 몇몇 기업가의 과감한 행동이 갑자기 그 미래를 만들어냈다. 그래서 한때 수십 년 멀리 떨어져 있다고 여겨진 미래가 불과 수년 뒤로 다가왔다. 휴대전화 제조업체들은 스크린값을 떨어뜨렸다. 렌즈도 저렴해졌다. 컴퓨터는 더 빨라졌다. 월드비즈Worldviz의 앤디 빌Andy Beall 같은 사람들은 동작 트래킹 기술과 디자인 플랫폼을 만들었다. 디자인 플랫폼은 가상현실 환경 창조를 더 쉽게 해줬다. 마크 볼라스 같은 엔지니어는 구매할 만한 가격의 하드웨어를 제조하는 창의적인 방법을 궁리해냈다. 이런 변화가 진행되는 가운데 2012년에 오큘러스는 매우 성공적인 크라우드 펀딩을 바탕으로 대중 소비자 시장을 겨냥한 최초의 고품질 HMD 시제품을 개발하기 시작했다.

페이스북이 오큘러스를 20억 달러 넘는 금액에 인수한 2014년 3월 이후, 실리콘밸리에서는 가상현실에서 무언가 실질적인 것이 이뤄지고 있다는 인식이 확산됐다. 우리 연구소의 최첨단 HMD는 어지간한 최고급 자동차보다 제작비가 더 투입된 것이었는데, 그런 HMD가 2015년 1월이 되면 오큘러스 리프트나 바이브 같은 일반 소비자용 개발자 모델 HMD로 대체된다. 이들 모델은 더 작고 더 가벼운 데다 성능은 비슷했는데 비용은 100분의 1에 불과했다.

이제 개발자 수백 명이 이들 기기에 돌아갈 콘텐츠를 만들기 시작했다. 이즈음에 나는 졸업한 내 제자 데릭 벨치Derek Belch를 다시 만났다. 그 또한 당시 스포츠에 대한 열망과 실리콘밸리를 휩쓴 기업가적인 가상현실 열정을 결합할 기회를 보고 있었다.

● ●

나는 2005년에 데릭을 내 강의 '버추얼 피플'의 수강생으로 처음 만났다. 태극권 연구를 하기 몇 년 전이었다. 그는 스탠퍼드대학 미식축구

팀의 키커였다(그는 추가 득점을 올려 게임을 승리로 이끈 키킹으로 그 대학의 전설에 이름을 올렸다. 2007년 그 경기에서 스탠퍼드대학은 1위 서던캘리포니아대학에 42점 밀리다가 전세를 뒤집었다). 운동선수로서 데릭은 자연스럽게 가상현실이 어떻게 실전 성과를 향상시키는 데 활용될 수 있을지 궁금해 했다. 나는 이 주제가 거론될 때마다 내가 사람들에게 들려준 것과 같은 얘기를 그에게 했다. 즉, 그 기술은 아직 오지 않았다고 말했다. 그렇지만 우리는 강의 시간 뒤에 기술적으로 가능해질 경우 가상현실 훈련 프로그램이 어떻게 설계될 수 있을지 브레인스토밍했다.

데릭은 2013년에 석사 과정 학생으로 연구소에 돌아왔다. 그는 커뮤니케이션 대학원에 들어와 가상현실을 전공했다. 가상현실 붐이 시작될 바로 그 무렵이었다. 가상현실 하드웨어가 빠르게 발달하고 실리콘밸리의 관심이 새로워진 가운데 우리는 가상현실을 스포츠 훈련에 적용하는 연구를 할 적기라는 데 동의했다. 기술이 마침내 준비된 상황이었다.

2014년 학년이 시작되면서 우리는 일주일에 두 번 만나 그의 논문에 대해, 그리고 엘리트 선수들에게 가상현실 기술을 어떻게 활용할지 얘기를 나눴다. 우리는 미식축구용 훈련 시뮬레이터를 상상했다. 선수들이 대형을 보고 플레이들을 실행해나가면서 공격을 익히고 상대편 수비의 의도와 경향을 읽어내는 능력을 정교하게 갖추면 좋겠다고 생각했다. 이런 동작의 반복은 상위 선수들에게 핵심적이지만, 쿼터백의 기량 향상을 위해 플레이를 거듭하는 데에는 다른 동료 선수들의 참여가 필요하고 부상 위험이 따른다. 하지만 가상현실 트레이너는 선수가 검토하길 원하는 중요한 플레이를 담아 그 플레이 훈련을 그가 원하는 만큼 반복해 경험하도록 할 수 있다.

우리가 의견 일치를 본 한 가지는 빠져드는 가상현실 환경의 영상은 사진 같아야 한다는 것이었다. 우리가 연구소에서 활용한 가상현실 영상은 컴퓨터로 만든 것이었는데, 그런 접근은 스포츠 트레이닝에는 통할 리가 없었다. 선수들은 경기의 작은 세부 사항에도 익숙할 것이 분명하기 때문이다. 상대편 선수의 작은 움직임이나 한 방향으로 살짝 기울임은 그의 의도와 플레이의 전체 경로에 대한 중요한 실마리를 줄 수 있다. 뛰어난 선수들은 그런 변화에 주파수를 맞추고 있고, 그래서 가상현실 기기도 그것을 보도록 지원해야 한다. 컴퓨터 그래픽으로 세부 사항을 만드는 것은 이론적으로는 가능했지만 실제로는 어려웠다. 그렇게 하는 데엔 할리우드 디지털 효과 부서의 자원과 예산이 필요했기 때문이었다. 당연히 우리에겐 그런 여력이 없었다. 마지막으로, 실제 영상은 가상현실 공간에 존재한다는 느낌을 갖도록 하는데, 이 느낌은 학습 경험을 제공하는 데 아주 중요하다.

360도 비디오는 이제 익숙한 기술이다. 오늘날 대다수 대기업은 이 기술을 이런저런 형태로 활용한다. 《뉴욕타임스New York Times》도 360도 비디오 콘텐츠를 정기적으로 내놓는다. 그러나 2014년 당시엔 그 콘텐츠를 만들기가 버거웠다. 고프로GoPro 카메라 6대의 위치와 타이밍을 동시에 조정하기는 복잡한 일이었고, 미식축구장에 적당한 크기의 삼각대에 시스템을 장착하기는 곳곳에 함정이 있는 작업이었다. 그러나 제대로 될 경우 360도 비디오는 이용자가 HMD를 끼고 장면을 끊김 없이 둘러보도록 한다. 장면은 이용자가 머리를 조금이라도 움직이면 그때마다 업데이트되고 해상도가 뛰어나다. 360도 비디오는 매우 사실적인 경험을 빠르게 창조하는 놀라운 도구이다.

그해 봄, 스탠퍼드대학의 코치 데이비드 쇼David Shaw는 우리 장비를 훈련장에 가져가는 데 대해 청신호를 보내왔다. 훈련 시간의 가치와 빠듯하게 짜인 일정이 무언가로 중단되는 것을 코치들이 얼마나 싫어하는지를 고려할 때, 쇼의 동의는 큰 변화였다. 마침내 우리는 훈련장에 가서 몇몇 플레이 영상을 담았고 쇼 코치에게 데모할 수 있는 정도의 콘텐츠를 확보했다. 나는 4월의 더운 그날, 시스템 데모를 하러 쇼 코치의 사무실로 간 그날을 잊지 못할 것이다. 컴퓨터 한 대가 망가졌다. 나는 이미지 처리의 부하가 걸린 불안정한 랩톱을 조정해 마침내 작동시켰다. 쇼 코치는 HMD를 착용하고 내가 돌린 몇 플레이를 돌아봤다. 한 45초 지난 뒤 그는 고글을 벗고 말했다. "맞아요, 바로 이겁니다." 그는 차분했지만, 그다음에 체험에 나선 공격 코디네이터 마이크 블룸그린Mike Bloomgren은 달랐다. 그는 소리를 지르면서 스탠스를 취하는가 하면 지시하는 말을 외쳤다.

우리가 무언가를 갖게 됐음을 알게 된 날이었다.

그 시스템은 2014 시즌을 위해 실행됐다. 처음에 으레 빚어지는 기술적인 문제가 있었지만, 늦가을까지는 탄탄한 훈련 요법이 자리 잡았다. 코치들은 곧 겨울 상대 팀의 방어 경향을 조사했고, 데릭은 파악한 시나리오들을 영상으로 담았다. 영상이 360도 비디오로 편집된 뒤 케빈 호건은 원하는 만큼 무제한으로 플레이를 훈련할 수 있었다. 이는 필름이나 플레이북을 보는 것에 비해 훨씬 강도 높은 훈련 방식이었다.

호건을 위한 일관된 가상현실 훈련 요법(경기 전 헤드셋을 끼고 약 12분간 실시)이 실행되고 나서 얼마 지나지 않아 놀라운 일이 일어났다. 시즌 막바지에 카디널스의 공격에서 나타난 성과를 설명하는 한 가지 요인만 분리하기란 불가능하다. 다른 팀의 성적 변화도 요인 하나로 돌리지는 못한다. 성과에 영향을 미치는 요인은 아주 많다. 일정의 강도, 새로운 선수, 모든 선수가 보이는 실적의 기복 등을 생각할 수 있다. 그래서 우리는 가상현실에 너무 많은 기대를 싣거나 놀라운 기술로 묘사하지 않는다는 전략을 택했다. 그런데도 첫 시즌의 통계는 우리의 관심을 끌었다. 가상현실 기기로 훈련한 뒤 호건의 패스 성공률은 64%에서 76%로 향상됐고 팀의 공격 득점은 게임당 24포인트에서 38포인트로 높아졌다.

그러나 가장 믿지 못할 수치는 레드존에서 득점하는 성공률이었다. 레드존은 골라인과 거기서 가까운 20야드 라인 사이의 구역이다. 가상현실 훈련 전에는 카디널스의 레드라인 득점 성공률은 50%로 낮았다. 가상현실로 훈련한 뒤인 2014년 시즌에는 레드존에 27번 진입했는데 성공률이 100%로 향상됐다.[11]

이 결과는 평균으로의 회귀였을까? 아니면 스트라이버 시스템이 경기 상황을 적절하게 판단하고 빠르게 결정하는 호건의 능력을 키워준 것일까?

쇼 코치는 호건의 변화를 즉각 알아챘다. "호건의 결정이 빨라졌어요. 모든 게 더 빨라졌어요." 쇼 코치가 나중에 들려준 말이다. "그는 가상현실에서 상황이 어떻게 펼쳐지는지를 봤고 자신의 손을 떠난 볼의 경로를 예상해 결정을 내릴 수 있었어요. 가상현실 훈련과 이런 변화 사이에 일대일 상관관계가 있다고 말하는 건 아닙니다. 그러나 관계는 있었습니다. 우리는 그가 약간 더 빨리 생각하도록 했어요. 가상현실에 몰입하고 플레이를 반복하는 훈련이 그에게 도움이 됐다고 봅니다."[12]

시즌이 끝난 뒤 데릭은 쇼 코치를 만나 자신의 진로를 놓고 얘기를 나녔다. 쇼 코치는 그에게 가상현실 훈련 프로그램을 개발하고 사업을 시작하라고 강하게 조언했다. "쇼는 나더러 이 바닥에서 나가라고 말했다"라고 데릭은 회고했다. "자네는 그 누구보다도 1년 앞서가고 있네. 회사를 차리게." 쇼는 나중에 스트라이버가 되는 사업의 초기 투자자가 된다(나도 투자자로서 그 회사를 함께 설립했다).

카디널스의 통계와 자신이 석사 과정에서 쌓은 가상현실에 대한 과학적인 연구를 바탕으로 데릭은 5만 달러를 초기 투자로 받았다. 그러고선 고객을 찾아 곳곳을 찾아다녔다. 첫해의 목표는 한 팀을 고객으로 확보하는 것이었다. 그러나 2014~2015 미식축구 시즌이 시작하기 전까지 그가 계약한 건수는 대학팀 10곳과 카디널스 등 NFL팀 6곳이었다. 게다가 계약 기간도 다년간이었다. 놀라운 출발이었고 대단한 도전이었다. 데릭과 그의 신생 회사는 엄청나게 유망하지만 여전히 실험적인 기술로, 매우 높은 수준의 팀을 위해 개별 훈련 요법을 실행해줘야 했다. 그렇게 하려면 회사 조직을 서둘러 확충해야 했고, 각 팀이 360도 비디오를 촬영하고 그 영상으로 가상현실 훈련 프로그램을 만들어 훈련에 활용하도록 하는 과정을 현장에서 지원해야 했다. 카메라 영상을 매끄럽게 이어 붙이는 장시간 작업을 하려면 인원이 더 필요했다. 데릭은 데이터 분석에 능숙한 직원들도 충원해야 했다. 가상현실로 훈련한 이후 선수들의 기량이 얼마나 향상됐는지 측정하기 위해서였다.

첫 시즌이 진행되면서 가상현실 훈련을 더 많이 활용하는 팀들이 어디인지 금세 드러났다. 몇몇 팀은 가상현실을 거의 활용하지 않는 듯했다. 그런지 아닌지는 분명히 알 수 없었는데, 많은 선수들이 로그인하지 않은 채 HMD로 훈련했기 때문이다. 시일이 지나면서 가상현실 훈련량에서 다른 선수들을 압도하는 슈퍼 유저가 등장했다. 그는 게임을 앞두고 스트라이버를 꾸준히 활용했다. 애리조나 카디널스의 쿼터백 카슨 파머였다. 무릎 부상으로 이전 시즌을 마쳤다가 복귀한 그는 전성기를 구가하고 있었다.

36세의 베테랑 선수 파머는 전에는 팀이 계속해서 실험해온 혁신 기술에 별로 관심이 없었다. "나는 새로운 기술을 전부 받아들이지는 않는다"라고 파머는 2014년 11월 말했다. "나는 구닥다리죠. 나는 '이 기술이 내가 쿼터백으로 경기하는 방식을 바꿔놓지 못할 것'이라고 생각했어요. 그러나 이제 나는 이 기술을 적극 활용해요."[13]

시즌이 끝났을 때, 파머는 애리조나를 13승 3패라는 사상 최고 기록으로 이끌었다. 그 자신도 패싱 야드, 패싱 터치다운, 쿼터백 순위 등에서 최고의 숫자를 올렸다. 카디널스는 NFC 챔피언십 게임에 진출했다.

큰 그림을 그리는 선수

경기에서 볼이 자신에게 건네진 뒤의 급박한 몇 초 동안 쿼터백의 머릿속에는 무슨 생각이 스칠까? 나는 그걸 얼핏 맛본 적 있다. 스트라이버 HMD를 끼고 몇 시즌 전에 스탠퍼드 훈련을 촬영한 데모 영상을 봤다. 그 영상은 최고 수준의 경기를 해보거나 코치해본 사람들의 시선으로만 볼 수 있는 것이었다. 프로그램이 시작되자 밝고 푸른 날에 경기장에 있었다. 멀리 흰 구름이 보였다. 좌우를 둘러보니 공격 라인맨 다섯 명이 내 앞에 줄지어 서 있었다. 라인맨 너머로 열한 명의 수비수가 보였는데, 그들 중 몇몇은 스크럼 선에 서 있었고 나머지는 나를 혼란스럽게 하고 내가 수비 작전을 파악하지 못하게끔 이리저리 움직이고 있었다. 다들 덩치가 산만 했고 아주 가까이 있었다. 스냅과 동시에 쿼터백이 구호로 플레이의 시작을 알렸다. 그와 즉시 내 눈에 들어온 것은 불과 몇 피트 앞에서 내게 돌진하는 다섯 명의 거대한 라인맨이었다. 시야의 가장자리에는 부산한 움직임이 잡혔다. 훈련 영상이어서 접촉은 거의 없었지만 내 주위 모든 선수의 속도와 힘에 정신이 나갈 정도였다. 리시버 한 명이 시야의 왼쪽으로 달려가는 것을 본 것 같다. 그리고 거의 동시에 플레이가 끝나고 스크린이 어두워져 깜깜해졌다.

미식축구를 하느라 수천 시간을 보낸 사람이 아니라면 일련의 장면은 혼돈처럼 여겨져, 모든 게 뭐가 뭔지 알아차리기에 너무 빨리 움직인다. 훈련받지 않은 내 눈으로는 세부 사항 중 중요한 것과 중요하지 않은 것을 구분할 수 없다. 내 눈에 구름과 붉은 운동 셔츠, 라인맨, 그들의 움직임, 그리고 리시버가 들어오지만 나는 그 의미를 파악하는 법을 모른다. 그러나 쿼터백은 펼쳐지는 장면을 나와 훨씬 다르게 본다.

나중에 나는 파머에게 그렇게 빨리 진행되는 많은 움직임에 대응하는지 물어봤다. 그는 "작은 일은 눈에 들어오지 않는다"라며 "전체를 파악한다"라고 대답했다. 이어 "전체의 큰 그림을 본다"라며 이렇게 설명했다. "작은 일에는 초점을 맞추지 않고 전체 그림을 보기 위해 시야를 활용합니다." 인지 학습 전문가들은 이 과정을 '덩어리 짓기'라고 부른다. 그 과정을 통해 복잡한 인지 활동의 개별 부분이 모여 하나가 된다. 예를 들어 자전거 타기를 처음 배우는 사람은 산만하다. 팔도 생각하고 다리도 생각한다. 그러나 연습과 시행착오로 배우면서 몇 가지에만 집중

하게 된다. 동작이 매끄럽게 이뤄지면 하나의 큰 덩어리가 된다. 뇌는 이 일에 더 효율적이 된다. 마침내 자전거를 타는 걸 생각하지 않으면서도 자전거를 몰 수 있게 된다. 자전거를 타고 여러 가지에 관심을 돌리면서, 즉 자전거를 타는 다른 사람이나 자동차나 노면의 파인 부분을 보면서 갈 수 있다. 집중하면서도 자원을 배분하는 것이 탁월함이다.

카슨 파머 같은 전문가 수준 선수들이 정보 전부를 그렇게 효율적으로 처리할 수 있는 이유는 훈련, 학습, 경기를 통해 수많은 경험을 쌓았다는 데 있다. 그래서 그런 선수들은 경기장 주위에서 일어나는 상황에 대한 정신적인 재현을 아주 세밀하게 그려낼 수 있다. 정신적인 재현이라는 개념은 부분적으로 K. 앤더스 에릭슨K. Anders Ericsson의 연구에서 비롯됐다. 에릭슨은 여러 영역의 전문가들을 연구했는데, 긴 숫자 외우기에 탁월한 사람들이나 체스 선수들, 암벽 등반이나 축구 같은 스포츠의 프로 선수들이었다. 예컨대 수많은 대국을 치른 체스 선수들은 체스판의 어디에 집중하고 어디엔 관심을 두지 않아도 되는지 안다. 그는 체스판을 보고 몇 초 안에 다음 수로 어떤 게 좋은지 간파한다. 반면 아마추어 선수는 프로 선수라면 바로 처리할 수 있는 움직임 시각화에 많은 에너지를 소모한다.

에릭슨의 연구를 보면 정신적인 재현 역량은 의도적인 훈련으로 연마된다. 의도적인 훈련이란 특별히 몰입한 학습을 가리키는데, 동기가 부여된 학습자가 구체적으로 정의된 목표를 정하고 성과에 대해 피드백을 받으며 충분히 반복해서 익힐 수 있다는 점에서 여느 훈련과 다르다. 파머의 훈련 방법은 플레이와 플레이를 거치면서 해답을 찾아간다는 점에서 이런 요건을 모두 충족한다. 아마 가상현실 훈련의 가장 큰 강점은 무제한 반복일 것이다. 그가 내게 이렇게 들려준 것처럼 말이다. "경험을 쌓는 데 반복만 한 훈련이 없어요. 가상현실은 한 번 더 반복하는 것과 아주 비슷하죠." 에릭슨이 보여준 것은 가장 성공적인 쿼터백은 "대개 영상실에서 자기 팀과 상대방의 플레이를 분석하면서 가장 많은 시간을 보낸 선수"라는 사실이었다. 이제 영상실은 몰입하게 하는, 즉 프레임 안의 2차원 이미지보다 실제 훈련장과 더 비슷한 가상현실 공간이 되고 있다.[14]

가상현실의 다른 장점은 실제 경험할 때 일어나는 것과 비슷하게 생리적으로 활성화된다는 것이다. 이용자의 뇌가 가상현실 경험을 생리적으로 현실로 처리하기 때문에 나타나는 현상이다. 훈련장의 광경과 소리, 육중한 라인맨이 돌진하는 광경은 가상현실 기기를 이용하는 선수의 기분을 고조하고, 이를 통해 학습 효과가 좋아진다. 게다가 가상현실 훈련은 끝난 다음 아이패드를 보면서 얼음 양동이에 앉아 있을 필요가 없다. 선수는 그 자리에 그대로 있다. 이 덕분에 가상현실은 시각화 도구로도 역할을 톡톡히 한다. 동작의 시각화는 성과를 향상시킨다는 연구가 많다. 예를 들어 단지 동작을 생각하는 것만으로도 실제로 그 동작을 할 때와 비슷한 두뇌 활동이 이뤄진다. 다만 시각화가 제대로 이뤄져야 한다. 물론 문제는 시각화하고 자신을 상황 속에 위치시키는 능력은 사람마다 차이가 크게 난다는 것이다. 가상현실로 코치와 트레이너들은 선수들에게 시각화를 제공할 수 있다.

가상현실이 무언가를 배우는 데 특히 유용한 이유는 신체 움직임을 활용한다는 것이다. 가상현실 시뮬레이션을 경험할 때 당신은 실제 세계의 상황을 겪는 것처럼 몸을 움직인다. 가상현실이 마우스와 키보드를 조작하는 컴퓨터 활용과 다른 점은 몸을 자연스럽게 쓴다는 것이다. 그래서 학습자는 심리학자들이 말하는 체화된 인지를 배가할 수 있다.

체화된 인지 이론에 따르면 마음은 두뇌 속에 자리 잡고 있지만 다른 신체 기관도 인지에 영향을 준다. 근육 움직임과 감각 경험은 우리가 주위 세계를 이해하도록 돕는다. 우리가 생각할 때 신체 움직임과 관련된 두뇌 부위가 활성화된다. 댄서들에 대한 2005년 연구를 살펴보자.[15] 과학자들은 발레와 카포에이라 두 분야의 전문 댄서들을 대상으로 실험했다. 댄서들이 두 스타일의 춤사위 동영상을 보는 동안 과학자들은 그들의 두뇌 활동을 기능적 자기공명 영상fMRI으로 기록했다. 댄서들은 자신이 전문인 영역의 춤사위를 볼 때면 뇌의 거울 시스템이 활성화된다. 반면 다른 스타일의 춤을 볼 때면 뇌의 활성화 정도가 그다지 강하지 않았다. 달리 말하면, 생애에 걸쳐 수천 번 실행한 움직임을 볼 때면 마치 자신이 그 동작을 하는 것처럼 두뇌가 활성화됐다. 그래서 춤을 보고 생각하는 것만으로도 댄서의 뇌는 마치 그 자신이 움직이는 것처럼 가동됐다. 두뇌는 움직임을 시각화함으로써 우리가 관찰하는 사건을 이해한다.

뇌에서 움직임과 관련된 어떤 부위가 활성화되는지를 알면 학습에 대해 알 수 있다. 카네기멜론대학이 하키 선수, 하키 팬, 하키 초보자들을 대상으로 실험한 결과가 2008년에 미국 국립과학원회보PNAS에 발표됐다. 하키 동작 이해에서 선수가 초보자보다 나았고, 그 차이는 뇌 움직임의 차이로 나타났다. 다른 말로 하면, 뇌에서 전문성과 관련이 있는 상위 수준 동작 영역이 활발해지는 경우는 그가 하키 동작을 잘 이해함을 뜻했다. 이 연구는 상관관계를 보여줬다. 그러나 체화된 인지를 주장하는 연구자들이 상정하는 것은 뇌의 활성화를 자극함으로써 학습을 향상시킬 수 있다는 인과관계이다. 하키 분야에서 실험한 논문은 다음과 같이 결론을 짓는다. "운동 경험이 이해에 얼마나 영향을 미치는지는 해당 뇌 부위가 관여하는 정도로 나타난다. 그 부위는 하키를 하고 본 경험이 있는 사람들에 있어서 높은 수준의 동작 선택에 참여한다."[16]

감각 운동적인 시뮬레이션이 뇌에 미치는 영향은 기초적인 과학 교육에 적용된다. 2015년에 물리학을 수강하는 대학생을 두 그룹으로 나눈 연구가 진행됐다. 한 그룹은 자전거 바퀴를 돌림으로써 토크와 각운동량을 실제로 경험하게 했다. 다른 그룹은 바퀴 회전을 보기만 했다. 눈으로 보기만 한 학생들보다 몸으로 체험한 학생들이 퀴즈에서 더 좋은 점수를 받았다. 하키 연구와 비슷하게, 성과 향상의 요인은 감각 운동적인 뇌 부위의 활성화임이 드러났다. 이 연구는 사람들이 그냥 볼 때보다 직접 해보면 더 잘 배운다는 것을 보여줬다. 아울러 최고의 학습자는 뇌의 운동 동작을 시뮬레이션함을 규명했다.[17]

가상현실을 통한 성과 극대화 방법을 이해하는 과정을 놓고 보면, 우리는 여전히 매우 초기 단계이다. 이에 비추면 지금까지의 성과는 대단히 인상적이다. 앞으로 스트라이버와 다른 시스템들이 파머와 같은 선수들에게서 축적한 방대한 데이터를 분석해 훈련을 실행할 최상의 방법을 찾아낼 것이다. 파머는 스스로 익히는 데 능숙함을 보여줬지만 말이다.

가상현실 훈련의 미래

스트라이버가 스포츠 훈련에서 거둔 성공은 결국 기업 세계의 관심을 끌었다. 가상현실은 여러 측면에서 쿼터백 훈련에 유용하다. 우선 시나리오를 빨리 평가하도록 하고 혼란스러운 상황 속 의사결정을 향상시킨다. 또 실제가 아니라 가상의 보상이 걸렸을 때 훈련하도록 한다. 이렇게 볼 때 가상현실은 직원 훈련에도 놀랍도록 효과적이다. 세계 최대 소매업체 월마트Walmart는 스트라이버와 계약하고 직원들을 훈련한 앱을 만들기로 했다. 우리 간부 중 한 명이 어마어마한 노력을 기울여 월마트의 훈련 매뉴얼 전체를 한 장 한 장 읽고 가상현실에 가장 적합한 시뮬레이션을 뽑아냈다.

첫 모듈은 슈퍼마켓용이었다. 조리식품 매장의 카운터 매니저는 많은 고객을 동시에 응대해야 한다. 예를 들어 길게 늘어선 고객의 결제 업무를 처리하면서 다른 고객들한테도 신경을 써야 한다. 매장 매니저는 매대 사이를 빨리 걸어가면서도 플라스틱 백의 롤이 가득 채워져 있는지 점검하고 어떤 손님이 한곳에 너무 오래 머물지는 않는지(훔치려고?) 살펴봐야 한다. 나는 슈퍼마켓 매장에 옥수수 자루를 너무 높이 쌓아두면 환기가 잘 되지 않아 규정 위반이라고 배웠다. 이를 가상현실에 프로그램해 넣는 건 쉬운 일이다. 이런 부분을 찾아내는 일은 미식축구 플레이오프 경기의 승리를 결정짓는 움직임에 비하면 빛이 나지 않을 것이다. 숨겨뒀던 전격작전을 실행해 터치다운 패스를 던지는 것 같은 활약 말이다. 그러나 그런 작업은 효율을 작게나마 향상시키고, 이것이 차이를 만든다. 우리는 월마트의 훈련 아카데미 중 30곳에서 가상현실 훈련 시스템을 시험 활용해봤다. 매니저들은 실제로 이 시스템을 활용하고 즐겼을까? 그랬다. 그들은 게다가 더 잘 학습했다. 그 결과 월마트는 성과 지표가 개선됐음을 확인했다. 월마트는 그래서 훈련 아카데미 200곳 전체로 가상현실 시스템을 확장해 적용하기로 결정했다.[18] 월마트는 이제 도서관을 짓고 있는데, 그곳에서는 활자로 적힌 매뉴얼 외에 훈련용 경험 세트가 갖춰질 예정이다. 월마트의 입장에서 가상현실 훈련은 실제 교육에 비해 비용이 단위가 다를 정도로 저렴하다는 점에서 매력적이었다. 실제 교육을 하려면 식료품이 진열되고 고객이 쇼핑하는 물리적인 매장을 만들어 운영해야 한다. 그러나 비용을 떠나 가상현실 훈련은 일관성이라는 측면에서도 바람직하다. 모든 직원이 똑같은 훈련을 받는다.

상호작용하는 분석적인 요소는 몰입하는 가상현실 환경에 내장될 수 있고, 그것도 다양하고 강력하게 넣어질 수 있다. 이런 가능성을 고려할 때 가상현실 훈련이 적용될 직무는 끝이 없다. 군인, 조종사, 운전자, 외과 의사, 경찰, 위험한 일을 하는 다른 사람들이 가상현실로 훈련을 받고 있다. 이들은 가상현실이 활용되는 수백 가지 중 일부에 불과하다. 가상현실은 우리가 일상생활에서 구사하는 인지 기술을 향상시키는 데 무수한 방식으로 활용될 수 있다. 협상, 대중 연설, 목공, 기계 수리, 춤, 스포츠, 음악 교육 등 거의 어느 기술이나 가상 교습을 통해 향상이 가능하다. 이런 분야의 가상 교습과 함께 아직 상상되지 않은 응용이 앞으로 몇 년 동안 시장 성장, 기술 발전, 효과적 활용에 대한 이해도 향상 등에 따라 등장할 것이다.

지금은 교육에 있어서 정말 흥분되는 혁명적인 시기이다. 이미 인터넷과 영상 기술은 학습에 새로운 기회를 열었고 가상현실은 이 발전을 끌어올릴 것이다. 이 세상에는 아직 손이 닿지 않았고 훈련되지 않은 잠재력이 크게 남아 있다. 우리는 높은 수준의 성과자들은 타고난 재능을 바탕으로 위대한 경지로 직행한다고 생각하도록 가르쳐졌다. 어떤 사람들이 특별난 재능을 선사받는다는 것은 사실이지만, 그 재능은 각고의 노력 및 적절한 지도와 결합될 때에만 뻗어나간다. 훌륭한 지도와 학습

도구가 없어서 잠재력을 발휘하지 못하는 개인들이 얼마나 많은가?

나는 특화된 기술 분야의 최고수들이 종종 한 집안에서 나온다는 사실에 놀란다. 미식축구에는 매닝Manning 집안이 있다. 이 집안은 불과 두 세대에 NFL 쿼터백을 세 명이나 배출했다. 페이튼 매닝Payton Manning은 미식축구 사상 최상위급 선수로 꼽힌다. 매닝 집안이 위대한 NFL 쿼터백이 되기에 필요한 천부적인 특성을 특별히 타고났음은 분명하다. 그러나 그게 전부일까? 쿼터백이라는 포지션의 역량은 경험을 바탕으로 한 의사결정에 좌우된다. 엘리Eli와 페이튼 형제는 프로 쿼터백 부친 아래에서 자란 덕을 보지 않았을까? 이 형제의 부친은 두 아들이 어릴 때부터 플레이의 기본을 가르치고 게임의 미세한 부분을 설명해주지 않았을까? 이 형제와 비슷한 신체적 정신적 재능을 타고났어도 전문적인 코치를 받지 못한 아이들은 어떻게 됐을까?

내게 가상현실의 가장 흥미로운 측면은 학습과 훈련의 민주화 가능성이다. 물론 쿵후 프로그램을 영화 〈매트릭스The Matrix〉에서 네오가 한 것처럼 몇 초 만에 업로드하기란 간단하지 않다. 전문 기술 습득에는 전념과 집중과 많은 시간이 필요하다. 그러나 가상현실 교습은 언젠가는 결국 누구나 뜻만 있다면 학습 자원을 활용해 고수의 경지에 오를 수 있도록 할 것이다. 오늘날 그 어느 때보다 최고 수준의 성과를 향한 경쟁이 모든 영역에서 더욱 치열해지고 있다. 영역은 좁아지고 연령은 더 낮아진다. 특별 교습을 받은 사람들은 그렇지 못한 이들에 비해 대단히 유리하다는 것은 분명한 사실이다. 온라인 영상과 학습 과정이 배움의 기회를 연 것처럼, 가상현실도 그럴 것이다. 물론 점점 더 치열해지는 경쟁에서 성공하기 위해 필요한 특별 교습을 받을 기회가 없는 사람들에게

HMD와 콘텐츠가 덜 부담스러운 수준으로 저렴해지기까지는 시일이 걸릴 것이다. 그러나 데이터폰과 많은 앱이 얼마나 빨리 누구에게나 보급됐는지를 생각할 때, 그 미래는 생각보다 빨리 올 수 있다.

가끔 우리는 경험을 합당하게 평가하지 않는다. 이런 미래 세계를 상상해보자. 모든 영역에서 상호작용을 할 수 있는 가상 교사가 유망한 학습자를 발달시키는 교습을 제공하기 위해 대기한다고 하자. 재능이 계발되지 않은 수백만 명에게 가상현실 훈련은 진정한 기회를 열어주는 긴 여정을 앞두고 있다.

| 제2장 |

가상현실 속에서 당신의 뇌는

영화 학도는 뤼미에르 형제Lumière brothers가 세계 최초로 만든 영화인 〈라시오타 역에 도착하는 기차The Arrival of the Train at La Ciotat Station〉를 1895년에 파리에서 상영했을 때 생긴 일을 잘 알고 있을 것이다. 전해 내려오는 이야기에 따르면 관중은 은막에 비춰진 기차가 자기네를 향해 돌진하는 줄 알고 놀라 소리를 질렀다. 우리는 이 이야기를 좋아하는데, 그건 초기 관객이 동영상 미디어를 잘 이해하지 못했음을 들려주기 때문이다. 오늘날의 우리는 그런 트릭에 결코 넘어가지 않을 것이다. 우리는 무엇이 실제 일이고 무엇이 가짜인지 분간할 수 있다. 새로운 미디어의 혁신성이 친숙해진 다음에는 우리는 그 미디어를 통해 전해진 것이 무엇이든지 그것을 다룰 수 있다고 믿고 싶어 한다.

그런 믿음은 상당히 사실과 부합하지만, 가상현실이 만들어내는 즉각성 및 실재성과 벽에 비춰진 평면(3차원이더라도) 영상에는 차이가 난다. 내가 이렇게 말하는 근거는 수천 명이 참여한 가상현실 실험이다. 연구실에서 나는 그들의 가상현실 체험을 지켜봤고, 그들 중 다수는 가상현실을 반복해서 경험했다. 지진 시뮬레이터 속에서 화산 분출물이 떨어지기 시작하는데도 움츠러들지 않기란 쉽지 않다. 같은 가상현실을 많이 반복해서 봤거나 의지력이 강하지 않으면 놀라게 마련이다.

가상현실이 제대로 제작된 경우에는 성가실 법한 장비, 즉 고글과 컨트롤러, 전선 등은 전혀 의식되지 않는다. 참가자는 우리가 일상적인 실제 생활에서 경험하는 데 익숙한 것처럼, 여러 감각을 동시에 가동하게 하는 가상 환경에 빠져든다. 이는 다른 미디어 경험과는 차이가 큰데, 기존 미디어는 우리 감각이 포착하는 대상의 조각조각만을 담기 때문이다. 예를 들어 훌륭한 가상현실에서 당신이 듣는 음향은 한곳에서가 아니라 각각 해당 공간에서 나오는 것처럼 들린다. 또 당신이 어디를 바라보는지에 따라 크기가 달라진다. 소리가 나는 곳으로 가까이 가면 더 커짐은 물론이다. 가상현실의 시야는 컴퓨터 모니터나 TV, 영화 스크린 등의 프레임에 갇히는 것이 아니라 실제 세계에서 보는 것과 같다. 기존 미디어를 보다가 왼쪽이나 오른쪽으로 고개를 돌리면 콘텐츠가 시야에서 벗어나지만, 가상현실에서는 경험하는 콘텐츠가 여전히 존재한다.

가상현실 기술은 이 미디어가 의식되지 않게끔 적용된다. 이게 무슨 말인지는 스크린에서 영상을 볼 때와 비교하면 쉽게 이해된다. 동영상이라는 미디어는 체험이 만들어진 것임을 계속 떠올리게 한다. 영상 미디어는 2차원일뿐더러 컷을 비롯한 다른 편집 기술이 적용되며, 아마 가장 중요한 것은 카메라의 위치에 따라 일상에서 보지 못하는 시각에서 제공된다는 것이다. 이런 특징은 우리가 감각을 통해 일상적으로 세계와 마주치는 방식과 일치하지 않는다. 나는 연구소에 들른 사람에게 특별히 무섭거나 강도 높은 데모를 제공할 때 간혹 숙련자의 비밀을 주기도 한다. 즉, 너무 힘든 상황에서는 눈을 감으라고 말한다. 눈을 감으면 가상현실의 시야가 사라진다고 설명한다. 그러나 이 팁을 실행한 사람은 거의 없다. 이 대응이 실제 세계에서 통하지 않기 때문이다. 현실에서 눈을 감아도 구덩이에 빠지는 것에서 벗어나지 못한다.

이 모든 언급의 논지는 가상현실이 제공하는 현존감의 환상이 비상하게 강력하다는 것이다. 19세기 말 파리의 순진한 파리지앵도 벽에 투영된 이미지 보고 자신을 향해 돌진해오는 기차가 가짜임을 판단할 수 있었을 것이다. 그러나 만일 내가 HMD를 스티븐 스필버그에게 착용시키고 그를 가상현실 배에 태워 영화 〈조스Jaws〉의 상어가 덮치는 상황을 경험하게 한다면, 그는 겁에 질릴 공산이 크다.

현존감의 힘은 저렴한 스릴을 제공하는 데에만 유용한 게 아니다. 이 책에서 앞으로 펼쳐 보일 것처럼, 가상현실의 심리적인 효과는 심대하고 오래 지속된다. 가상현실이 체험자에게 큰 영향을 미친다는 사실에 대한 연구가 잇따르고 있다. 체험자의 행동은 이후에 달라질 수 있고, 그 변화는 바로 사라지지 않는다. 이런 특성은 가상현실이라는 미디어를 둘러싼 낙관과 비관으로 이어진다. 가상현실은 실제처럼 느껴지고 실제 경험처럼 영향을 준다. 그래서 가상현실 경험은 종종 미디어 경험이 아니라 실제 경험으로 이해된다. 가상현실은 그에 따라 우리 행동을 바꾼다는 것이다.

가상현실은 경험 창조자이다. 가상현실은 디지털 미디어라서 우리가 상상으로 보거나 듣는 무엇이든 쉽게 가상현실 환경 속에서 만들어질 수 있다(시각과 청각 이외의 감각은 더 복잡하다). 이를 통해 우리가 체험하기를 원하는 경험에 대해, 또 그런 경험이 우리와 세계를 더 낫게 변모시킬지에 대해 고무적인 가능성이 열릴 것이다. 반면 만약 우리가 해로운 환경이나 경험을 겪기를 택한다면 결과도 바람직하지 않을 것이다. 내 동료 중 한 명이 표현한 것처럼 미디어 경험은 식단과 비슷하다. 우리는 먹는 대로 된다.

● ●

심리학 개론을 들었다면 여러분은 복종과 관련한 스탠리 밀그램Stanley Milgram의 유명한 연구를 잘 알 것이다. 그 연구는 1960년대에 이뤄졌지만 여전히 인간행동에 대한 연구 중 가장 잘 알려졌고 가장 껄끄러운 분석이다. 당시 연구자들은 인간이 왜 그토록 가공할 정도로 인간성에서 벗어난 행위를 저지르는지 이해하고자 했다. 특히 한 세대 전에 나치 독일의 반인류 범죄를 그토록 많은 사람이 용인하고 심지어 자행했는지 연구했다. 알다시피 밀그램의 연구에는 두 연기자가 배역을 맡아 연구팀과 함께 실험을 진행했는데, 한 사람은 다른 실험 참가자들이 자신의 정체를 모르는 가운데 다른 사람에게 문제를 냈다. 시험을 치르는 사람이 말한 답이 틀릴 경우 실험 참가자들은 그에게 전기 충격을 주라는 지시를 받았다. 실제로는 전기 충격이 가해지지 않았지만, 그는 고통받는 척했다. 답이 틀릴 때마다 전압이 15볼트 올라갔다. 몇 차례 오답이 나온 뒤 응시자는 고통스러워하면서 벽을 쳤고 심장 상태에 대해 호소했다. 실험 참가자들이 계속 전기 충격을 줄 경우 응시자는 기절하거나 더 나쁜 상태에 빠진 것처럼 답변을 하지 않았다. 실험 과정 내내 연구실 코트 차림의 권위적인 인물이 참가자들에게 실험을 계속해야 한다고 말했다. 그는 "실험은 계속되어야 한다"라거나 "당신들은 계속하는 것 외에 다른 선택이 없다"라고 말했다. 실험이 진행됨에 따라 밀그램은 두 핵심 변수를 측정했다. 하나는 참가자들이 응시자가 명백한 고통을 보이는데도 그에게 얼마나 강한 전기 충격을 가하느냐는 것이었고, 다른 하나는 복종이 참가자에게 미치는 영향이었다.[01]

반복해서 실험한 결과 참가자 중 대부분이 권위 있어 보이는 인물의 명령에 끝까지 복종해, 최종 450볼트 충격까지 가했다. 그 단계는 실험 속 충격 발생기에 '위험: 극도의 충격'이라고 표시돼 있었다. 실험 동영상은 온라인에서 쉽게 찾아서 볼 수 있는데, 참가자들이 아무 주저함도 없이 명령에 따른 것은 아니었다. 그들은 종종 진땀을 흘렸고 입술을 깨물었으며 신경질적으로 웃거나 신음 소리를 내거나 몸을 떨었다. 밀그램 실험을 이야기할 때 사람들이 종종 초점을 맞추는 곳은 인간이 맹목적으로 명령에 따르면서 다른 사람에게 매우 잔인한 짓을 저지를 수 있다는 측면이다. 이에 비해 충분히 강조되지 않은 부분은 참가자들이 전기 충격을 가하면서 얼마나 고통스러워했는가 하는 대목이다.

가상현실 분야를 개척해온 연구자 중 한 명인 멜 슬레이터Mel Slater는 2006년에 이 실험을 가상현실로 재현해보기로 했다.[02]

밀그램의 실험과 다른 점은 응시자가 가상현실로 창조된 캐릭터이고 참가자들이 그 캐릭터가 컴퓨터로 만들어진 '에이전트'임을 알고 있다는 것이었다(에이전트와 달리 '아바타'는 사람에 의해 통제된다). 밀그램의 실험은 참가자들이 전기 충격을 받는 대상이 실제 사람이라고 믿게끔 설계됐다.

반면 슬레이터는 모든 걸 드러내고 실험해, 참가자 전원이 단지 컴퓨터 프로그램한테 전기 충격을 가한다는 사실을 알고 있었다. 슬레이터는 실험에서 권위자 역할을 수행해, 참가자들 옆에 앉아서 에이전트한테 문제를 냈다. 밀그램의 실험과 다른 점은 더 있었다. 슬레이터는 참가자들에게 내키지 않더라도 전기 충격을 계속 줘야 한다고 다그치지 않았다. 대신 언제라도 아무런 제재 없이 실험에서 빠질 수 있음을 분명하게 여러 차례 알려줬다. 슬레이터의 관심사는 순수하게 가상적인 캐릭터에게 해를 가하는 행위가 참가자들의 마음을 괴롭게 하는지 여부를 측정하는 것이었다.

실험 결과 참가자들은 전기 충격을 받는 주체가 컴퓨터로 창조된 존재임을 알고 있었지만 그 대상이 실제 사람인 것처럼 반응했다. 이는 그들의 행동과 생리적인 반응 모두에서 나타났는데, 슬레이터는 그 반응을 심박수와 피부전도로 측정했다. 비록 참가자들은 모든 것, 즉 실험실 환경, 전기 충격, 에이전트가 시뮬레이션임을 의식하고 있었지만, 그들의 뇌는 상당한 정도로 그 상황이 실제로 벌어지는 것처럼 여겼다. "어떤 참가자들의 목소리는 에이전트의 답변이 틀림에 따라 점점 더 큰 낙담을 드러냈다"라고 슬레이터와 연구진은 논문에서 전했다. 시뮬레이션된 에이전트가 (전기 충격에 대해) 강하게 반발하면 참가자 중 다수는 옆에 앉은 실험 진행자에게 어떻게 해야 하느냐고 물었다. 진행자는 "당신이 원하면 언제든 멈출 수 있지만, 실험을 위해서는 계속하는 것이 가장 좋다"라면서 또 "원하면 언제든 그만두라"라고 덧붙였다. 참가자들이 더 큰 전기 충격을 가하게 되면서 보이는 반응은 다양했다. 어떤 참가자들은 최고 충격에 이르기 전에 그만뒀다. 어떤 참가자들은 에이전트가 항의하면 낄낄댔다(그런 반응은 원래의 실험에서도 나왔다). 다른 사람들은 진심 어린

걱정을 나타냈다. "에이전트가 28번째와 29번째 문제에 대답하지 못하자 한 참가자는 반복해서 '저기요, 저기요'라며 근심스러운 태도로 에이전트를 불렀다. 그러더니 진행자에게 고개를 돌려 걱정스럽게 '대답하지 않네요'라고 말했다."[03]

이 희한한 결과를 어떻게 받아들여야 할까. 발아래 뚫린 가상 구덩이에 본능적으로 반응할 수는 있지만, 가상 인간에게 가해지는 가상 행위에 도덕적인 불편함을 느끼는 것은 무엇일까. 실험 참가자들이 가짜 전기 충격도 불편해한다는 사실을 고려할 때, 가상현실에서 벌어지는 상상 속 폭력과 아수라장에 휘말리게 된다면 그들은 무엇을 느끼게 될까. 이는 내 실험실 방문자들이 계속해서 제기하는 관심사 중 하나일 뿐이다.

스탠퍼드대학 심리학과의 베노이트 모닌Benoit Monin 교수는 도덕 심리학을 전문으로 연구한다. 우리 연구소는 그와 함께 가상현실에서 비도덕적인 사건을 목격하는 것의 충격에 대해 실험해봤다. 참가자 60여 명 가운데 절반 정도가 도덕적인 사건을 경험했다.[04] 그들은 가상현실에서 자신과 같은 성별의 남녀가 자신에게 다가오는 사람들 60명에게 응급처치 키트를 주는 광경을 지켜봤다. 응급처치 키트를 받은 사람들은 돌아서서 멀어져갔다. 실험은 도덕적인 유인이 점점 강해지도록 짜여졌다. 즉, 가상현실 캐릭터는 처음에는 군인 20명에게, 그다음에는 여성과 아이 20명에게, 마지막으로는 아이와 노인에게 응급처치 키트를 줬다. 시뮬레이션은 5분 정도 이뤄졌다.

다른 절반의 참가자들은 비도덕적인 상황을 경험했다. 이들이 본 가상현실의 캐릭터는 자신에게 온 가상현실 사람 60명에게 주먹을 날렸다. 맞은 사람들은 쓰러진 사람들의 더미에 넘어졌다. 가상현실 인체의 무더

기는 점점 커졌다. 얼핏 무서운 장면인 듯한데, 이는 영화와 비디오게임에서 흔히 보이는 사건을 시뮬레이션한 것이다.

심리학의 이전 연구에는 '도덕적인 정화'를 실험한 것이 있다. 과학저널 《사이언스Science》에 게재된 논문을 보면, 실험을 통해 비도덕적인 사건을 생각하게 된 참가자들은 도덕적인 사건을 생각하게 된 참가자들보다 살균 티슈를 더 쓰는 경향이 나타났다.[05] 논문 저자들은 이를 '맥베스 효과Macbeth effect'라고 불렀다. 자신의 도덕적인 순결함을 더럽히는 위협에 노출될 경우 자신을 깨끗하게 하려는 욕구를 자극한다는 것이다.*

우리는 실험 참가자들이 HMD를 벗으면 손 살균액이 든 병을 제공했다. 펌프로 살균액을 몇 번이나 눌러 손을 닦는지 살펴봤다. 비도덕적인 사건을 본 사람들은 도덕적인 사건을 본 사람들보다 평균적으로 더 많이 펌프를 눌렀다. 여성과 아이들이 맞는 장면을 본 다음에는 자신을 정화해야겠다는 욕구를 갖게 된다는 가설을 지지하는 결과였다. 물론 이 실험은 규모가 작은 파일럿 연구였다. 또 결과가 두드러지지 않아, 통계적으로는 중요했지만 효과의 크기는 작았다. 그러나 이 실험은 가상현실 속 강도 높은 사건은 심리적인 영향을 미친다는 슬레이터 연구의 발견과 일치한다.

인류 역사상 새로운 커뮤니케이션 매체는 우려와 함께 등장했다. 우려란 그 매체가 비도덕적으로 활용될 가능성과 그에 따라 사람들에게 미칠 나쁜 영향에 대한 것이었다. 기술에 관심이 있는 독자들은 분명 잘 알려진 역사적 사례에 익숙할 것이다. 소크라테스Socrates는 문해력을 걱정

* 맥베스 부인은 남편과 공모해 국왕을 살해한 뒤 손을 씻으며 "사라져라. 저주받은 핏자국이여"라고 중얼거린다.

했는데, 그는 말을 적어두다 보면 기억력이 떨어질 것이라고 생각했다. 19세기 소설은 허구와 실재를 구분하는 능력을 잠식한다는 우려를 낳았다. 이런 사실은 미디어 효과가 과장됐다고 일축하는 사람들에 의해 인용된다. 그들은 비디오게임의 폭력이나 디지털 문화가 우리의 사고력에 주는 영향에 대한 사람들의 걱정이 얼마나 우스꽝스럽고 과장된 것인지를 보여주는 근거로 이런 사례를 든다. 이런 두려움은 가끔 정도가 지나치지만 적어도 미디어를 진지하게 여긴다는 측면에서는 인정할 수 있다고 본다. 문해력과 책은 우리가 생각하는 방식을 바꿔놓았다. 매체 이미지는 우리 마음에 강력한 영향을 줄 수 있다.

나는 스탠퍼드대학에서 '매스 미디어의 영향'이라는 과목을 강의하고, 그 영향의 정도를 연구한다. 책이나 비디오게임, 텔레비전 같은 전통 미디어가 우리에게 미치는 영향의 정도에 대해 나는 경계하지 않는 편이다. 그러나 가상현실이 참가자를 빠져들게 하는 힘은 그런 전통 미디어에 비해 어마어마하게 크다. 가상현실이 아닌 다른 형태의 전자적 미디어는 감각 정보를 조각내 우리에게 입력하고, 우리는 그로부터 현실에 대한 의식적인 경험을 구성한다. 예를 들어 우리가 영화나 텔레비전이나 태블릿으로 보는 비디오 콘텐츠는 '실제 세계'에서 포착한 소리와 영상을 전한다. 우리가 이들 매체와 상호작용을 하면 우리는 그 콘텐츠가 눈앞에 실재하지 않는 만들어진 것임을 거의 항상 안다. 콘텐츠는 스크린으로부터, 스피커로부터, 또는 우리 손에 있는 기기로부터 온다.

그러나 가상현실은 우리를 집어삼킨다. 설령 가장 기본적인 가상현실을 활용하더라도 우리는 고글을 써서 눈을 가리고 귀는 헤드폰으로 덮는다. 우리는 감각 시스템의 두 가지 주요 기관을 시뮬레이션한 디지털 신호로 압도된다. 더 발달한 가상현실 시스템에서 우리 신체는 가상경험을 하는데, 이는 가상 사물과의 상호작용에서 발생하는 피드백이 우리 몸에 주어지는 데서 비롯된다. 이 과정이 제대로 이뤄지면 우리 뇌는 이런 신호를 현실로 여길 정도로 넘어가게 된다. "미디어가 행동에 영향을 주는가?"라는 논쟁에 처할 때마다, 나는 "가상현실은 그렇다"라고 자신 있게 말한다. 이런 효과를 보여준 연구 결과는 지난 10여 년 동안 내 연구소와 세계 다른 곳에서 다수 축적돼왔다.

이런 이유로 가상현실은 우리가 경험한 미디어 공포와 환상 중 극치를 빚어낸다. 나는 사람들이 내게 묻는 다양한 디스토피아 시나리오로 이 책의 한 장章을 채울 수 있다. 사람들은 가상현실이 무엇을 할 수 있는지 본 다음 그런 상상을 하는데, 이를테면 다음과 같다. 가상현실이 일반적이 되면 사람들은 실제 세계에서 서로 어울리기를 그만두게 될까? 가상현실이 마인드 컨트롤에 활용될 수 있을까? 가상현실로 사람들을 고문할 수 있을까? 정부 감시가 이뤄질까? 기업 감시는 어떤가? 가상현실이 사람들을 더 폭력적이게 할까? 포르노는 어떻게 될까(그런데 답은 다음과 같다. 아니다. 약간. 약간. 아마도. 거의 확실하다. 약간. 어떻게 되다니?)?

가상현실은 사악하다고 생각하는 사람이 많다. 즉, 자연스럽고 사회지향적인 삶의 방식이 소멸해가는 과정에서 가상현실은 관에 박히는 못에 해당한다는 것이다. 사람들이 가상현실 속에서 몰입하는 환상적인 삶을 살 수 있다면 누가 실제 세계에서 지내길 원할까? 나는 이 생각은 실제 삶을 심각하게 과소평가한다고 보고, 재런 러니어Jaron Lanier*의 견해

---

* 재런 러니어: 미국의 컴퓨터 과학자로 1980년대에 가상현실이라는 단어를 처음 유행시켰다.

에 동의한다. 러니어는 가상현실과 관련해 가장 놀라운 순간은 체험자가 HMD를 벗었을 때라고 즐겨 말하곤 한다. 그때 체험자는 가상현실이 전하지 못하는 미묘한 감각의 총체가 자신에게 쏟아지는 경험을 한다는 것이다. 예를 들어 빛의 섬세한 단계적 차이, 냄새, 살갗을 타고 움직이는 공기의 느낌, 손에 있는 헤드셋의 무게와 토크 등이 느껴진다. 이런 감각은 가상현실이 효과적으로 구현하기에 불가능하지는 않지만 너무 어려운 종류이다. 가상현실은 특이한 방식으로 실제 세계를 높게 평가하게끔 돕는 것이다. 물론, 많은 사람이 가상현실 포르노를 이용할 것이다. 그러나 그건 실제와 가까운 수준에 결코 이르지 못할 것이다.

가상현실 속 두뇌

내가 가장 자주 받는 질문 중 하나는 "가상현실이 어떻게 우리 뇌를 바꾸나?"이다. 이는 부모, 기자, 정책입안자, 연구소를 방문한 사람들이 공통적으로 던진 질문이다. 새로운 연구가 거의 매일 나와 신경과학과 심리학에 대한 우리의 이해도를 높여주는 요즘 상황에 비추어 이는 적절한 물음이다. 특히 우리가 뇌의 물리적인 동작을 들여다볼 수 있는 강력한 장비를 보유·가동할 수 있음을 고려할 때 당연한 질문이다. 주요 장비로는 fMRI 장치가 있다. fMRI는 과학자들이 모든 생리적인 과정을 측정하는 데 활용한다. 즉, 학습과 기억에서부터 설득과 암묵적인 편향까지 이 장비로 측정한다. 이 장비를 가상현실의 효과를 측정하는 데 쓰지 않을 이유가 없다.

불행히도 실제로 측정하기는 어렵다. fMRI의 수평 튜브에 들어가본 사람은 알겠지만, 정확한 수치가 나오려면 실험 대상은 완전한 정지 상태를 유지해야 한다. 실험 참가자가 너무 움직이면 측정을 다시 시작해야 하고, 그 경우 20분이 더 소요되며, 그동안 참가자가 폐소공포증에 빠지거나 심리적인 마찰이 생길 수 있다.

나는 이 불편함을 덜어줄 방식에 대한 연구 제안을 몇 건 읽은 적이 있다. 측정하는 동안 환자나 참가자가 몸을 자유롭게 움직여도 되게 하는 방식을 찾아본다는 연구였다. 터널 끝에 빛이 보이긴 하는 단계이지만 터널은 길다. 이런 연구가 성과를 내기까지는 몇 년 걸릴 것이다. 다른 기술로, 가는 전선이 연결된 금속 디스크들을 두피에 부착해서 측정하는 뇌파도EEG는 참가자가 조금 움직여도 된다. 그러나 EEG에서는 상쇄 관계가 나타난다. 참가자가 더 움직일수록 측정 정확도가 떨어진다.

이제 우리가 가상현실에 대해 아는 바를 생각해보자. 가상현실이 3D 텔레비전에 비해 다르고 특별한 점은 움직임이다. 잘 만들어진 가상현실은 걷고 쥐고 머리를 돌려 뒤를 보는 것으로 이뤄진다. 가상현실은 참가자가 뛰놀도록 만들어졌다. 또 가상현실 체험은 절벽, 거미, 돌진하는 물체 등에 대한 자연스러운 대응과 공포 반응을 증폭하는 경향이 있다. 그래서 가상현실 참가자의 갑작스러운 동작은 예외가 아니라 일반적이다. 넓은 공간에서 이뤄지는 이런 갑작스럽고 흔들리는 움직임은 뇌 측정을 방해한다.

fMRI를 활용해 뇌가 활성화하는 양상을 측정하려는 시도가 있다. 그러나 이런 접근에도 상쇄 관계가 적용된다. 참가자가 움직이지 않으면 그 실험을 '가상현실'이라고 부르는 게 틀리게 되기 십상이다. 반대로 참가자가 돌아다니면 측정이 조악해진다. 가상현실을 체험하는 뇌를 측정했다고 보고하는 연구가 드물게 나올 것이고, 대중매체들은 그 소식을 호들갑스럽게 전할 것이다. 그러나 그 뉴스에서 기자들이 가상현실이라고 부르는 것은 대개 입체 영화이거나 참가자가 손으로 조작하는 비디오 게임이다. 둘 다 '존재함'을 전하지 못하는데, 존재함이야말로 가상현실의 비밀 원천이다.

예를 들어 나는 2016년에 《사이언스》 저널에 함께 쓴 논문을 기고했다. 공저자는 스탠퍼드대학 신경과학자 앤서니 와그너Anthony Wagner와 그의 박사후연구원 대커리 브라운Thackery Brown이었다.[06] 이 연구에서 우리는 뇌가 풀고자 하는 문제를 정신적으로 재현해내려고 하는 과정에서 이전 경험을 활용할 때 뇌에서 어떤 일이 벌어지는지 알아내고자 했다. 구체적으로는 해마 부위가 이 과정에서 무슨 역할을 하는가였다. 예를 들어 전에 가본 적이 있는 곳으로 차를 몰기 위해 차에 탈 때, 당신은 운전할 때 정신적인 길잡이가 될 노선을 떠올린다(적어도 우리가 웨이즈 내비게이션이나 구글 맵에 중독되기 전에는 그랬다). fMRI의 한계는 참가자가 자기를 띤 금속 튜브 속에서 죽은 듯이 잠자코 있어야 한다는 점이다. 참가자의 활동을 극도로 제한하는 것이다. 그 결과 대다수 연구는 상호작용하고 인식하는 측면에서 풍부한 경험을 제공하지 못했다. 그러나 가상현실은 컨트롤러로도 체험될 수 있다. 나는 여기서 해마의 역할이 더 궁금해졌다. 뇌는 가상현실에서도 실제 세계에서 경험할 때와 비슷하게 반응할까?

우리는 참가자들이 가상 미로 속에서 다섯 가지 다른 곳을 찾아가도록 하는 실험을 했다. 이 실험은 가상현실만큼 빠져들게 하는 효과는 없었다. 참가자는 스크린으로 미로를 봤고 컨트롤러로 미로 속을 움직였다. 다음 날 실험은 fMRI 속에서 이뤄졌다. 참가자들은 전날 익힌 가상 장소를 찾아가는 계획을 세워 실행하라는 지시를 받아 그에 따랐다. 그 결과 고해상도 fMRI 실험이 진행됐다. 데이터를 분석한 결과 해마는 계획을 세우는 작업에 관여했다. 안와전두피질은 기억에 의존해 길을 찾는 동안 해마와 상호작용하는 것으로 알려졌는데, 길찾기에서 '미래 목표', 즉 목표 지점을 분류하는 데 중요한 역할을 한다.

미래 행동을 계획하는 데 과거 기억을 어떻게 불러오는지와 관련해 신경적인 기초를 이해한다는 측면에서 이 실험은 심리학자들에게 중요하다. 하지만 이 데이터를 다르게 해석할 수도 있다. 시뮬레이션의 상호작용하는 부분은, 가상현실만큼 몰입하게 하지는 않았지만, 여전히 기억을 형성할 정도로 풍부했다. 내 동료들은 참가자가 가상현실에서 정보처리를 할 때 뇌의 어느 부위에 그 정보가 담길지를 매우 구체적으로 예상했다. 즉, 참가자가 가상현실 공간 중 어디에 있는지, 또 참가자가 다음에 어디로 가려고 하는지와 관련한 정보를 각각 뇌의 어디에서 신경을 쓸 것이라고 예측했다. 사람들이 실제로 움직일 때에는 길찾기의 그런 신경적 기초를 측정하기가 기술적으로 불가능하기 때문에, 몰입시키지 않는 가상현실 활용이 대안이다. 몰입 정도가 덜한 가상현실은 사람들이 fMRI에 잠자코 누워 있는 동안 그런 측정의 수단을 제공했다. 예측은 정확해, 가상현실에서 경험한 사건을 회상할 때 해마 활동이 나타났다. 실제 경험을 떠올릴 때와 비슷했다. 기본적으로 몰입 정도가 덜한 가상현실 수준에서도 신경과학자들이 실제 사건에 대해 예측한 것과 같은 뇌 활동 양상이 보였다.

따라서 가상현실에서 뇌 활동을 연구하는 한 가지 전략은 몰입 정도가 덜한 가상현실을 활용하는 것이다. 다른 방법은 동물을 대상으로 실험하는 것인데, 사람에게는 허용되지 않는 외과수술 기술을 써서 두뇌 활동을 측정하는 것이다. UCLA 과학자들은 2014년 연구에서 쥐에게 작은 마구馬具를 채우고 트레드밀에 올려놓고 쥐의 움직임을 측정했다(가상현실 비디오게임에서 팔리는 전방향 트레드밀과 비슷한 장치였다). 실험실은 어두웠고 큰 비디오 스크린이 쳐진 가상 방이 쥐를 에워싸고 있었다. 과학자들은 쥐의 해마에 있는 수백 개 뉴런의 활동을 측정했고, 쥐가 실제 방에서 움직이는 통제 조건도 꼼꼼하게 만들었다. 두 환경에서 움직인 쥐의 뇌 활동 양상은 상당히 달랐다. 가상현실에서 쥐의 해마 뉴런은 혼란스럽게 발화發火됐다. 마치 뉴런들은 자신이 어디에 있는지 모르는 것 같았다. 실제 세계와 가상현실에서 쥐의 길찾기 행동이 모두 정상적으로 보였는데도 그랬다. 보도자료에서 논문의 저자이자 W.M.케크W.M.Keck 재단 신경물리학 센터의 소장인 메이얀크 메타Mayank Mehta는 이렇게 주장했다. "'지도'가 완전히 사라졌다. 아무도 예상하지 못한 일이었다. 가상현실에서 쥐의 위치와 뉴런 활동 사이의 관계는 무작위적이었다."**07** 무작위적인 발화 양상 외에 가상현실에서는 실제 세계에 비해 뇌 활동이 덜했다. 이로부터 메타는 보도자료를 통해 상당히 과감한 주장을 한다. "가상현실 속 뉴런의 양상은 실제 세계의 활동 양상과 실질적으로 다르다. 우리는 가상현실이 어떻게 뇌에 영향을 주는지 온전히 이해할 필요가 있다."**08**

이 연구를 놓고 비판이 없지는 않았다. 과학자들은 대부분 쥐 뇌로 실험한 결과를 사람 뇌로 일반화하는 것이 합당한지에 초점을 맞춘 반면 가상현실 전문가들은 가상현실 자체를 문제 삼았다. 마구와 트레드밀은 쥐에게 가혹한 경험이었음이 분명하다. 이 때문에 실험 데이터의 부정확성이 높아졌을 것이다. 아마 그 효과를 가장 잘 설명하는 것은 시뮬레이터 멀미일 듯하다. 나는 가상현실 트레드밀을 이용해봤고 내 뉴런이 꽤 뒤죽박죽 상태로 됐다고 느꼈다. 인식 시스템이 정말 힘들어했다.

다른 연구들은 가상 환경과 뇌 활동에 대해 더 섬세한 설명을 제공했다. 예를 들어 2013년 《신경과학 저널Journal of Neuroscience》에 실린 연구는 가상 미로의 크기와 복잡함과 관련해 측정하는 실험을 했다. 복잡함은 의사결정하는 곳이 많을수록 커졌다. 성인 18명이 가상 길찾기 실험에 참여했고, 이들은 그다음에 미로의 스크린샷이 보여지는 fMRI에 들어갔다. 다양한 미로의 스크린샷이 짧게 보여지는 동안 참가자의 해마 활동이 측정됐다. 미로의 크기에 따라 후위 해마의 활동이 활발해졌다. 후위 해마의 활동은 복잡함에서는 영향받지 않았다. 반대로 전위 해마는 미로의 크기가 아니라 복잡함에 따라 활발해졌다. 이는 '이중 분열'이라고 불리고 뇌 과학자들에게 중요한 수단이다. 이는 뇌가 환경의 크기와 복잡함을 경험하는 영역이 다름을 보여주는 예비적인 증거를 제공한다.[09]

우리가 기억할 중요한 사실은 우리가 하는 거의 모든 행위는 뇌의 활동과 변화를 일으킨다는 것이다. 들판을 달리든 피자를 먹든 말이다. 뇌 활동 중 모든 게 트라우마trauma를 남기지는 않는다. 내 경우 사회적 관점에서 중요한 문제는 오랜 시간 가상현실 이용의 영향에 대한 것이다. 현재로서는 모른다는 게 답이다. 그러나 이는 가볍게 다룰 문제가 아니다. 내가 도움을 준 HBO 방송의 텔레비전 쇼에 대한 다음 묘사를 생각해보자.

"〈제목 없는 가상현실 쇼UNTITLED VIRTUAL REALITY SHOW〉는 새 영역을 개척하는 실험적인 다큐멘터리 프로젝트로, 서로 알지 못하는 8명을 참여시켜 그들이 30일간 사회로부터 격리된 가운데 가상현실에 빠져 지내도록 한다."

실험 참가자를 택하는 조건은 상당히 강하다. 일부만 인용하면 다음과 같다.

"가상현실 참가자: 다양한 사람 8명, 연령은 18~35세(탄력적)이고 정신적·육체적 한계를 시험하는 매우 힘겨운 테스트를 두려워하지 않는다. 참가자들은 30일간 홀로 고립돼 지내야 하고 음식은 최소한만 제공된다. 그들이 서로 얘기를 나누거나 외부와 의사소통하는 유일한 방법은 가상현실을 통해서이다."

아니다, 당신이 오해하는 게 아니다. 그들은 음식과 사람과의 사회적 접촉이 결핍된 가운데 가상현실에서만 아바타를 통해서 서로 교류할 수 있다. 이 프로그램의 프로듀서들은 내게 요구하기를 실험적인 과정을 쇼에 반영하고 참가자의 뇌 기능 측정을 도와달라고 했다. 말하기 껄끄러운 사안인데, 나는 그 제안을 하루 내내 생각했다. 그건 중요한 연구 같았다. 그리고 이 연구를 통해 이런 종류의 가공할 처우가 가할 실질적인 뇌 변화에 대해 알게 된다면 미래에 발생할지 모르는 디스토피아를 막는 데 도움이 되리라고 여겼다. 다른 말로 하면, 5년 뒤라면 이런 상황이 이 기술을 과도하게 활용하는 일부 그룹에게는 표준이 될 수 있다. 그러나 나는 정중히 사양했다. 그 프로그램을 돕는 건, 즉 사람들로부터 실제의 사회적 접촉을 빼앗는 것은, 내 시간을 보내기에 불쾌한 일로 들렸다.

그럼에도 나는 이런 종류의 연구를 종종 요청받는다. 사회적 접촉을 가상적인 사회적 접촉으로 오랫동안 대체하면 나타날 영향에 대한 연구이다. 내 생각에 이는 의사들이 자주 마주치는 딜레마와 비슷하다. 의사

중에서 흡연과 암의 인과관계를 보여주기 위해 실험 참가자의 절반이 매일 담배 두 갑을 태우고 나머지 절반은 흡연하지 않는 통제된 실험을 하고자 하는 사람은 아무도 없을 것이다. 그 대신 우리는 두 변수 사이의 상관관계를 보여주는 증거가 나오기까지 기다린다. 왜냐하면 윤리적으로 이런 연구를 편하게 느끼는 사람은 드물기 때문이다(공개적으로 말하면, 나도 이런 질문에 답을 찾는다면서 쥐의 뇌를 조작하는 것에 대해 윤리적으로 편하지 않다).

가상현실의 어두운 그림자

2003년부터 가르쳐온 '버추얼 피플' 과목에서 나는 늘 강의 일정의 일부를 가상현실의 부정적인 측면에 할애한다. 이 책에서 내가 보여주고자 하는 바인데, 가상현실 경험은 믿기 어려운 정도일 수 있고 사회적인 문제를 보정하는 유망한 신기법을 제공할 수 있다. 사회적인 문제의 예로는 저조한 교육의 성과, 편견, 차별, 기후변화 위기에 대응하지 않는 것 등을 들 수 있다.

그러나 만약 가상현실 경험이 충분히 강력해 이 행성이나 인종 관계에 대한 우리의 근본적인 견해를 바꿀 수 있다면, 반대로 가상현실은 나쁜 쪽으로도 영향을 미칠 수 있다. 나는 이 방향에서 네 가지를 간략하게 논의하려고 한다. 폭력, 가상현실로의 현실도피, 우리 주위의 세상에 집중하지 못함, 과도한 이용 등을 실험적으로 모델링하려고 한다. 심도 깊게 몰입시키는 가상현실이라는 미디어가 만연하게 되는 시대에 접어드는 이즈음에 우리에게 대두되는 결정적인 물음은 이것이다. '우리는 어떻게 하면 가상현실의 나쁜 부분으로 떨어지지 않으면서 가상현실의 놀라운 측면을 십분 활용할 수 있을까?'

행동 모델링

행동 모델링이라는 개념은 스탠퍼드대학 심리학자 앨버트 반두라 Albert Bandura가 1960년대에 창안했다. 이 개념은 그가 개척한 사회적 학습으로부터 발달시킨 개념이다. 또 사회적 학습은 현대심리학에서 가장 활발히 연구되는 아이디어이기도 하다. 사회적 학습 이론은 특정한 여건에서 사람들은 다른 사람의 행동을 모방한다고 상정한다. 행동 모델링은 사회적 학습의 한 측면으로, 사람은 단지 다른 사람이 어떤 행동을 하는 것을 보는 것만으로도 그 행동을 따라 하게 될 수 있다는 이론이다. 이는 당시에 논쟁적인 주장이었다. 당시 그 분야에서는 대체로 학습은 실행으로써, 즉 보상이나 처벌을 통해서 일어난다고 믿었다. 반두라는 국면을 돌려놓았다. 그는 사람은 미로를 통과하면 치즈를 받으면서 배우는 쥐와 다르며, 우리는 자주 다른 사람을 보면서 배운다고 주장했다. 대리 학습이 중요하다. 이 현상에 대한 우리의 이해는 유명한 보보 인형 실험으로 시작됐다. 이 실험은 1960년대 팔로 알토 Palo Alto의 어린이집에서 이뤄졌다.[10]

실험은 남녀 어린이 24명씩으로 이뤄진 3개 그룹을 대상으로 한 명씩 진행됐다. 첫째 그룹은 보보 인형에게 공격적인 행동을 하는 성인 연기자를 보게 됐다. 보보 인형은 오뚝이처럼 아래에 무게추가 달린 풍선

인형으로, 넘어뜨려도 다시 일어난다. 연기자는 대본에 따라 보보 인형을 손으로 때렸고, 발로 차서 보보 인형을 방을 가로질러 몰고 갔고, 쳐서 위로 띄웠으며, 그 인형에게 소리를 질렀다. 심지어 망치로 내리쳤다. 둘째 그룹은 괜찮게 행동하는 성인 연기자를 지켜봤다. 그는 보보 인형에 신경 쓰지 않고 다른 장난감을 가지고 놀았다. 셋째 그룹은 성인 연기자를 전혀 보지 못했다.

실험 진행자는 그다음에 아동 그룹을 각각 보보 인형과 놀게 했다. 공격적인 성인을 관찰한 그룹의 아동이 다른 두 그룹에 비해 더욱 공격적으로 행동했다. 그들은 인형을 더 때렸고 인형을 향해 더 소리쳤으며 심지어 폭력적인 행동을 궁리해내기도 했다. 예컨대 각각 총과 망치를 든 두 손으로 인형을 내리쳤다.

나는 지난 10여 년 동안 매년 '매스 미디어의 영향'이라는 과목의 강의에서 이 최초 연구의 영상을 학생들에게 보여준다. 그 영상은 계속 지켜보기 어렵다. 아동들이 단지 놀이가 아닌 정도로 심하게 인형을 공격하는 장면에서 학생들은 헉 소리를 내곤 한다.

이 논문 이후 수백 건의 연구가 이뤄져 이 이론을 발전시켰다. 그래서 어떤 조건이 모방 행동을 더 유도하는지 규명했다. 이 책과 관련된 부분은 사람들이 미디어에서 보는 다른 사람의 행동을 따라 하는지 여부이다. 반두라는 사실 이 물음에도 관심이 있었고, 첫째 연구 이후 그와 동료들은 보보 인형 실험을 영상을 활용해 다시 했다. 실제 연기자를 보는 대신 아동들은 비디오를 시청했다. 결과는 비슷했다. TV에서 보보 인형을 향한 폭력적인 행동을 본 아동들은 그렇지 않은 그룹에 비해 폭력적인 경향이 두 배로 나타났다.

뇌 과학은 행동 모델링이라는 아이디어를 뒷받침한다. 2007년에 한 심리학자 그룹은 이런 연구를 수행했다. 참가자들은 fMRI 안에 들어가 영상을 시청했다.[11] 그 영화는 참가자들로 하여금 그들이 하기로 동의한 실험이 어떻게 진행되는지 알도록 하는 것이었다. 영상에서 한 연기자는 학습 과제를 수행했다. 그는 오답을 내놓을 때마다 고통스러운 전기 충격을 받았다. 영상이 끝나고 참가자들은 실제 실험에 놓였다. 그들은 학습 과제를 수행하면서 답이 틀릴 경우 전기 충격을 받게 된다고 믿었다. 이 실험의 목적은 참가자의 뇌 활성화 정도를 영상을 볼 때와 실제로 해당 과정을 수행할 때로 나눠서 비교하는 것이었다. 이 실험 설계의 대단한 부분은 참가자들은 영상을 봤을 뿐 충격을 받지 않았다는 점이다. 그들은 학습 시험에서 충격을 받을 수 있음을 믿게 됐을 뿐이다. 실험 결과는 편도체 활성화가 특징인 두려움 반응이 실제 경험 외에 관찰로도 높게 나타난다는 것이었다. 논문은 이를 다음과 같이 요약했다. "이 연구는 간접적으로 얻어진 두려움도 직접 경험에서 비롯된 두려움만큼 강할 수 있음을 시사한다."

가상현실 게임에는 전통적인 비디오게임과 비교할 때 놀라운 측면이 있다. 비디오게임의 상당 부분을 장악하고 있는 일인칭 슈팅FPS, first-person shooter 게임 중 다수의 폭력적인 부류와 비교할 때, 적어도 내가 이 책을 쓰는 시점까지는 가상현실 게임 중 그런 종류는 많지 않다는 것이다. 물론 시간이 판가름 일이다. 이를 고려할 때 가상현실 게임 〈로 데이터Raw Data〉는 시사하는 바가 있다. 최초의 가상현실 게임 히트작 중 하나인 〈로 데이터〉는 첫 달에 매출을 100만 달러 넘게 올렸다. 그런데 이 작품은 전통적인 비디오게임의 피범벅을 피하는 대신 로봇 적을 무찌르도록 했다.

많은 게임 설계자들은 스크린과 가상현실은 폭력적인 행동을 할 때 우리가 어떻게 느끼는지에 있어서 차이가 크다는 것을 곧 깨닫게 됐다. 차이는 동작추적 기술이 들어갔을 경우 더 벌어진다. 전통적인 비디오게임에서 버튼 컨트롤러를 눌러 아바타가 폭력 행위를 하게끔 만드는 것은 가상현실 체험과 전적으로 다르다. 예를 들어 당신이 손에 총을 들고 3차원 형상을 갖춘 사람을 겨누고 방아쇠를 당긴다고 상상해보라. 또는 가상현실 폭력 게임에서 상대방을 당신 손으로 때리거나 칼로 찌른다고 해보라.

가상현실 일인칭 슈팅 게임을 만드는 과정에서 테스트를 거친 게임 설계자들 중 다수는 그런 피비린내 나는 게임은 대중 소비시장에 내놓기엔 너무 강하다고 인정했다. "우리는 개발 초기에 핵심 결정을 내렸는데, 사람을 죽이지 않는다는 것이었다." 게임 개발자 피어스 잭슨Piers Jackson은 그가 작업하는 일인칭 슈팅 게임에 대해 이렇게 말했다. "죽음을 맞닥뜨릴 필요는 없어요. 이것이 우리가 의도적으로 선택한 것입니다. …가상현실의 모든 것을 느끼듯이 당신은 죽음을 느낍니다. 가상현실에서는 모든 것을 (다른 미디어에 비해) 더 강도 높게 느끼죠."12

최초의 고사양 소비자 가상현실 시스템이 선보인 지 오래 지나지 않아, 하드코어 게이머들은 자기네가 좋아하는 게임을 가상현실 속에서 즐기기 위해 손질하기 시작했다. 아마도 그들은 그런 게임이 가상현실에서 출시되지 않자 직접 나섰을 것이다. 내가 본 첫 사례는 악명 높은 〈GTAGrand Theft Auto〉 시리즈 최신 타이틀의 가상현실 버전이었다. 〈GTA〉는 어두운 코믹 감수성과 허무주의 폭력으로 악명 높았다. 이 게임은 이용자가 가상현실 속에서 체험하도록 개조mod됐다. 개조에 포함된 사양은 가상현실 동작 컨트롤러를 활용하도록 한 것이었다. 이를 통해 게이머는 컨트롤러나 마우스 버튼을 누르는 대신 손을 자연스럽게 움직여 무기로 겨냥할 수 있게 됐다. 어느 플레이어의 짧은 모험이 온라인에 게시됐다. 영상은 일인칭 시점에서 그 플레이어가 컴퓨터로 생성된 캐릭터들을 주먹으로 때리는 광경을 보여줬다(펀치를 맞은 캐릭터들은 만화에서처럼 허공으로 날아갔다). 그다음엔 몇몇 가상 경찰을 쏜 뒤 차를 몰고 총탄을 발사하면서 공포에 질린 행인들을 치고 넘어갔다. 개조된 가상현실 버전의 콘텐츠는 통상적인 게임과 다르지 않았다. 그러나 영상을 보는 사람들은 장면 속 주먹질과 총질을 모두 그 플레이어가 했다는 사실에 불편해했다. 사실 한 블로그 포스트에서 그 가상현실 버전 〈GTA〉를 만든 개발자가 자신의 창조물에 대해 걱정을 털어놓았다. 그는 GIF 파일 아래에 "나는 이것에 대해 확신하지 못하겠다"라고 썼다. 그 파일엔 택시 기사가 머리에 총을 맞고 가상의 행인이 도망가다 등에 총을 맞는 광경이 담겼다. "내가 이것을 만들었다니 소름이 끼친다. 정말 죄책감을 느낀다. 내가 만든 〈GTA〉 가상현실 버전에서 처음 누군가를 쏘았을 때, 내 입은 딱 벌어지고 말았다."[13] (그가 상반되는 감정 속에서도 계속해서 〈GTA〉 개조작을 만들었다는 사실은 짚고 넘어가야 한다)

가상현실 즐길 거리에서 고강도 폭력이 얼마나 확산될지에 대해 나는 의문을 품고 있다. 빠져드는 일인칭 폭력을 즐기는 일부 게이머 그룹은 분명히 있을 것이다. 그러나 나는 그 그룹이 기존 전통적인 게임에서 폭력적인 측면을 좋아하는 그룹만큼 많지는 않으리라고 본다. 내가 이 예측을 더 굳히게 된 계기가 있다. 가상현실 시스템 HTC 바이브에 데모로 들어갈 가상현실 폭력을 처음 경험한 것이었다. 그 데모는 '외과 의사 시뮬레이터'라고 불렸는데, 바이브 시스템의 표현력을 놀라울 정도로 잘 나타냈다. 그래픽과 상호작용이 엄청난 수준이었다. 당신은 지구 위 우주정거장에서 외계인 사체를 수술 도구 일체와 전동 도구, 게다가 무기를 써서 해부한다. 해부하는 동안 외계인은 팔을 늘어뜨린다. 비록 명백히 죽은 상태이지만 움찔거리는 반응이 시뮬레이팅된 것이다. 도구가 수술실 안을 떠다니기 시작한다. 무중력 상태가 놀랍도록 세밀하게 재현된다. 그래서 적당한 힘이나 충돌, 효과가 가해지면 어떤 물체라도, 뼈톱이든 파워 드릴이든 또는 중국 표창이든, 다른 물체와 충돌할 수 있다. 우리는 이 시뮬레이션을 수백 명 정도에게 데모했는데, 내가 보기에는 반응이 두 종류로 나뉘었다.

어떤 사람들은 파워 드릴이 외계인의 눈을 뚫고 들어가 피를 튀기게 할 수 있음을 알게 되자 외계인을 고문하지 않기로 한다. 그들은 재미를 느끼지 못했다. 슬레이터의 가상현실 실험 대상자들처럼 그들은 분명한 가상의 존재에 대해서도 고통을 가하기를 힘들어했다.

반대로 다른 사람들은 그런 순간에 구애받지 않는 듯했다. 그들은 바로 익숙해져 외계인을 해체하면서 이 피비린내 나는 시나리오의 어둡고 가학적이며 희극적인 잠재영역을 탐색해나갔다(나는 심지어 어떤 참가자가 외계인의 잘린 손으로 그의 얼굴을 때리는 짓도 봤다). 내가 처음으로 외계인을 해부했을 때 가상현실이 놀랍도록 실제와 흡사함을 경험하고 완전히 달라졌다. 그 충격은 몇 시간이나 지속됐다. 나는 학생들 앞에서 아주 우스꽝스럽게 굴었고, 그런 내 행동에 당황스러웠다. 게다가 기분이 나빴다. 나는 책임이 있었다. 내 손으로 폭력을 저질렀다. 생명체 같은 존재를 수술하는 행위의 경험은 내게 머물렀다. 실제로 그 체험 이후 몇 시간 동안 후회했다.

가상현실 폭력에 몰두한 사람이 그로 인해 어떤 영향을 받는지는 앞으로 진지한 논의 주제가 될 것이다. 이 주제는 이미 매우 정치적인 논의의 대상이 됐다. 비록 지명도가 있는 몇몇 학자들이 과학 연구 결과에 동의하지 않았지만, 폭력적인 비디오게임의 영향에 대한 심리학 연구는 상당히 축적됐다. 연구 결과 그 영향은 흥분과 공격적인 행동으로 나타났고, 나아가 반사회적인 행동의 수준도 높이는 듯했다.[14] 후속 연구 결과 폭력적인 게임을 하면 분노 수준을 높이는 것으로 드러났다. 그러나 3D 텔레비전에서 폭력적인 게임을 하면 분노 수준이 더 크게 올라갔다.[15] 브래드 부시먼Brad Bushman은 폭력적인 비디오게임의 영향을 수십 년 동안 연구해왔는데, 후속 연구의 공저자 중 한 명이다. 부시먼은 "3D 게임은 분노 수준을 높이는데, 왜냐하면 게이머는 2차원 게임을 할 때보다 훨씬 더 폭력에 몰두하기 때문"이라며 "기술이 발달하면서 비디오게임이 게이머에게 더 강한 영향을 미치게 됐다"라고 말했다.[16]

3D 텔레비전 환경에 빠져드는 몰입의 정도는 가상현실 체험에 비하면 낮은 편이다. 가상현실이 이용자에게 미치는 것으로 나타난 정서·행동 영향을 고려할 때 폭력적인 미디어에 노출되는 것은 고민할 거리이다. 폭력적인 게임은 언론의 자유 측면에서 고려된다. 미국 연방대법원은 2011년 '브라운 대 엔터테인먼트 머천츠 어소시에이션Brown v. Entertainment Merchants Association' 사건에서 캘리포니아주의 '부모 감독 없이는 폭력적인 게임의 아동 판매를 금지하는 법'을 폐지하라고 판결했다. 판사들의 논리는 폭력적인 게임이 일으킬 수 있는 부정적인 심리 효

과는 언론의 자유 제한을 정당화할 만큼 강하지 않다는 것이었다. 그러나 새뮤얼 알리토Samuel Alito 대법관은 별도의 보충의견에서 다음과 같이 경고하면서 전통적인 미디어와 가상 세계를 구분했다. "비디오게임 플레이의 경험(그리고 폭력적인 비디오게임을 플레이하는 소수의 경험)이 미치는 영향이 우리가 전에 본 종류와 매우 다를 가능성을 법원이 일축하기에는 너무 이르다. 비디오게임 플레이의 경험에 대한 평가는 현재 출시된 비디오게임은 물론이고 가까운 미래에 나올 법한 게임의 특성을 고려해야 한다."[17]

그러나 우리가 가상현실과 행동 모델링을 고려할 때 불거지는 또 다른 우려가 있는데, 이는 논의를 1장의 주제인 훈련으로 되돌린다. 가상현실이 폭력을 성공적으로 수행하는 데 필요한 기술을 효과적으로 가르칠 수 있음에는 의심이 거의 없다. 이는 감정적인 영향과 폭력에 대한 불감지화에 대한 뜨거운 논란과 별개의 문제이다. 노르웨이의 테러범 아네르스 베링 브레이비크Anders Behring Breivik가 이를 보여줬다. 2011년 7월 22일 우퇴위아Utøya섬에서 총기를 난사해 77명을 죽인 참극을 저지른 그는 재판에서 인기 있는 일인칭 슈팅 게임 〈콜 오브 듀티: 모던 워페어Call of Duty: Modern Warfare〉의 홀로그램 장면으로 몇 시간 동안 훈련했다고 말했다.[18] 사실 학술적인 연구에 따르면 권총 모양 컨트롤러로 폭력적인 게임을 하면, 브레이비크가 그렇게 한 것 같은데, 정확도 같은 사격 기술이 향상되고 플레이어가 머리를 겨냥하도록 한다.[19] 이미 언급된 이유로 인해 그런 훈련은 가상현실로 하면 더 효과가 높아진다.

사실 이 가운데 충격적인 것은 하나도 없다. 이런 효과를 알기에 군대는 비행 시뮬레이터를 활용하고 병사 전투 훈련에도 가상현실을 활용하고 있다. 가상현실은 효과가 좋다.

현실도피

영화 〈스타 트렉Star Trek〉의 홀로덱holodeck*과 같은 주목할 만한 예외가 있긴 하지만, 가상현실에 대한 픽션의 설명은 대개 디스토피아적이다. 영화 〈매트릭스〉에서 가상 세계가 기계들에 의해 건설됐는데, 그것은 인류가 자신이 노예로 전락한 종임을 깨닫지 못하게 하기 위해서였다. 인기 소설 『레디: 플레이어 원Ready: Player One』에서 극심한 소득 불평등과 환경 파괴의 도탄에 빠진 세상에서 유일한 도피처는 거대한 가상 우주이다. 사람들은 틈만 나면 거기로 물러난다. 내가 버추얼 피플 강의에서 교재로 활용하는 윌리엄 깁슨의 소설 『뉴로맨서Neuromancer』를 보면 가상현실은 본래 범죄와 매춘의 미디어이다. 이 소설의 주요 인물인 케이스는 가상현실에 너무 빠져서 지내고 현실을 경멸한다. 그는 자신의 신체를 "고기"라고 부르며, 몸은 그와 "사이버공간의 신체 없는 환희" 사이를 가로막는 육체라는 감옥으로 여겼다.[20]

이들 소설과 다른 픽션에서 가상현실은 궁극적인 탈출의 장소로 묘사되고 물리적인 세계에 혼란스러운 영향을 끼친다. 현재 나타나는 행태를 놓고 볼 때, 자신이 취사선택한 환상의 세계로 침잠하는 것은 더 이상 SF로만 여겨지지 않는다. 우리는 이미 많은 시간 동안 우리 뇌를 모바

---

* 홀로덱: 이 영화의 우주선 내 가상현실의 방이다. 대원들이 무료함을 벗어나도록 3D 홀로그램으로 휴양지, 레스토랑, 과거 등을 구현해준다.

일 기기나 컴퓨터 스크린에 묶어놓고 보내지 않나? 트위터Twitter, 스냅챗Snapchat, 페이스북(그리고 이후에 나올 무엇이든) 같은 소셜 미디어뿐 아니라 비디오게임, 인터넷 포럼, 그리고 모든 즐길 거리에 빠져 지낸다.

이제 상상해보자. 소셜 미디어 속 세계가 당신이 대학 시절 경험한 최상의 파티와 비슷하고, 온라인 도박을 하면서 라스베이거스에서 가장 입장이 제한되는 방에 있는 것처럼 느끼게 하며, 포르노가 실제 섹스의 쾌감에 근접한다고 하자. 이런 즉각적인 충족을 거부하고 '실제 삶'의 불편함을 택할 사람이 얼마나 될까.

물론이다. 디지털 시대 이전에도 실재하지 않는 세계로의 도피에 대한 사회적인 두려움은 대두됐다. 텔레비전은 대중의 아편이라고 조롱받았다. 그보다 오래전에 소설 읽기에 대해 히스테리가 불거졌다. 플라톤은 아테네에서 시가 유행하는 현상을 불편해했다. 플라톤의 반응은 미디어를 전공하는 학생들이 곧잘 인용하는 사례로, 최근 미디어 발명을 둘러싸고 일어나는 기술공포를 반박하는 데 쓰인다. 그러나 가상현실은 다른 미디어와 비교하면 특히 심리적인 충격 면에서 '정도'가 아니라 '종류'가 다를 것이며, 그 규모부터 판이할 것이라고 나는 우려한다. 머지않은 미래에 우리가 요즘 인터넷으로 하는 것들이 가상현실이나 증강현실에서 이뤄질 것이라고 보는 편이 합리적이다. 그럼으로써 우리는 물리적 현실에서 더욱 차단될 것이다. '새로운 고독'과 관련한 걱정은 셰리 터클Sherry Turkle* 같은 전문가가 제기했고, 이런 가상 공간이 더욱 매력적이 되면 커질 수밖에 없다.[21]

---

* 셰리 터클은 MIT 교수로, 책 『외로워지는 사람들Alone Together』을 썼다.

가상현실이 정말 사람들이 인터넷을 통해 접속하고 상호작용하는 미디어가 된다면, 인터넷이 과거 수천 년 동안의 인간사회 규범을 어떻게 바꿀지 걱정이 커질 게 분명하다.

과도한 사용

사람들은 가상현실에서 얼마나 오래 머물 수 있을까. 내 연구실에는 '20분 규칙'이 있다. 가상현실을 짧은 휴식 없이 20분 넘게 활용하지 말라는 내용이다. 다시 가상현실로 들어가려면 1분을 쉬거나 눈을 비비거나 주위를 둘러보거나 벽을 만져야 한다. 가상 환경에서 시간을 오래 보내는 것은 감각을 압도한다. 내 경험으로도 가상현실을 경험할 때 중간중간 휴식을 취할 이유가 몇 가지 있다.

- 시뮬레이터 멀미

시뮬레이터 멀미가 전보다 줄어들기는 했다. 컴퓨터 정보처리 능력이 좋아지고 HMD 성능이 향상된 덕분이다. 그러나 가상현실 활용에 따른 피로와 불편은 여전하다. 주요 요인 중 하나는 시차視差이다. 당신이 방을 둘러보려고 고개를 돌리는데 시야의 장면이(시선 처리를 따라오지 못해) 정지돼 있거나 천천히 움직인다고 하자. 휴대전화 통화를 하는데 통신 지체 탓에 대화가 거듭 되돌려진다고 하자. 또는 소리와 영상이 따로 노는 비디오를 본다고 하자. 우리 감각 기관이 경험에 따라 예상하는 대로 외부 신호가 입력될 경우 우리 뇌는 혼란에 빠진다. 그렇게 되면 신체적으로도 영향을 받는 사람이 많다.

시뮬레이터 멀미를 일으키는 확실한 원인은 낮은 프레임 비율이다. 1세대 HTC 바이브는 90헤르츠(초당 90프레임)라는 인상적인 속도로 장면을 보여준다. 그러나 장면의 디테일이 복잡하거나 장면을 연달아 보여주기에 컴퓨터가 너무 느릴 경우 속도는 초당 45프레임으로 반감된다. 장면이 매끄럽게 연결되지 않고 튄다. 우리 인식 시스템에 받아들이기 어려워진다. 전에 초당 30프레임이던 때에는 더 안 좋았다. 각 프레임은 약 33밀리세컨드 동안 머물렀는데, 그 시간은 가상현실 시스템에서는 영원이나 다름없었다. 그동안 가상현실 세상은 얼어붙어, 가상현실 이용자가 한곳에서 다른 곳으로 뛰어 몸을 옮기더라도 업데이트되지 않았다.

컴퓨터 대기시간 10분의 1초를 고려할 때 문제는 더 커진다. 컴퓨터 대기시간은 컴퓨터가 트래킹을 처리하는 물리적인 과정과 컴퓨터가 작동하는 데 시간이 걸리는 데서 발생하는 지체를 가리킨다. 컴퓨터는 즉각 일을 처리하는 것처럼 보이지만, 우리의 인식 시스템에 비하면 느리다. 그래서 우리는 느린 컴퓨터가 영상에 보여주기까지 걸리는 시간을 알아챈다. 가상현실을 구현하기까지의 과정을 보면 컴퓨터는 우선 체험자의 물리적인 움직임을 등록하고 새로 업데이트된 장면을 계산한 뒤 디스플레이에 나타낼 픽셀을 그린다. 가상현실의 움직임은 물리적 움직임과 맞물려 돌아가야 하는데, 컴퓨터 대기시간으로 인해 완벽한 동기화가 이뤄지지 않는다. 1초에 한 번만 업데이트되는 디지털 시계를 생각해보자. 1분당 표시되는 숫자는 가상현실의 프레임 비율에 대한 좋은 비유이다. 그런데 시간 자체가 늦을 수 있다. 업데이트 비율과 무관하게 디지털 시계가 10분 늦을 수 있다. 그것이 대기시간이다. 요즘 가상현실 시스템은 초당 90프레임을 업데이트한다. 그 결과 대기시간은 아주 짧아져 눈치채지 못할 정도가 됐고, 그리 불편함을 일으키지 않는다.

빠른 컴퓨터 시스템에서도 몇 가지 이유로 대기시간이 나타난다. 가장 잦은 경우는 프로듀서가 가상현실 환경을 너무 풍부하고 세부적으로 설계한 나머지 과부하가 걸린 컴퓨터가 프레임 비율을 낮추게 되는 것이다. 내 연구소의 준칙은 항상 최고 프레임 비율을 유지한다는 것이다. 그래서 내 연구소의 프로그래머들은 장면을 단순하게 해야 할 때 매우 의기소침해한다. 예를 들어 군중 속에 아바타를 열둘 대신 여섯만 만든다거나 공을 약간 뭉툭하게 표현해야 하기 때문이다. 그러나 최고 프레임 비율을 보장하기 위해 시각적인 디테일을 생략하는 전략은 언제나 옳다. 나는 기업들이 이 실수를 자주 저지르는 것을 본다. 뇌와 인지 시스템을 연구하는 사람으로서 안타까운 일이다.

- 눈 피로

내가 가상현실 이용 시간을 제한해야 한다고 주장하는 둘째 이유는 눈 피로이다. 자, 테스트해보자. 손가락을 눈 가까이에 두고 멀리 떨어진 사물을 바라보자. 손가락이 시야에 있지만 그 이미지는 흐릿하다. 이제 머리를 움직이지 말고 초점을 손가락에 맞추자. 손가락은 뚜렷하게 보이는 반면 방금까지 보던 사물이 흐릿해졌다. 그 사물도 여전히 당신의 시야에 머무는데 말이다. 실제 세계에서 우리 두 눈은 초점을 맞출 때 두 가지 일을 한다. 첫째, 두 눈은 집중한다. 한 쌍으로서 두 눈은 사물에 초점을 맞추기 위해 함께 움직인다. 시선이 가까이 볼 때엔 안쪽으로 모이고 멀리 볼 때면 더 나란하게 된다. 둘째로 두 눈은 각각 원근을 조절한다. 달리 말하면 각 눈은 카메라 렌즈와 비슷하게 초점을 맞출 수 있고 눈의 모양을 바꿈으로써 그렇게 한다. 가상현실에서 눈을 집중하는 일은 간단하다. 디스플레이 속에서 예컨대 왼쪽에서 오른쪽으로 움직이는 사물을 따라 눈을 움직이면 된다. 그러나 원근 조절은 다르게 작동한다. 가상현실 헤드셋의 각 렌즈는 초점이 제조업체에 의해 맞춰진다. 당신은 마음이 내키는 대로 눈의 모양을 바꿀 수 있지만 그렇게 해도 가상현실 속 이미지의 초점은 옮겨지지 않는다. 실험상으로 가상현실에서 어디를 보는지는 중요하지 않다. 원근조절 비율이 변하지 않기 때문에 장면의 뚜렷함은 똑같이 유지된다. 이에 대한 학술적인 연구는 몇몇에 불과하고 실험 결과 축적된 데이터는 하나의 결론에 이르기엔 먼 단계이지만, 대다수 학자들과 전문가들은 이 문제가 장시간 헤드셋 이용의 걸림돌이 되리라고 믿는다.

- 현실 혼동

가상현실이 신체에 주는 제약에도 몇몇 과감한 연구자들과 이용자들은 장시간에 걸쳐 가상 환경에 자신을 노출시켰다. 그런 경우 신체 건강에 미치는 영향에 대해 더 연구가 진행돼야 하지만, 이미 흥미로운 일화는 속속 보고되고 있다. 강도 높은 가상현실 체험이 현실 혼동이라는, 가상현실의 셋째 폐해로 이어질 수 있다는 일화이다.

일례로 함부르크대학의 심리학자가 가상현실 방에서 조심스레 관찰되는 가운데 24시간을 보내는 실험을 했다. 그는 자신의 경험을 2014년에 학술지에 기고했다. 결론 부분에서 그는 과학적인 가상현실 사회에 대해 이렇게 들려줬다. "참가자는 경험 도중 몇 차례 자신이 가상 환경에 있는지 실제 세계에 있는지 헷갈렸고 두 세계의 특정한 인공물이나 사건을 혼동했다."[22] 이 학자는 현실 혼동을 묘사할 때 절제된 표현을 보여줬다. 이에 비해 가상현실에서 보낸 시간에서 세계기록을 세운 유튜버 데릭 웨스터먼Derek Westerman은 매트릭스 25시간 체험을 더 직설적으로 들려준다. 기네스북의 엄격한 규칙에 따라 웨스터먼은 가상현실 애플리케이션을 하나만 이용해야 했다. 그는 '틸트 브러시Tilt Brush'를 택했다. 이는 이용자가 깜깜한 공간 속에서 컨트롤러를 조작해 3D 그림을 그릴 수 있도록 한다. "내 삶은 가상현실에서 하루 넘게 보낸 뒤 큰 차이가 나타났다. 분명히 경계가 지어졌다. 체험 이후 모든 게 살짝 피상적이거나 비현실적으로 여겨진다." 이 말은 독일 심리학자의 서술보다 덜 과학적이다. 그러나 두 서술은 비슷한 느낌을 전한다.

집중력 저하

강의 중에 내가 하는 농담이 있다. 스탠퍼드대학 학생들의 다리는 엄지손가락이 움직이지 않으면 작동하지 않는다고. 많은 학생에게, 스마트폰을 하지 않고 걷기는 선택지가 아니다. 팔로 알토 방문자들은 종종 자전거를 타면서 스마트폰에 문자를 입력하는 학생들을 보고 놀란다. 그건 드문 광경이 아니다. 그러나 우리가 의사소통을 위해 더 이상 손을 쓰지 않아도 되는 상황을 상상해보자. 그리고 140개의 문자 속에 오타를 볼 필요도 없다고 하자. 그 대신 가상현실 속에서 실제 사회적인 교류에 몰두한다고 하자. 그러면서 동시에 일과는 수행해야 한다. 괜찮은 그림은 아니다.

멀티태스팅을 주장하는 사람들의 말과 반대로 집중은 제로섬이다.[23]

우리의 집중력은 무한정이 아니다. 그리고 가상현실은 온통 집중함을 요구한다(증강현실과 혼합현실은 다른 문제이고, 저마다 폐해가 있다). 헤드셋을 끼고 가상현실 속에서 자신이 그 세계에 실제로 있다고 믿는 것은 이용자와 그의 주위 사람들에게 위험할 수 있다. 가상현실이 선보인 지 몇 달 지난 초기에 이용자들이 벽이나 천장 선풍기에 부딪히고 커피 테이블에 걸려 넘어지며 심지어 실수로 다른 사람을 치는 일이 미디어에 공유되기 시작됐다. 이 중 일부는 코미디의 새로운 하위 장르로서 유튜브에도 실렸다.

가상현실과 어린이

2016년 중반까지 60억 달러 넘는 투자자금이 가상현실에 책정됐다. 그 결과 폭발적으로 쏟아질 콘텐츠에는 어린이를 겨냥한 게임, 교육 프로그램, 가상현실 체험이 포함될 것이다. 이런 전망을 고려할 때 놀라운 일은 몰입형 가상현실이 어린이에게 미치는 영향에 대한 연구와 이해가 얼마나 미미한가 하는 것이다. 이 미디어에 아이들이 어떻게 반응하는지는 특히 걱정거리인데, 왜냐하면 아이의 전전두엽 피질은 완전히 형성되지 않은 상태이기 때문이다. 전전두엽 피질은 감정과 행동을 제어하는 기능과 관련이 있다.

앞서 전한, 가상현실을 오래 체험한 사람들이 들려준 현실 혼동은 아이들에게 특히 위험할 듯하다. 아이들은 짧은 시간의 가상현실 경험도 위험할 수 있다. 예를 들어 어린아이가 거짓 기억을 습득하기 쉽다는 것은 잘 알려진 사실이다. 어린아이는 음성 설명, 기억된 이미지, 조작한 사진 등 노출된 많은 것에 넘어간다. 우리 연구소는 2008년에 초등학교 입학 전 아이들과 초등학교 저학년 아이들을 대상으로 가상현실과 현실을 얼마나 잘 분간하는지 실험했다. 테스트는 가상현실 체험 직후, 그리고 체험한 지 1주일 이후에 했다. 예를 들어 고래와 함께 수영하는 가상현실 체험을 하게 했다. 그 결과 많은 아이들이 '조작된 기억'을 형성해, 자신이 가상현실에서가 아니라 실제로 시월드에 가서 범고래를 봤다고 믿게 되었다.[24]

강력한 가상현실 콘텐츠가 봇물 터진 듯 빠르게 몰려오는 것을 보고, 우리는 몰입형 가상현실이 아이의 행동과 인지 반응에 어떤 영향을 주는지 살펴보기로 했다. 실험은 가상의 캐릭터와 상호작용하는 효과가 각각 텔레비전 화면과 몰입형 가상현실에서 어떻게 다르게 나타나는지 비교하는 방식으로 진행했다. 우리는 〈머핏들과 세서미 스트리트The Muppets and Sesame Street〉 프로그램을 제작하는 세서미 워크숍에서 도움을 받아 시뮬레이션을 짰다. 4~6세 아이들은 가상현실 캐릭터, 사랑스러운 털복숭이 파란 괴물 그로버Grover와 어울려 놀 수 있었다. 어린이 55명이 실험 대상이 됐다.

몰두시키지 않는 미디어인 텔레비전에서 그로버를 본 아이들과 비교해서 가상현실에서 그로버와 놀아본 아이들은 억제 조절 정도가 두드러지게 줄었다. 이는 그로버와 '사이먼 가라사대' 게임*을 잘하는 정도로 측정됐다. 또 몰입형 가상현실을 경험한 아이들은 가상현실 캐릭터와 더

* 참가자가 지시자와 수행자로 나뉘어 진행한다. 지시자가 "사이먼 가라사대, 앉아"라고 하면서 앉으면 수행자는 앉아야 하지만 지시자가 "앉아"라고만 하면 수행자는 명령에 따르지 않아야 한다.

상호작용하는 모습을 보였다."[25]

이 연구가 시사하는 바는, 몰입형 가상현실은 텔레비전과 다른 행동 반응을 아이들로부터 끌어낸다는 것이다. 또 아이들은 몰입형 가상현실에서는 다른 미디어에서와 다른 방식으로 콘텐츠를 처리할지 모른다는 가능성이다. 실제 세계에서 아이들은 종종 충동을 억제하기 힘들어한다. 특히 재미있어 보이는 건 참지 못한다. 사이먼 가라사대가 아이들에게 인기 있는 건 이 때문이다. 아이들은 지시자인 어른이 "사이먼 가라사대"라고 말하지 않아도 어른을 흉내 내고 싶어 한다. TV에서는 흉내의 유혹이 강하지 않고, 아이들은 게임을 꽤 잘한다. 그로버가 "사이먼 가라사대"라고 하지 않으면 동작을 따라 하지 않는 것이다. 그러나 가상현실에서는 유혹의 강도가 높아져, 현실과 버금가는 수준이 된다. 가상현실을 특별하게 하는 특성들이 있다. 몇 가지를 들면, 가상현실은 체험자를 몰입하게 하고 신체 움직임에 반응하고 물리적 세계를 차단함으로써 환상을 더욱 실감 나게 한다. 이들 특성은 모두 가상 유혹을 거부하기 어렵게 만든다.

HMD 제조업체들은 가상현실이 아이들에게 끼칠 수 있는 잠재적 위험을 인정하는 신중한 태도를 보여왔고, 이용과 관련해 연령 제한 가이드라인과 경고를 고지한다. 예를 들어 소니의 플레이스테이션 VR은 12세 미만은 이용하면 안 된다고 권고한다. 이 제한은 터무니없고 본질적으로는 상당히 탁상공론적이다. 이 제한의 실효성은 플레이스테이션이 존재하는 엔터테인먼트 생태계를 고려해서 판단해야 한다. 플레이스테이션은 발랄하고 만화 같은 아바타를 활용하고, 아이들에게 친근한 캐릭터와 게임이 많다.

● ●

내가 저널리스트들에게 즐겨 말하는 얘기가 있는데, 우라늄은 집 안을 따뜻하게 덥히는 데에도 쓰일 수 있지만 도시를 파괴하는 데에도 활용될 수 있다는 것이다. 결국 다른 모든 기술처럼 가상현실은 좋지도 나쁘지도 않다. 그것은 수단이다. 그리고 나는 가상현실을 통해 실현될 것들, 예컨대 공유될 놀라운 경험, 새로운 사회적 가능성, 창의성 등에 대해 매료되고 낙관적이다. 그러나 우리는 어두운 측면을 간과하면 안 된다. 가상현실을 책임감 있게 활용하는 최상의 방법은 배우는 것이다. 가상현실이 할 수 있는 것이 무엇인지, 그것을 개발자나 이용자로서 어떻게 책임감 있게 활용할지를 배워야 한다.

우리는 대부분 어떤 방식으로 일상을 점점 더 차지하는 가상현실을 두려워하고 있다. 온라인으로 의사소통하고 인터넷 미디어를 소비하고 스마트폰이나 태블릿 컴퓨터를 들여다보는 데 더 오랜 시간을 들인다. 기술이 우리를 감싸는 방식을 놓고 볼 때 가상현실은 그 정점을 나타낸다. 그래서 불안도 최고조에 이른다. 비관론에서는 가상현실을 저항하지 못할 유혹적인 미디어로 묘사한다. 가상현실은 이용자들을 그들이 꿈꿔온 세상으로 바로 들어서도록 할 정도로 좋기 때문에 사람들은 실제 삶의 도전과 갈등을 맛보고 싶어 하지 않게 된다. 사람들은 대신 실제와의 연결이 끊긴 환상의 삶으로 물러난다.

베스트셀러 『손으로, 생각하기Shop Class as Soulcraft』의 저자인 철학자 매튜 크로퍼드Matthew Crawford는 『머리 너머의 세계The World Beyond Your Head』에서 이 두려움을 서술한다. 이 책은 디지털 기술이 우리와 물질세계 사이의 관계를 어떻게 잠식하는지, 그리고 우리에게 중요한 것들을 선택하고 관심을 기울이는 능력에 어떻게 영향을 주는지에 대한 사유를 보여준다. "우리 경험이 점점 더 재현에 의해 중개되는데, 재현은 행동하는 몸을 지닌 존재인 우리를 직접 거주하는 상황으로부터 분리한다. 그에 따라, 재현을 선택하는 원칙이 무엇인지를 말하기 어렵게 됐다. 나는 가상여행으로 베이징의 자금성을 둘러볼 수 있고 가장 깊은 해저 동굴에 들어갈 수도 있다. 그런 경험은 방 저편을 보는 것처럼 손쉽다. 해외의 놀라운 것들, 감춰진 장소, 불분명한 하위문화를 작은 호기심에도 금세 접할 수 있게 된다. 모든 경험은 한데 모여져 내 주위에서 모두 거리 차이 없이 돌아간다. 그러나 나는 어디에 있는가?"[26]

탁월한 지적이다. 가상현실과 같은 기술의 한계를 유념하는 것이 중요하다. 특히 가상현실과 관련해 지나친 주장이 제기되고 있다는 측면에서 그렇다. 크로퍼드의 걱정은 디지털 시뮬레이션이 우리의 주름진 삶을 매끄럽게 펴는 능력에 닿아 있다. 그는 가상 공간으로의 도피는 우리로 하여금 방향을 잃게 하고, 우리가 실제 세계를 제대로 인식하여 그 속에서 역할을 수행하는 능력을 떨어뜨린다고 믿는다. 아마도 사실일지 모른다. 그러나 가상현실이 우리와 세계 사이, 우리와 다른 사람들 사이의 연결을 강하게 하는 방법이 있지 않을까? 만일 가상현실을 다른 사람들의 시각에서 그들과 공감하는 힘을 키우는 데 쓰면 어떨까? 또는 다른 사람들의 경험을 더 잘 이해하거나 우리 행동이 다른 사람과 우리가 공유하는 환경에 줄 영향을 이해하는 데 활용하면 어떨까?

| 제3장 |

남의 신발을 신고 걷다

ExperienceOnDemand

> 우리는 며칠간 사막을 걸어 요르단으로 들어갔어요. 우리가 떠난 주週에 내가 날린 연이 내 집 뜰의 나무에 걸렸죠. 연이 계속 걸려 있을지 궁금해요. 그 연을 되찾고 싶어요. 내 이름은 시드라, 열두 살이고 5학년이에요. 나는 시리아의 다라 지방에 있는 인킬 시에서 왔어요. 나는 여기 자타리 캠프에서 지난 1년 반 동안 지냈어요.[01]

이 문단은 가상현실 다큐멘터리 〈시드라에게 드리운 구름Clouds over Sidra〉의 가슴을 먹먹하게 하는 도입부이다. 이 다큐멘터리는 8분 30초 길이의 360도 몰입 영화로 시청자들을 북부 요르단의 자타리 난민 캠프로 데려간다. 내전으로 터전을 잃은 시리아인 8만 명이 지내는 곳이다. 다큐멘터리의 해설에서 캠프를 묘사하는 시드라의 목소리가 들린다. 화면에는 어지럽게 확장된 난민 캠프의 일상이 당신 주위에 펼쳐진다. 당신은 시드라가 자기 가족과 함께 작은 컨테이너를 개조한 숙소에서 지내는 것을 본다. 이제 당신은 가설 체육관에 있다. 남자들이 시간을 보내려고 운동을 하고 있다. 그다음에 당신은 젊은이 한 무리 속에 있다. 그들은 큰 오븐에 납작한 빵을 구우면서 웃고 떠든다. 그다음 당신은 축구장 가운데 서 있다. 여자아이들이 당신 주위에서 공을 찬다. 이런 장면이 펼쳐지는 내내 시드라는 지속되는 이 인류적인 비극 속에서도 이뤄지는 정상적인 삶의 광경을 담담하게 설명한다. 내레이션은 우리에게 통역된 음성으로 들린다.[02]

내가 이 다큐멘터리를 처음 본 것은 2015년 4월 트라이베카 영화제 Tribeca Film Festival에서였다. 이 영화가 관객과 등장인물 사이의 거리를 없애 마치 내가 그들과 한 공간에 있다는 느낌을 준다는 데 놀랐다. 예를 들어 한 장면에서 아이들이 학교에 가기 위해 캠프 안의 흙길에 줄을 선다. 임시 숙소가 모든 방향으로 뻗어 있는데, 끝이 까마득하다. 이 가상현실 다큐멘터리를 둘러보던 나는 광대함을 보고 느낄 수 있었다. 사진이나 기존 영상 이미지가 제공하는 제한된 시야로는 전하지 못할 광대함이었다. 8만은 추상적인 숫자일 뿐이다. 그런데 사막 한가운데 만들어진 이 거대한 임시 도시의 한복판에 서면 비로소 그 숫자를 실감한다. 몇몇 아이들은 촬영하는 동안 사막 가운데 놓인 크고 이상하게 생긴 카메라 장비를 보고 즐거워했고, 장비에 다가서거나 웃거나 재미난 표정을 짓거나 꼼꼼히 살펴봤다. 그러는 아이들을 보는 동안 나는 그들과 함께 있는 것처럼 느꼈다. 이 아이들 중 다수가 사막을 걸어 요르단으로 넘어왔다. 시드라가 그런 것처럼 죽음과 파괴를 피해서 왔다. 이 현실성이 아이들의 장난기 많은 평범성과 겹쳐졌고, 내게 매우 감정적으로 다가왔다.

캠프에 대한 가상현실 체험이 끝났고 내 주위 사람들은 삼성 기어 헤드셋을 벗으면서 눈물을 훔쳤다. 이 가상현실 다큐멘터리가 관객으로부터 강력한 감정을 풀어낸 것이 분명했다. 그러나 이 효과의 요인은 극적인 사실도, 영리한 편집도, 특별히 통렬한 얼굴이나 세부를 클로즈업 한 샷도 아니었다. 이 몰입 영상에는 관객의 감정을 더 끌어들이기 위해 설계된 그런 전통적인 영상제작 기술이 사실상 없었다. 이 다큐멘터리를 본 관객들은 단지 일상적인 순간을 마주쳤다. 캠프의 사람들은 빵을 구웠고 가족끼리 웃었고 아이들은 뛰놀았고 공부했다. 큰 차이는 몰입형 비디오는 우리가 그들과 함께 있다고 느끼게 했다는 것이다.

예술가 겸 영화제작자 크리스 밀크Chris Milk가 삼성과 UN의 후원을 받아 만든 이 〈시드라에게 드리운 구름〉은 가상현실 다큐멘터리 장르의 초기 실험일 뿐 아니라 가상현실을 옹호하는 명백한 사례이다. "우리는 이 영화를 찍어 UN에서 활동하고 그곳을 방문하는 사람들에게 보여줄 것이다. 그리고 우리는 이 필름을 이 속에 담긴 사람들의 삶을 실제로 바꿀 수 있는 사람들에게 보여줄 것이다."[03] 그는 2015년에 '궁극적인 공감 기계The Ultimate Empathy Machine'라는 대화에서 이렇게 말했다. 이 대화에서 그는 가상현실의 몰입하게 하는 특성이 다른 사람의 경험을 공유하고 우리 밖의 삶에 대한 이해를 깊게 하는 데 적합하다는 신념을 드러냈다. 그 대화에서 밀크는 가상현실은 "사람들을 내가 전에 다른 미디어 형태에서는 결코 보지 못한 깊은 방식으로 다른 사람들과 연결한다"라고 말했다. 또 "가상현실은 서로에 대한 사람들의 인식을 바꿀 수 있다"라면서 "이를 통해 가상현실은 실제로 세상을 변화시킬 잠재력이 있다고 본다"라고 강조했다.[04] 사실 그의 예측은 결실을 맺었다. UN에 따르면 그의 다큐멘터리를 통해 사람들로 하여금 캠프를 체험하게 한 결과 후원금을 내는 사람 수가 두 배로 늘었다.[05]

이 새로운 미디어의 주요 감독 중 한 명인 밀크는 몇몇 가상현실 단편 다큐멘터리를 제작했다. 그중에는 《뉴욕타임스 매거진New York Times Magazine》을 통해 선보인 〈난민들The Displaced〉이 있다. 이 작품은 시리아, 우크라이나, 수단 출신의 난민 어린이 세 명이 전쟁 후 삶을 다시 구축하려고 하는 노력을 묘사한다. 《뉴욕타임스 매거진》은 구독자들에게 이 가상현실 저널리즘을 감상할 구글 카드보드를 100만여 개 배포했다. 이들 단편 필름을 통해 밀크와 다른 초기 가상현실 콘텐츠 제작자들은 예술의 역사에 이어져온 값진 전통에 동참했다. 그 전통은 자신의 미디어를 활용해 공감하는 이해를 북돋우는 것이다. 남북전쟁 전에 나온 『톰 아저씨의 오두막Uncle Tom's Cabin』 같은 사회 소설은 활자를 통한 스토리텔링과 일러스트레이션으로 북부 독자들에게 노예들의 고통을 전했는데, 이 책은 수많은 정치적인 예술 중 하나이다. 다른 사례는 프란시스코 고야Francisco Goya의 〈전쟁의 참화Disasters of War〉 시리즈로, 이 작품은 19세기 초 벌어진 폭력과 갈등의 충격적인 모습을 담았다(이들 작품은 수십 년이 지난 뒤에야 널리 공유됐지만 말이다). 이 밖에 신문기자 제이콥 리스가 19세기 뉴욕의 빈민가를 사진으로 기록한 책 『세상의 절반은 어떻게 사는가How the Other Half Lives』를 꼽을 수 있다. 인간이 예술창작 활동을 하는 한 다른 사람들의 경험, 특히 고통을 이해하고 전하는 데 천착하는 작업이 이뤄져왔다. 이는 그림, 조각, 사진, 영화, 그리고 최근에는 비디오게임에서도 표현돼왔다.

이 모든 공감하는 예술이 실제로 인간 행동에 변화를 일으켰는지는 계속되는 논란거리이다. 전 세계에 걸쳐 전쟁과 폭력이 크게 줄었다는 통계를 드는 사람들이 있다. 그들은 이 결과는 부분적으로 커뮤니케이션이 발달한 덕분이라고 주장한다. 그 결과 우리는 타고난 부족部族적인 시야를 넓혔고 도덕적인 관심의 반경을 넓혔다는 것이다.[06] 또 우리 가족이나 부족을 이롭게 하려는 본능이 앞의 외부집단으로 확장됐다는 것이다.

이 주장을 대체로 뒷받침할 데이터의 분량은 인상적이지만, 이 견해의 예외도 충분히 많다. 과연 우리의 이성적인 정신은 공감하는 경험에 노출됨으로써 인류애가 명백하게 진전됐을까? 사회의 파편화와 나치 독일이나 1994년 르완다 같은 끔찍한 폭력을 들어 이 견해에 반대하는 사람들이 있다. 이들 사례에서 현대 매스 미디어는 오히려 타인의 악마화를 위한 선전에 활용됐다.

공감은 최근 들어 심리학 연구와 토론이 활발한 주제이다. 많은 심리학자들은 두 가지 심리적으로 구별되는 다른 시스템이 작동해 우리가 공감한다는 데 동의한다. 하나는 감정 시스템으로 이를 통해 우리는 다른 사람이 고통받는 상황을 접하면 조건반사적으로 반응한다. 예를 들어 운동선수가 다치는 영상을 볼 때 움찔하거나 공포영화에서 특히 끔찍한 장면을 외면한다. 공감의 둘째 요소는 인지력이다. 즉, 다른 사람이 무엇을 느끼며 무엇이 그 느낌을 일으켰는지에 대해 이론을 세우는 두뇌의 능력이다. 여기에서 공감의 기본 모델 끝내는 심리학자들이 있다. 그러나 나는 이로써는 충분하지 않다고 생각한다. 예컨대 사이코패스, 사기꾼, 고문 가해자들은 공감하는 사람들의 친사회적인 특성이 없는데도 정서와 인지력이 매우 좋을 수 있다. 이런 이유로 스탠퍼드대학 동료 교수인 자밀 자키Jamil Zaki가 제시한 공감의 개념이 더 타당하다고 본다. 그는 자신이 '다 갖춰진 공감'이라고 부르는 것의 셋째 요소로 동기를 추가한다. 어떤 사람이 다른 사람의 고통을 정서적이나 인지적으로 경험했을 때, 그 고통을 덜어주고 싶은 마음이 들까? 일차적으로 그는 공감하는 정서적인 경험을 하려고 할까?[07]

자키의 공감 모델은 이런 측면에서도 설명력이 있다. 그는 공감이 우리가 의식하지 않는 가운데 그냥 생기는 게 아니라 우리가 경험하기 위해 선택하는 것임을 설명하고 강조한다. 자키에 따르면 우리는 공감 상태를 선택한다. 왜냐하면 공감은 정서적인 노력이 들어서 공감하는 데에는 우리의 정신적인 자원이 빠져나가기 때문이라고 그는 설명한다. 자키는 이런 시나리오를 상상해보자고 말한다. 당신이 TV를 시청하는데 곧 백혈병 환자를 돕는 긴 프로그램이 이어지리라는 것을, 그리고 그 프로그램에서는 어린이 백혈병 환자들이 자신의 이야기를 들려주리라는 것을 알게 된다. 이 프로그램이 시청자로부터 공감을 끌어내리라는 것을 의심하는 사람은 거의 없다. 그러나 그 프로그램을 시청할지를 놓고는 여러 동기가 갈등을 벌일 것이다. 어떤 상황에서는 알아보고자 하는 마음에 계속해서 그 프로그램을 볼 것이다. 다른 상황에서는 가책이나 그 이야기를 보면 느끼게 될 슬픔을 피하기를 원할 것이다.

다른 사례를 생각해보자. 노숙자를 지나칠 때마다 길거리에서 자는 것이 어떨지 상상하느라 정신적인 에너지를 쓰는 사람은 별로 없다. 그런 이해가 우리 중 대다수에게 얼마나 큰 트라우마가 될지 고려할 때, 그렇게 한다면 일상생활이 어려워질 것이다. 대신 우리는 대개 노숙자에게 신경을 쓰지 않고 지나친다. 또는 우리를 슬프게 하는 그의 존재를 마음에서 밀쳐내고자 그 사람의 사연을 상상해낼지 모른다. 그렇게 하면 그의 처지에 대한 생각을 떨쳐버리기 쉬워진다. 즉, 지금 그가 처한 곤궁함을 과거에 그가 했을 선택으로 돌리는 것이다. 우리는 자신에게 이렇게 들려주는 것이다. 이 사람이 길거리에 나앉은 것은 참 안됐지만, 그는 마약에 빠지지 말았어야 했어. 직장에서 잘린 건 그의 탓이지 뭐야. 우리는 그가 노숙자가 됐을 요인 중에 그가 통제하지 못했을 것들, 예컨대 금전적으로 큰 타격을 준 치료나 정신병은 제쳐둔다.

공감의 경험을 선택하는 것은 무료가 아니다. 강도 높은 상황에 대한 공감은 지속되는 고통과 심리적인 타격을 수반한다. 의사, 간호사, 심리치료사, 응급상황 근로자 같은 특정 직업군이 심리적 충격에 시달리는데, 그들은 정기적으로 극한의 인간 고통을 직면한다. 심리학자들은 이 상태를 '동정 피로'라고 부른다. 우리의 공감을 극한으로 밀어붙이면 그런 피로를 일으킨다. 증상으로는 불안, 악몽, 의식 분열, 분노, 소진 등이 나타난다.[08]

그러나 다른 직업은 업무의 어떤 측면에서는 공감을 내려놓기를 요구한다. 매우 경쟁적인 직업이 그런 속성이 있다. 정치인, 군인, 프로 운동선수 등은 업무상 공감을 켜거나 꺼둘 필요가 있다. 우리 중 이런 행태에서 자유로운 사람은 없다. 우리 모두가 사는 세상은 놀랍도록 불평등하고, 감정을 요구하는 것들은 숱하게 많다. 하루를 지내면서 자기 주위의 괴로움과 불평등에 대해 의식적으로 블라인드를 치는 일이 한 번도 없는 사람은 드물 것이다.

공감은 고정된 특성이 아니다. 공감할 수 있는 역량은 문화와 문화의 가치를 전파하는 미디어 기술로 바꿀 수 있다. 더 좋게도, 더 나쁘게도 만들 수 있다. 훈련 중 특정한 유형은 사람들이 다른 사람들의 감정에 둔감해지도록 할 수 있다. 다른 유형은 공감을 끌어올릴 수 있다. 연구에 따르면 공감력을 키우는 최상의 방법은 '조망眺望 수용perspective-taking'이라는 심리적 과정이다. 즉, 다른 사람의 관점에서 세상을 상상하는 과정이다.

이 연구와 가장 관련이 있는 학자는 아마 마크 데이비스Mark Davis일 것이다. 그는 미국 플로리다주 세인트피터스버그의 에크하드 칼리지에서 주로 가르치고 연구했다. 데이비스는 조망 수용을 측정할 가장 인기 있는 수단을 고안했다. '대인관계반응지수IRI·Interpersonal Reactivity Index'를 내는 설문지로, 대상자에게 그가 제시된 질문과 얼마나 동의하는지 답하라고 한다. 제시문의 예를 들면 다음과 같다. "다른 사람을 비판하기 전에 내가 그 사람 처지라면 어떻게 느끼게 될지 상상해보려고 한다." "좋은 영화를 볼 때면 주인공에게 쉽게 감정을 이입한다."[09]

데이비드 교수는 이제 아마 고전의 반열에 오른 1996년 논문에서 조망 수용이 실제로 어떻게 작동하는지 보여줬다. 다음과 같은 논문 제목이 모든 걸 알려준다. 「조망 수용이 사람들의 인지적인 표상에 미치는 영향: 자아와 타자의 융합」.[10] 그가 지난 수십 년 동안 수행한 연구는 사람이 세상을 다른 사람의 관점에서 상상할 경우 그와 다른 사람의 간극이 줄어든다는 사실을 보여줬다. 다른 사람과 비슷하게 생각하면 말 그대로 인지적인 구조가 바뀌고, 그 결과 그 사람은 다른 사람을 생각할 때 '자기처럼' 여긴다는 것이다.

2010년에 보고된 유명한 연구를 생각해보자. 현재 컬럼비아 경영대학원에서 가르치는 애덤 갤린스키Adam Galinsky의 연구로, 조망 수용이 공감을 일으킨다는 내용이다. 실험 참가자인 대학생들은 노인의 사진을 보고 그 노인의 삶 중 하루를 서술하는 에세이를 쓰라는 과제를 받았다. 참가자 중 한 그룹은 명시적인 지시를 하나도 받지 않았다. 그들은 그저 그 노인의 하루를 쓰라는 말을 들었다. 둘째 그룹은 구체적인 '조망 수용' 과제 지시를 받았고 사진 속 개인의 관점에서 일인칭 서술 방법을 활용하라고 들었다. 둘째 그룹의 에세이가 더 공감을 나타냈다. 심리적인 반응 타임 과제에서 그들은 부정적인 전형을 연상하게 하는 편견 어휘를 알아차리는 데 더 시간을 들였다. 또 에세이를 쓸 때 그 노인에 대해 더 긍정적인 태도를 보였다. 그러나 일상적인 생활에서 실제로 이런 상상력 기법을 활용할 수 있는 사람이 얼마나 될까?[11]

실제와 비슷한 경험을 제공하는 가상현실의 힘을 고려할 때, 사람들로 하여금 많은 관점에서 가상 세계를 체험하게 하면 조망 수용의 효과가 크게 나올 것이다. 우선 조망 수용을 하려면 처음부터 시작해 다른 사람의 관점을 받아들이는 정신적인 모델을 형성해야 하는데, 가상현실은 이런 인지적인 노력을 덜어준다. 이는 또한 조망 수용의 전 단계로 스스로 동기를 일으켜야 한다는 문턱을 낮춰주기도 한다.

이로부터 공감력을 키워주는 데 유리한 가상현실의 둘째 특징에 이른다. 가상현실에서는 공감하는 체험 대상자의 관점에 대한 정신적인 모델을 아주 세밀하게 만들 수 있고, 그래서 틀에 박힌 내용, 틀렸거나 위안이 되는 묘사는 제외할 수 있다. 예를 들어 10대 청소년이 노인에 대해 틀에 박힌 부정적인 인식을 갖고 있다면, 노인의 관점을 상상해보라고 하는 말만으로도 그런 인식의 강화를 부추길 수 있다. 10대는 노인에 대해 느리고 인색하고 지루한 이야기를 늘어놓는다는 이미지를 만들 수 있다. 그러나 시뮬레이션 세트에 고정관념적인 표상을 반박하는 역할 수행을 갖추고 노인의 힘을 보여주는 장면을 넣으면 체험자가 이런 부정적인 고정관념을 피하도록 할 수 있다. 사람들은 실제로 올바른 관점을 갖기에 적합한 정보가 없을 수 있고, 가상현실은 이런 측면에서 사람들을 더 정확하게 안내할 수 있다.

물론 어떤 미디어도 다른 사람의 주관적인 경험을 온전히 갈무리하지 못한다. 그러나 가상현실은 실제로 보이는 일인칭 관점 경험을 풍부하게 불러옴으로써 새롭고 공감을 끌어올리는 특성이 있어 보인다. 우리는 난민에 대한 언론 보도와 다큐멘터리를 볼 수 있지만, 이들 기존 미디어는 수용자가 상상력을 많이 발휘할 것을 요구한다. 내레이션은 캠프 생활에 대해 많은 정보를 제공할 수 있지만 실제 캠프에서 사는 것이 어떤지는 잘 전하지 못한다. 우리의 정신적인 자료실에는 난민이 되는 게 어떤지 상상할 적합한 광경, 소리, 이야기가 없다. 가상현실은 캠프의 환경, 거주 구역의 비좁음, 캠프의 크기를 전할 수 있다. 또 시드라와 캠프의 다른 사람을 다큐멘터리는 하지 못하는 생생함으로 불러올 수 있다.

가상현실이 전에 없는 방식으로 공감을 키울 수 있음은 기정사실로 받아들여지는 듯하다. 그러나 실제로 그렇게 작동할까? 연구 결과가 들려주는 바는 무엇인가?

가상 거울

스탠퍼드대학의 내 연구소는 2003년 이래 가상현실과 공감에 대한 실험을 하고 결과를 발표해왔다. 우리는 노인차별, 인종차별, 장애인 지원 같은 분야를 살펴봤다. 우리가 발견한 것은 가상현실이 실제로 '궁극적인 공감 기계'가 될지는 미묘하다는 사실이다. 여러 연구에서 공통적으로 밝혀낸 사실은 가상현실이 통제 상황을 진행하는 데 뛰어나다는 것이다. 그러나 이는 마법 탄환이 아니다. 매번 통하지 않는다. 또 '효과 크기', 즉 결과가 얼마나 강한지는 폭넓게 나타난다. 우리는 첫 실험에서 노인차별을 살펴봤는데 이 실험은 2003년에 설계하고 진행하기 시작해 2006년에 발표했다. 이 실험은 갤린스키의 연구에서 착안했다. 그는 사람들이 노인 사진을 보고 노인의 눈으로 본 세상은 어떨까 상상해보도록 했다. 그러나 우리는 상상을 방정식에서 제외하기로 했다.

먼저 우리는 참가자의 아바타가 실험실 방의 가상벽에 비춰지도록 하는 '가상 거울'을 설계했다. 참가자는 가상 거울에 비친 아바타를 볼 수 있다. 우리는 참가자에게 이 가상 거울에 다가가 그 앞에서 약 90초 동안 몸짓을 하도록 했다. 그러면서 아바타가 자신을 따라 움직이는 '거울상'을 면밀히 관찰하라고 했다. 참가자는 머리를 왼쪽에서 오른쪽으로 돌려 귀를 어깨에 대곤 했다. 가상 거울에서 그의 거울상은 똑같이 행동했다. 우리는 그다음에 참가자가 거울에 한 걸음 더 다가서게 한 뒤 자신의 거울상을 더 크게 보게 했다. 시간이 지난 다음엔 참가자가 거울 밖에서 몸을 웅크려 거울에서 자신을 보지 못하게 하라고 했고, 또다시 일어나 자신의 거울상이 함께 일어나는 것을 보라고 지시했다.

가상현실 거울은 내가 실험하기 한참 전부터 활용됐다. 사실 가상 거울은 1990년대 말에 내가 받아들인 가상현실 데모 중 하나이다. 그때 나는 캘리포니아대학교 샌타바버라 캠퍼스UCSB를 처음 방문했고 잭 루미스Jack Loomis의 실험실에서 그 시나리오를 경험했다. 잭은 가상현실 개척자 중 한 명으로, 가상현실을 활용해 거리 판단과 시각 같은 인지 심리학의 여러 측면을 연구했다. 그러나 잭은 사람의 시각 시스템 너머를 알고 싶어 했다. 그의 가상현실 데모 세트는 그런 호기심을 반영했다. 거울은 1999년에는 상당히 낮은 수준의 기술이었다. 시간이 지나면서 투박한 참가자의 몸처럼 느껴지게 됐다. 그 데모는 미래를 엿보게 했다. 내가 스탠퍼드대학에 부임했을 때 처음 만든 가상현실 체험도 거울이었다.

가상 거울의 작동 원리는 '고무 손 환상'에 기초를 두고 있다. 이제 고전이 된 이 실험은 1990년대에 프린스턴대학의 두 과학자가 수행했다. 그들은 참가자들을 탁자 앞에 앉혔다. 참가자더러 한 손을 탁자 아래에 안 보이도록 두게 했다. 대신 진짜 손 같은 고무 손을 그 사람의 손인 양 탁자 위에 올려놓았다. 이제 신경과학자는 감춰진 손과 보이는 고무 손을 붓으로 부드럽게 쓰다듬었다. 붓으로 쓰다듬기는 같은 방향으로 동시에 이뤄졌다.

그랬더니 참가자는 자기 눈에 보이는 고무 손을 자기 것으로 느끼기 시작했다.[12] 어떻게 이 결론에 이르게 됐나? 한 가지 근거는 "당신 손을 가리켜보라"라는 지시를 반복해 내리면 참가자가 대부분의 경우 다른 손으로 탁자 아래 진짜 손이 아니라 고무 손을 가리켰다는 사실이다. 흥미롭게도 붓으로 쓰다듬기가 동시에 똑같이 이뤄지지 않은 경우 환상이 깨졌다. 그러나 터치 동기화가 이뤄지면 고무 손은 그 사람의 신체 체계에 통합됐다. 예를 들어 신경과학자가 바늘로 고무 손을 찌르려는 동작을 함으로써 위협하면서 fMRI 스캔을 해보면 두뇌의 해당 부위가 활성화되는 것으로 나타났다. 즉, 사람이 고통을 예상할 경우 활성화되는 부위와 손을 급박하게 움직여야겠다고 느낄 때 활성화되는 부위가 반응했다. 이 기념비적인 연구는 신체를 아바타에 옮기는, 즉 아바타를 자기 몸처럼 여기게 하는 방법을 알려줬다. 만약 누군가 자신의 아바타가 막대기로 가볍게 찔릴 경우 자기 흉부가 질린 것처럼 통증을 느낀다면, 그 아바타는 그 자신으로 여길 수 있다. 10여 건의 연구에 따르면 사람들은 자신의 의식을 아바타에 '이전'한다. 이 거울 기술은 이제 상당히 일반적이 됐고, 신경과학자들은 이를 '신체 이전'이라고 부른다.[13]

어떤 사람이 자신의 아바타와 특정 사건들이 동시에 일어나는 것을 보면, 그의 마음은 가상 신체를 지닌다. 이때 아바타는 직접 볼 수도 있고 가상 거울을 통해 볼 수도 있다. 진화의 측면에서 검토해볼 때 우리 뇌는 완벽한 거울 상, 실제로는 현실의 반영이 아닌 그런 이미지를 경험한 적이 거의 없다. 그런데 우리는 가상현실에서 우리가 원하는 거울 상을 어떤 것도 그려낼 수 있다. 따라서 가상현실은 독특하고 초현실적인 방식으로 우리가 우리 것이 아닌 몸을 지닐 수 있게 해준다. 뇌는 거울 상을 자신의 일부로 통합하기 때문에, 자아는 변형 가능해진다. 가상 거울은 사람이 다른 사람으로 되게끔, 그 사람의 신발을 신고 1마일을 걷게끔 돕는 궁극적인 수단이 된다. 어떤 여성의 거울 상은 자신과 똑같을 수도 있지만, 더 클 수 있고 남성일 수도 있고 셋째 팔이 자랄 수도 있으며 심지어 종을 바꿀 수도 있다.

우리는 노인차별 연구에서 거울 상을 더 나이 들게 했다.[14] 먼저 우리는 대학생 한 무리가 신체 이전을 거치도록 했다. 방법은 그들이 각각 일련의 동작을 수행하면서 가상 거울에서 자신의 아바타를 보게 하는 것이었다. 각 아바타는 거울 상이 그렇게 하듯, 주인의 동작을 정확히 따라 했다. 대학생은 아바타에 따라 두 그룹으로 나뉘었다. 한 그룹의 아바타는 나이와 성별이 참가자와 비슷했다. 다른 절반 그룹의 아바타는 참가자와 성별은 같았지만 나이가 60대이거나 70대였다. 신체 이전 단계가 지나면 우리는 학생들이 거울에서 벗어나 실험 진행자와 만나게 했다. 실험의 일정 역할을 맡은 진행자는 가상현실 속에 등장한다. 참가자 관점에서 진행자는 그냥 방 속에 함께 있는 대학생 나이의 다른 아바타이다. 우리는 참가자한테 그들이 가상 환경의 다른 존재들의 눈에는 가상 거울의 이미지로 보인다는 사실을 분명히 했다. 즉, 진행자는 그 참가자가 나이가 노인이라고 여기지 아바타가 실제의 젊은 나이를 반영하지 않는다는 생각은 전혀 하지 못한다고 설명했다.

이제 진행자는 참가자에게 한발 앞으로 나서서 사회적인 상호작용을 자극하기 위해서라면서 몇 가지 질문을 한다. "당신에 대해 조금 들려주세요"라거나 "삶에서 무엇이 행복한가요?"라고 말한다. 시뮬레이션에서 사회적 역할을 부각하기 위해 개인적인 상호작용이 필요하다. 최종적으로 참가자는 15개 단어 목록을 반복하는 간단한 기억력 훈련을 하도록 요청받는다. 이 훈련의 목적은 그가 노인 아바타를 하고 있음을 상기시키는 것이었다. 노인에 대한 대부분의 고정관념은 기억력이 나쁘다는 것이다. 노인 아바타 속 대학생이 다른 아바타로부터 기억력에 대한 의심을 받을 경우 특히 효과가 강했다. 부정적인 고정관념을 완곡하게 떠올리게 함으로써 참가자가 다른 사람의 신발을 신고 '1마일 걷기'를 하도록 한다는 아이디어였다.

연구에서 노인 아바타 속 대학생 참가자들은 다른 절반 참가자들에 비해 노인 일반을 묘사할 때 더 긍정적인 단어를 구사했다. 예를 들어 그들은 처음 떠오르는 단어를 말하라는 지시에 '주름진'보다 '현명한'을 더 택했다. 우리가 실험에서 편향을 측정하는 데 활용한 방법 중 단어 연상

과제Word Association Task가 있다. 이는 전에 개발된 심리실험 기술로, 참가자에게 "나이 든 사람을 볼 때 떠오르는 단어를 다섯 개 열거하라"라고 묻는 것이다. 답변이 나오면 실험과 독립적인 정보 평가자가 답변의 함의가 긍정적인지 부정적인지 점수를 매긴다. 노인 아바타 그룹과 다른 그룹의 차이는 약 20%였다. 이는 크지는 않지만 주목할 만한 개선이었다. 다만 다른 두 가지 방법에서는 효과가 측정되지 않았다. 그러나 20분이 되지 않는 짧은 시간에 이뤄진 가상현실 상호작용이 사람의 부정적인 고정관념을 바꿀 수 있다는 사실은 여전히 고무적이다.[15]

몇 년 뒤인 2009년에 우리는 박사과정 학생 빅토리아 그룸Victoria Groom과 함께 가상 거울을 활용해 인종 실험을 했다.[16] 빅토리아는 백인 참가자가 검은 피부 아바타를 입을 경우 인종 공감이 유도되리라고 생각했다. 그는 만약 백인이 흑인의 관점을 취하면 인종에 대한 그의 고정관념이 무너지리라고 추론했다. 그룸은 실험에 약 100명을 참가시켰다. 그 중 절반은 가상 거울에 흑인 아바타로, 절반은 백인 아바타로 접근했다. 실험 진행자는 취업 면접관 역할을 수행해, 참가자들에게 적합성과 이전 업무 경험을 물어봤다. 노인차별 실험에서처럼, 우리는 세 가지 측정 방법을 활용했다. 이번에도 셋 중에 한 방법에서만 유의미한 차이가 나타났다. 그 방법은 암묵 연상 과제Implicit Association Task로, 긍정적인 개념과 부정적인 개념에 반응하는 시간을 측정한다.

그러나 검은 피부 아바타 속에 들어가는 체험은 노인 아바타 실험과 반대 효과가 나타났다. 그 체험자는 암묵적인 인종 편향에 대한 표준적인 측정에서 흰 피부 체험자보다 높은 점수를 보였다. 달리 말하면 검은 피부 아바타 채택은 공감을 불러일으키는 대신 인종에 대한 고정관념을 조장했다. 놀랍게도 이런 영향은 백인 참가자뿐 아니라 흑인 참가자에게서도 보였다.[17] 검은 아바타 착용이 실제로는 고정관념을 강화하고 더욱 두드러지게 한 것이다. 이 이야기는 가상 인종주의를 고려할 때 복합적으로 보인다.

2016년 가을에 나는 저명한 하버드대학 심리학자 마자린 바나지 Mahzarin Banaji 교수와 대화를 나눴다. 그는 암묵 연상 과제를 창안하는 작업을 도왔고 암묵적인 인종 편향에 대한 세계적인 전문가이다. 그는 앞서 내 연구팀이 실험해 쓴 논문을 읽고 앞으로 가능한 교류가 무엇이 있을지 상의하자고 제안했다. 우리 연구에 대한 그의 피드백은 명쾌했다. 우리가 취한 절차로는 그런 결과가 나오게 된다는 것이었다.

사회심리학 연구에 따르면 사회적 그룹을 가리키는 단어, 즉 신체적 특성이나 성이나 인종을 나타내는 단어는 그 사회적 그룹과 결부된 관념을 불러일으킨다. 그리고 이 관념은 종종 널리 공유된 고정관념이고 많은 경우 부정적이며 직접 인식과 태도와 행동에 영향을 준다. 예를 들어 흑인은 폭력을 휘두르기 쉽다는 일부 미국인의 고정관념은 다수의 연구에서 보였다. 이 암묵적인 편향은 의도나 의식 없이 자동으로 생겨난다. 우리 실험 결과에 대한 한 가지 설명은 우리는 조망 수용을 북돋우는 데 성공하지 못했다는 것이다. 초기 단계 기술의 한계를 고려할 때 우리는 아주 단순한 하드웨어 시스템을 활용했고 그 시스템은 기본적인 신체 이전만 했을 뿐 예컨대 팔 움직임을 추적하지 못했다. 신체 이전이 실제로 일어났는지 확신하기 어려웠다. 아마 이전을 유도하지 못한 채 참가자가 이미 갖고 있는 인종에 대한 고정관념만 부추긴 게 아닐까 한다. 그래서 역효과를 보인 결과가 나온 것이 아닌가 싶다.

나쁜 뉴스만 나오지는 않았다. 바르셀로나대학의 멜 슬레이터Mel Slater와 그의 연구진은 몇 년 뒤에 비슷한 연구를 했다. 슬레이터는 세계에서 가장 앞선 가상현실 기술을 보유하고 있다. 또 아바타로의 신체 이전을 유도하는 분야의, 말 그대로 세계적 전문가이다. 그의 시스템은 우리가 초기 연구에서 한 것보다 신체 움직임을 훨씬 더 정확하고 온전하게 추적했고, 그 결과 신체 이전을 높은 확률로 유도할 수 있을 보여줬다. 그의 연구에서 흑인 아바타에 체화된 백인은 암묵 연상 과제로 측정한 결과 비교 대상 그룹보다 편향이 줄었다. 슬레이터 연구팀이 내린 결론은 이렇다. "아바타로의 체화는 부정적인 대인관계 태도를 바꾸는 듯하다. 따라서 이는 근본적이며 심리적이고 사회적인 현상을 탐구하는 데 있어 강력한 도구에 해당한다."[18]

아마 이 강력한 효과의 가장 강한 사례는 전에 내가 대학원에서 지도한 안선주 현재 조지아대학 교수의 작업에서 볼 수 있을 것이다. 그는 2013년 논문에서 가상현실 속에서 색맹으로 지내는 것이 색맹인 사람들에 대한 공감을 향상시키는지 알아보는 세 가지 실험을 소개했다.[19] 참가자들은 먼저 적록색맹에 대해 설명을 들었다. 그다음에 그들은 가상현실에 들어가 적록색맹일 경우 수행하기 아주 까다롭게 설계된 분류 작업을 하게 됐다. 참가자의 절반은 색맹 필터가 씌워진 헤드셋을 끼고 작업했다. 이들은 적록색맹으로 지내는 체험을 제대로 한 것이다. 다른 절반 그룹은 일반 HMD를 착용했고 상상으로만 자기네가 색맹이라고 여기고 작업했다.

실험 중 하나에서 실제로 색맹을 체험한 참가자는 가상현실에서 벗어난 뒤 다른 그룹에 비해 색맹인 사람들을 돕는 시간이 거의 두 배로 나타났다. 돕는 과제는 색맹에 친절한 웹사이트를 구축하는 학생들과 함께 작업하는 것이었다. 구체적으로는 각 웹사이트의 스크린샷을 보고 색맹인 이용자가 접근하기에 그 웹사이트가 불편하지 않을지, 그렇다면 그 웹사이트는 어떻게 개선될 수 있는지를 적어내는 일이었다. 우리는 참가자들에게 이 작업은 실험의 일부가 아니라 자원봉사라는 점을 분명히 했다. 우리는 자원봉사 시간을 측정했고 가상현실이 영향을 줬음을 보여줬다.[20]

참가자들의 비공식적인 반응도 이 실험의 결론을 잘 보여준다. 예를 들면 한 참가자는 이렇게 말했다. "나는 색맹인 것처럼 느꼈다. 마치 전혀 다른 세상에 있는 것 같았다. 이 경험을 통해 색맹인 사람들이 생활에서 특정한 일을, 예를 들어 운전을 하기가 얼마나 녹록지 않은지 깨닫게 됐다." 이는 가상현실 고유의 강점을 보여준다. 가상현실은 체험자가 신체적 장애를 지닌 사람들이 직면하는 버거운 상황을 공유하도록 한다. 소수자 아바타 몸에 들어가 차별받는 시나리오를 체험하는 것은 강력한 체험이다. 물론 가상현실이 사람들이 생애를 통해 경험하는 모든 차별의 미묘한 측면을 담지는 못한다. 그러나 인지적, 혹은 물리적인 장애를 지닌 사람들이 맞닥뜨리는 불편함을 쉽게 전한다.

충분히 재현되지 않은 가상현실 실험의 발견을 강조하면 안 된다.* 장애 체험 실험이 어떻게 이뤄졌는지에 주의를 기울여야 함이 연구 결과 드러났다. 예를 들어 아리엘르 미할 실버먼Arielle Michal Silverman이 수행한 시각장애인에 대한 공감 실험이 보여준 것은 참가자의 시력을 차단함으로써 야기할 수 있는 초기 혼미함이 실제로는 공감보다는 차별을 부추길

---

* 저자가 수행한 인종 실험의 결과가 그런 발견의 사례이다.

수 있다는 결과였다. 왜냐하면 처음으로 시각장애인 경험을 한 참가자는 그 갑작스러운 상태의 고통만 느끼지, 오랜 시간 앞이 안 보이는 현실과 그 속에서 익히는 기술을 체험하지는 않는다. 그래서 참가자는 시각장애인을 힘이 부여된 능력 있는 사람으로 여기기보다는 별안간 닥친 시력 상실에 대처하는 어려움에만 신경을 집중할 수 있다.[21]

우리는 색맹 실험 참가자들에게 24시간 뒤에 질문지를 보냈다. 색맹인 사람들에 대한 그들의 의견을 측정하기 위해서였다. 그 결과 대체로 다른 사람을 배려하는 편이 아니던 사람들, 즉 대인관계반응지수가 낮게 나온 사람들이 색맹 체험을 하더니 색맹인 사람들에 대한 태도가 더 우호적이 됐다. 비교 대상은 그들의 가상현실에서 체험하는 대신 상상한 이후 측정한 대인관계반응지수 값이었다. 이는 가상현실이 여간해서는 공감하지 못하는 사람들에게 훌륭한 방편임을 보여주는 예비적인 증거이다. '타고난 사람들', 즉 공감력이 높은 사람들한테서는 측정값에 차이가 없었다. 그러나 공감하는 데 어려움을 겪는 사람들한테는 가상현실 체험이 조망 수용 능력을 향상시켰다.[22]

공감능력 측정

로버트 우즈 존슨 재단의 프로그램 담당자가 2014년에 우리 연구소를 방문해 공감 데모를 체험했다. 나는 그에게 일반적 연구 방법론, 즉 신체 이전을 유도한 뒤 체험하게 하는 과정을 설명했다. 그녀는 호기심을 나타냈지만 의심스러워했다. 우리는 실험의 효과가 얼마나 탄탄한지를 놓고 얘기를 나눴다. 이 장을 읽은 독자에게 뚜렷하게 전해진 것처럼, 가상현실 공감은 대다수가 연구실 안에서 효과를 내는 듯하다. 그러나 그 효과는 얼마나 강한가? 또 얼마나 지속되나?

이 대화를 계기로 '공감 측정'이라고 불리게 된 3년짜리 프로젝트가 시작됐다. 이 도구를 실제 세계에서 테스트해보고 또 얼마나 통하는지 알아보기로 했다. 2016년 결과를 발표한 첫 실험에서 우리는 가상현실 공감의 경계 여건을 찾아내고자 했다. 여건을 확장하면서 실험할 때, 여건이 어느 선을 넘어 확장되면 실험 효과가 나타나지 않는다. 그 선에 해당하는 개념이 경계 여건이다. 삶의 모든 상황에서 통하는 발견은 거의 없다. 어느 수단이 어디까지 통하는지는 중요한 정보이다. 특히 위협에 대해 경계 여건을 살펴보고자 했다. 조망 수용과 공감은 긴장이 있는 상황에서 가장 중요함이 분명하다. 한 달에 몇 차례 내게 걸려 오는 전화는, 싸우는 나라들 사이의 간극을 좁히는 데 가상현실을 활용하라는 제안이다. 그런 상황에는 이전부터 존재해온 깊은 긴장이 있다. 심리학자들은 이를 '위협'이라고 부른다.

우리는 노인차별로 돌아와, 가상 거울로 참가자를 노인으로 체화했다. 첫 연구에서 참가자들은 노인이 됐다고 상상하거나 가상 거울로 늙게 됐다. 상상만 하는 방식은 앞서 언급한 갤린스키 연구와 비슷하다. 여기에 더해 우리는 위협의 강도를 높거나 낮게 조절했다. 높은 위협 여건에서는 참가자들은 가상현실에 들어가기 전에 '노인들은 젊은 미국인들에게 임박한 위협을 제기한다'라는 문구를 읽었다. 낮은 위협 여건에서 읽은 문구는 '미국은 인구구조 변화에 대응할 준비를 마쳤다'였다. 두 문구는 모두 사람들이 더 오래 살게 되면서 나타나는 인구구조 변화의 함의를 말하는데, 하나는 위협의 틀에서 본 것이고 다른 하나는 미국이 대처할 준비가 된 상황이라는 틀에서 본 것이다. 우리는 여건 조정의 영향을 더 크게 하기 위해서 인구구조 변화와 그에 따른 각자 삶의 변화에 대해 에세이를 쓰라고 했다. 요약하면, 네 가지 여건이 만들어졌다. 참가자의 절반은 나이 든 상태를 상상했고, 나머지 절반은 가상현실에서 나이가 들었다. 이들 두 그룹은 다시 절반으로 나뉘어 반은 노인으로부터의 위협을 상기하게 됐고 나머지 반에게는 위협이 거론되지 않았다.

이 실험에서 가상현실은 위협을 완충하는 데 성공했다. 나이 드는 상상만 한 사람들은 위협 메시지에 노출된 경우 노인에 대한 공감을 덜 표시했다. 이는 예상한 대로였다. 우리를 해칠지 모르는 사람에게 공감을 표시하기는 어렵다. 그러나 가상현실 속 신체 이전을 통해 노년을 체험한 사람들에게는 반대 양상이 벌어졌다. 그들은 위협 메시지에 노출되지 않았을 때보다 노출됐을 때 더 공감을 표했다. 이 결과에 대한 가능한 설명 중 하나는, 상상에만 의존하는 경우에 비해 가상현실에서 참가자들은 노인의 조망을 더 쉽게 수용한다는 것이다. 색맹 연구와 비슷하게, 가상현실은 그룹 사이의 맥락에서 사람들이 조망 수용을 하기 어려울 때 특히 도움이 되는 듯하다.

이제 경계 효과로 들어가보자. 둘째 연구에서 우리는 위협을 개인적인 종류로 설정했다. 참가자가 노인과 관련한 문구를 읽도록 하는 대신 두 노인 아바타를 만들어 가상현실 속에서 참가자가 그들과 어울리게 했다. 우리는 고전적인 도편추방 과제를 활용했다. 심리학자 킵 윌리엄스가 개발해 사이버볼이라고 불리는 것이었다. 이 실험에서 세 사람이 공 받기 놀이를 한다. 놀이가 진행되면서 한 사람이 따돌려진다. 두 사람이 그에게 공을 던지지 않는다.[23] 그런 상황은 사소해 보일지 모른다. 그러나 10여 회 실험한 결과 투명 인간으로 취급되는 느낌은 심각했다. 도편추방은 아픔을 준다. 몇몇 연구는 fMRI를 통해 사이버볼 도편추방이 고통과 연관된 뇌 부위를 활성화함을 보여줬다. 다른 연구는 단순히 따돌림이 사람들을 슬프게 함을 보여줬다.

이 연구에서 우리는 앞에서와 같이 네 가지 여건을 설정했다. 상상 대 가상현실, 높은 위협 대 낮은 위협이었다. 참가자들은 조망 수용 과정을 거쳐 헤드셋을 끼고 분명히 노인으로 보이는 두 사람과 공 받기 놀이를 했다. 높은 위협 여건에서 참가자는 30번 중 3번만 공을 받았다. 위협이 없는 여건에서는 공평한 횟수인 10번을 받았다.[24]

이 실험의 위협 조절은 참가자가 단순히 노인에 대한 문구를 읽는 데 비해 두 배 강력한 영향을 줬다. 공을 3번만 받은 사람은 스스로 보고하는 측정에서 분노와 상심을 느꼈다고 말했다. 또 거의 모든 공감 측정에서 위협을 받은 참가자들은 공놀이에 포함된 사람에 비해 나중에 노인들에 대해 덜 공감했다. 그러나 결정적인 데이터는 가상현실의 효과와 관련이 있다. 첫째 연구의 유망해 보이는 결과와 비교해 둘째 연구는 대조적이었다. 둘째 연구에서 위협은 더 강도 높았고 실험적이었으며 의도적이었다. 그렇게 하자 가상현실과 상상에 차이가 없었다. 달리 말하면, 몰입 정도를 높이는 것은 공감 회피를 극복하기에 충분하지 않았다. 위협에 처한 상황에서 참가자들은 노인에 대해 일관되게 부정적인 태도를 보였다. 이 예비적인 증거가 시사하는 바는 가상현실을 통한 조망 수용은 집단 간 위협이 직접적이지 않을 경우 외부집단에 대한 긍정적인 행동을 북돋우는 데 효과를 낼 수 있다는 것이다. 그러나 위협이 더 구체적이고 실험적일 때에는 그리 효과적이지 않았다.

심리학 연구의 대다수가 그렇듯이, 내가 이 섹션에서 묘사한 연구는 모두 큰 한계가 있다. 다들 알지만 말하지 않는 사실은 우리 심리학자들은 제한되고 좁은 표본 그룹을 바탕으로 한 발견을 가지고 마치 모든 사람에게 적용되는 것처럼 결론을 내린다. 그러나 우리가 다루는 통계는 우리 관찰에서 활용된 표본에 대해서 추론을 끌어낼 수만 있다고 한정한다. 그 결과 심리학 분야 연구의 대부분은 상층의 대학 교육을 받은 22세 이하의 사람들로서 '심리학 입문' 과정을 듣는 사람들에 대해서만 알려줄 뿐이다.

사실 탄탄해 보이는 연구 결과는 인구 전반을 놓고 볼 때 무너질 수 있다. 스탠퍼드대학 심리학자 헤이즐 마커스Hazel Markus가 기초를 쌓은 연구에서 보여준 것처럼 말이다. 마커스는 심리적인 처리에서의 문화적 차이를 보여줌으로써 눈에 띄는 경력을 쌓았다. 예를 들어 대학원 과정에서 나는 심리학자들 및 인류학자들과 함께 '기초적인' 심리 발견을 실제 세계에 비춰보는 작업을 했다. 우리는 전 세계 인지 심리학 교과서에서 가르치는 추론 과제를 활용했다. 구체적으로는 유사성을 바탕으로 한 전형성 개념과 중심집중 경향*에 사람들이 어떻게 의존하는지를 살펴봤다. 다음 두 주장을 생각해보자.

> 개똥지빠귀는 종자골種子骨을 갖고 있다. 따라서 모든 새도 종자골이 있다.
>
> 펭귄은 종자골을 갖고 있다. 따라서 모든 새도 종자골이 있다.

---

* 중심집중 경향: 변수들의 값이 평균에 가까워지는 경향.

어떤 주장이 더 강한가? 대학생들은 첫째가 더 강하다고 답할 것이고, 여러분 대다수도 동의할 것이다. 개똥지빠귀가 더 전형적인 새이고, 따라서 개똥지빠귀의 특성은 모든 새로 일반화하기에 더 적합하다. 그러나 우리가 연구한 결과 전형성 주장은 해당 영역에 대한 지식이 풍부한 사람들한테는 재현되지 않았다. 그런 예로 대학생들보다 새와 더 자주 상호작용하는 시카고의 탐조인들이나 멕시코의 이차 마야 부족들을 들 수 있다.

특정한 공감은 연령층에 따라 달라진다고 의심할 근거가 있다. 자밀 자키는 최근 공감의 동기를 이해할 수 있는 틀을 개발했다. 그는 특히 개인적인 차이에 초점을 맞춘다. 적어도 세 가지 동기가 사람들로 하여금 공감을 회피하게 한다. 하나는 정서적인 괴로움을 피하려고 하는 것이고, 다른 하나는 돕기 위해 돈을 기부하는 것처럼 물질적인 비용을 부담하기를 꺼리는 것이며, 마지막으로 경쟁에 대한 것으로 업무나 사회적인 상황에서 부진한 실적을 낼까 봐 걱정하는 것이다. 비슷하게 세 가지 동기가 공감하도록 이끈다. 하나는 착한 행동을 하는 것인데, 이는 긍정적 효과로 귀결된다. 둘째는 친구들이나 가족과 같은 내부집단 구성원과의 친밀도를 강화하는 것이다. 셋째는 다른 사람들이 자신을 좋은 사람으로 여기기를 원하는 것으로, '사회적 바람직성'이라고 불린다. 가상현실 처방이 어떻게 효과를 내는지 확실히 이해하려면 충분히 큰 표본을 대상으로 실험하는 것이 중요하다. 그래야 이들 특성에서 차이가 날 수 있는 인구층을 아우를 수 있다.[25]

그래서 우리는 '공감 측정' 프로젝트를 개발했다. 목표는 참가자 1,000명을 대상으로 실험을 진행해 가상현실이 이야기나 통계를 활용한 대표적인 미디어 기술에 비해 얼마나 잘 공감을 북돋우는지 살펴보는 것이었다. 참가자 1,000명은 이 실험만의 독특한 부분이었는데, 우선 표본 숫자가 컸고 게다가 구성이 다양했다. 우리는 모바일 VR 유닛이라고 불리는 가상현실 시스템을 도로, 박물관, 인근 도서관, 축제 현장, 시장에 설치했다. 전형적인 대학생만이 아닌 사람들을 대상으로 삼기 위해서였다.

2017년 9월까지 두 연구를 통해 우리는 2,000명 참가자에 대한 데이터를 확보했다. 그 과정은 일종의 모험이었다. 우리는 가상현실 현장 실험과 관련한 사항을 모두 요약한 논문을 발표했다. 예를 들어 긴 시간을 견디지 못하는 사람들을 대상으로 어떻게 실험을 수행하는가, 실험하는 텐트로 이르는 방향을 알려주는 선은 어느 방향으로 그어야 하는가, 공공장소에서 우리가 연구를 진행한다는 사실을 어떻게 주지시킬 것인가 등이었다. 대학생과 일반인 사이의 흥미로운 차이는 질문지에 답하는 데 걸리는 시간이었다. 학생들은 질문지 위를 질주하는 반면 일반인은 읽고 답을 적는 데 시간이 더 걸렸다. 연구소에서 대학생들을 대상으로 한 파일럿 테스트를 통해 우리는 25분밖에 걸리지 않을 것이라고 생각했다. 그러나 현장에서 '진짜 사람들'을 대상으로 하자 45분이 걸렸다.

우리 시뮬레이션은 '노숙자 되기'였고, 2017년 4월 트라이베카 영화제에서 가상현실 영상으로 선보였다. 체험자는 일자리와 집이 있다가 둘 다 잃고 노숙자가 된다. 이 가상현실 속에서 노숙자가 되기까지 일어날 수 있는 일련의 사건이 봇물 터진 듯 당신을 덮친다. 먼저 당신은 직업을 잃고 소유물을 처분하게 된다. 집세를 내지 못하게 돼 아파트에서 쫓겨난다. 차에서 자면서 일자리를 알아본다. 그러던 어느 날 차에서 자던 당신을 경찰이 깨우더니 지방자치단체 조례를 위반했다며 벌금을 물린다.

차도 팔게 된다. 그다음에 버스에서 잠을 청하는 당신을 낯선 사람이 괴롭힌다. 우리는 영화를 제작할 때 감동과 흡인력 외에 상호작용을 고려했다. 예를 들어 당신은 아파트에 있는 가재도구 중 어떤 것을 팔지 선택해야 한다. 소파부터 팔아야 할까, 텔레비전부터 내놓아야 할까, 아니면 전화기를 먼저 처분해야 할까? 우리는 체험자가 양치질을 하기 위해 작은 차의 공간을 찾아 들어가도록 한다. 버스에서 잠을 청할 때 당신은 접근하는 낯선 사람들을 물리치고 가방을 지켜봐야 한다.

참가자가 900명이 됐을 때부터 결과를 살펴봤다. 대개 가상현실은 노숙자에 대해 이야기나 통계를 들려주는 것 같은 통제된 여건에서보다 더 잘 작용했다. 가상현실로 노숙을 체험한 사람들은 질문지 답변에서 더 공감을 보여줬고 노숙자에게 저렴한 주거를 제공하자는 청원에 더 서명했다. 그러나 다른 연구에서도 나타난 것처럼, 효과는 종속변수에 무관하게 단일하게 나오지는 않았다. 효과는 측정값의 절반 정도에서 일관되게 나타났지만, 확정적이지는 않았다. 가상현실은 우리가 선택한 네 가지 미디어 중 효과가 최고로 보였다. 그러나 효과 크기는 대단하지 않았다. 물론 우리는 데이터를 계속 분석하고 있다.

가상현실과 공감 지원 신청

나는 2003년에 스탠퍼드대학에 조교수로 부임했다. 가장 큰 특권 중 하나는 내 연구소를 갖게 됐다는 것이었다. 또 실리콘밸리에 자리 잡은 덕분에 국립과학재단을 비롯해 다른 정부 기구 이외에 기업으로부터 연구비를 지원받을 수 있었다. 스탠퍼드대학에서 내가 처음 받은 연구비 지원은 시스코Cisco의 소규모 기부 펀드에서 나왔고, 그 돈으로 가상현실 속 사회적 상호작용을 연구했다.

시스코의 경영자는 마샤 시토스키Marcia Sitosky라는 여성으로 아이디어가 특출났다. 그가 연구소에 들를 때면 전등의 빛이 바래는 듯했다. 그는 가상 거울에 비친 자신을 들여다보고 우리 공감 연구를 검토했고, 가상현실을 다양성 훈련에 활용하라고 강하게 권유했다. 기업과 다른 조직에서 다양성 훈련에 아주 많은 노력을 기울였지만 투입한 자원에 비해 방법이 부족한 실적이다. 가상현실이 해답이 될 수 있을까?

나는 2003년에 고개를 숙이고 학술작업을 발표하는 데만 초점을 맞췄다. 연구비 지원 신청을 할 좋은 기회를 많이 날렸다는 얘기이다. 2003년부터 내가 정년보장을 받은 2010년까지 가상 거울을 활용한 실험 10여 건을 발표했다. 대부분은 '프로테우스 효과Proteus Effect'를 다뤘다. 이는 참가자가 아바타를 입으면 암묵적으로 그 아바타처럼 된다는 것이다. 키가 큰 아바타 속 사람들은 더 공격적으로 협상한다. 매력적인 아바타 속 사람들은 더 사회성이 있게 말한다. 나이 든 아바타 속 사람들은 더 먼 미래를 더 생각한다. 이 이론적인 작업의 목표는 아바타가 어떻게 그 속의 사람들을 바꾸는지, 심리적인 메커니즘을 이해하는 것이었다.

그러나 내 마음속 뒤편에서 마샤의 제안이 계속 들렸다. 연구소에 들렀을 때 그는 기업의 다양성 훈련이 어떻게 완벽과 거리가 먼지 생각했다. 일반적인 아이디어는 그럴듯했고, 임직원들이 직장 내 괴롭힘을 예방한다는 목표 아래 그에 대해 배운다는 것이었다. 그러나 실행은 그리 효과적이지 않았다.

사실 연구는 마샤의 직관을 뒷받침했다. 하버드대학 사회학자 프랭크

도빈스Frank Dobbins가 2003년에 발표한 논문은 다양성 훈련에 대한 기존 데이터를 검토했다. 도빈스와 공저자의 결론은 "경영적인 편향을 누르려고 설계된 조치들, 즉 다양성 훈련, 다양성 성과 평가, 관료적인 규칙 등은 대체로 효과가 없었다."[26] 나 자신의 경험도 이 분석과 일치한다. 스탠퍼드대학에서 나는 18개월마다 두 가지 훈련 중 하나에 참가하게 돼 있다. 큰 그룹 속에서 극단의 역할극을 보거나 자동차운전학원에서 하는 것 같은 온라인 평가를 받는다. 온라인 평가는 사례를 읽고 다양한 행동의 적법성에 대해 문제를 푸는 것이다. 둘 다 하지 않는 것보다는 낫다. 그러나 내 생각에는 둘 다 내가 생각하는 방식을 바꾸지 못한다. 아마 직장 내 괴롭힘에 어떻게 실질적으로 대처할지에 대해 좋은 조언을 주는 정도는 되는 것 같다. 그러나 그보다는 효과가 없다.

2003년에 내가 가장 하기 꺼린 일은 기업 훈련 소프트웨어 개발이었다. 논문을 내기 위해 주당 80시간을 일해야 했고, 가욋일은 할 겨를이 없었다. 그러나 정년보장 이후의 생활은 정말 우리 연구소의 작업을 밖에 파는 것이었다. 스탠퍼드대학은 외부와 대면해 우리 연구를 밖에 배달하는 것을 장려했다.

전미농구협회NBA 총재 애덤 실버Adam Silver가 2015년에 연구소에 찾아왔다. 그는 NBA의 경영진과 함께 실리콘밸리 기술 투어 중이었다. 그의 최초 관심은 가상현실을 통해 팬들이 거실에서 경기를 보게끔 하는 가능성을 알아보는 것이었다. 마치 경기장 안에서처럼 보거나, 더 좋기로는 선수 중 하나가 되어 경기를 하는 것이었다. 나는 그게 왜 대단한 아이디어가 아니라고 생각하는지 그에게 정중하게 알려줬다. HMD를 끼고 두 시간을 보내는 것은 나쁜 아이디어라고 말이다. 우리는 가상현실을 통해 설명과 정보를 어떻게 보여줄지 시도와 시련에 대해 앞으로 더 논의할 예정이다. 그러나 그들, 특히 NBA 인적자원 책임자 에릭 허처슨을 사로잡은 것은 다양성 훈련이었다. 우리는 한 시간을 꼬박 회의실에서 가능성을 논의했다. 그들은 정말 고무된 모습이었고 일을 진척시킬 태세였다.

몇 달 뒤 NFL의 로저 굿델Roger Goodell 총재가 특히 다양성 훈련에 대해 얘기하기 위해 우리 연구소에 왔다. NBA처럼 NFL도 경영위원회 멤버가 대부분 함께 왔다. NFL이라는 거대한 기업이 팬 경험을 향상시키거나 리그를 개선하는 방법을 구하러 실리콘밸리를 찾아다니고 있었다. 그들 중 최상의 반응은 최고정보책임자CIO 미셸 맥케너-도일Michelle McKenna-Doyle이 보였다. 그녀는 우리의 쿼터백 훈련 시뮬레이터로 10여 플레이를 함으로써 쿼터백 체험을 했다. 체험을 마친 그녀는 흥미로운 반응을 나타냈다. 그녀는 이렇게 들려줬다. 자신은 개념적으로는 어떤 남성 동료들 못지않게(더는 아니겠지만) 미식축구에 대해 안다고 느껴왔지만, "경기를 해 본 적이 전혀 없기" 때문에 그녀의 통찰을 일축할 수 있었다. 가상현실을 통해 그녀는 그 경험을 했다고 느꼈고 우리 연구소를 떠날 때에는 미식축구를 새롭게 이해하게 됐다고 정말 느끼게 됐다.

전에 NFL 쿼터백으로 뛰었고 스트라이버의 공동창업자 중 한 명인 트렌트 에드워즈Trent Edwards는 맥케너-도일의 반응에 대해 다음과 같은 재미난 포인트를 짚었다. 팬들에게 쿼터백의 시각을 경험하게 하면 그들은 경기장에서 펼쳐지는 게임을 더 잘 이해하고 그 포지션의 어려움에 대해서도 더 평가하게 되리라는 것이었다. 팬들에게 조망 수용을 경험하게 하면 선수들에게 쏟아지는 증오 메일 및 협박이 줄어들 수 있다. 연봉은 엄청나지만, 운동선수들도 사람이다.

지난 몇 년 동안 우리는 NFL에서 실행할 다양성 훈련 시스템을 개발하고 시험해왔다. 조직 내 최대 지원자는 트로이 빈센트Troy Vincent로, 그는 NFL 코너백 출신으로 현재 풋볼 오퍼레이션스Football Operations의 전무이다. 우리는 2016년 이 프로젝트를 계획하기 위해 NFL 본부에서 트로이를 만났는데, 가장 인상적인 것들 중 하나는 그 문제를 어떻게 해결할지에 대한 그의 비전이었다. 그가 제안하기를 선수들부터 시작하는 대신 조직의 최고위층에서 출발하자고 했다. NFL은 거대한 조직이고, 기업문화를 바꾸는 방법은 위에서부터 내려오는 것이다. 우리는 그렇게 결정했다. 인종이나 성적인 편향을 피하는 기술을 익히는 인터뷰 시뮬레이션을 NFL 인사과와 함께 만들고 시험했다. 피교육자는 시뮬레이션을 여러 차례 체험함으로써 우리 모두가 타고난 편향을 어떻게 다룰지를 연습한다. 이 시뮬레이션의 아이디어는 경영자들에게 편향을 극복하지는 못하더라도 다룰 수 있는 도구를 주기 위해 '반복'을 활용한다는 것이다. 이 시스템은 2017년 2월에 선보였다. 선수 스카우트 담당자들은 NFL 컴바인*을 갓 앞두고 선발 유망자들을 인터뷰하는 연습을 했다. 이 시스템은 앞으로 NFL에서 더 큰 역할을 할 것이다. 《USA투데이USA Today》 인터뷰에서 빈센트는 그의 비전을 이렇게 제시했다. "이 시스템을 올해 하반기에 또 다른 교육 도구로 활용하기 시작할 예정이다. 우리는 일하기 가장 좋은 곳으로 알려지고 싶다."

---

* NFL 컴바인: NFL에 입단하려는 선수들의 운동능력을 점검하는 행사.

확장되는 공감능력

인간의 공감은 다른 사람의 범위를 넘어 확장됨은 물론이다. 사람에게 하는 것만큼 동물에게 애정을 주는 사람이 많다. 그들은 반려동물한테 비싼 음식과 의료 서비스를 아낌없이 준다. 지난 몇 세기 동안 인간 공감의 반경이 확장돼온 과정을 보면, 한때 하찮게 여겨져 학대받거나 혹사당했다가 도덕적인 관심의 대상이 된 종이 점점 많아졌다. 물론 동물 권리를 옹호하는 사람들이 보기에는 갈 길이 멀지만 말이다. 아마도 동물 학대의 가장 심한 부분은 공장 사육 시스템에서 발생할 것이다. 값싼 고기에 대한 우리의 강한 수요가 키워온 시스템 말이다. 이 시스템에 대한 문제의식을 갖고 있던 한 학생이 그동안 우리 연구소에서 한 가상현실 공감 실험 중 가장 흥미로운 것을 주도했다.

조슈아 보스틱Joshua Bostick은 대학생 때 드물게도 나를 "제러미" 대신 "베일렌슨 교수"라고 부르겠다고 했다. 그는 석사과정 시기 몇 년 동안에는 때때로 연구소에서 일했고 업무를 익힌 뒤에는 리서치 프로젝트를 돕고 방문객을 안내하기 시작했다. 그러면서 조슈아는 연구 보조에서 학자로 변신했다. 그는 사람을 가축 아바타에 들어가도록 한다는 아이디어에 열을 올렸고, 집착하다시피했다. 그의 관심의 목적은 고기 소비와 소고기 수요 증가가 환경에 미치는 영향을 줄이는 것이었다.

그가 처음 구상을 제시했을 때, 나는 그 대담함에 놀랐고 계획을 다시 잡으라고 정중하게 제안했다. 나는 고기 소비를 줄이려고 노력했지만 여전히 가끔 버거를 즐겼고, 위선자처럼 보이고 싶지 않았다. "저도 그래요"라면서 그는 자기도 스테이크를 좋아한다고 말했다. 결국 그가 나를 설득했다. 사람을 소 아바타에 체화하는 연구는 채식주의자로의 전환을 시도하려는 것이 아니고 고기 소비량을 줄이려는 것이라고 말이다. 그럼으로써 에너지 소모, 숲 파괴, 소 사육과 관련된 이산화탄소 발생 증가를 감소시키자는 것이었다. 그는 내게 템플 그랜딘Temple Grandin의 매혹적인 작업을 떠올리게 했다. 그랜딘은 가축 도축 방식의 인도적인 개혁을 도입했고, 도살되기 전 가축의 스트레스와 공포가 줄어들도록 했다. 그녀는 자신이 이렇게 하게 된 데에는 동물의 관점에서 경험을 상상하는 자폐적인 마음이 있었으리라고 말했다. 조슈아의 열정과 끈기는 성과를 거뒀고, 그는 내가 실험에 청신호를 내도록 설득했다.

그다음 몇 개월 동안 우리는 연구소 기술의 한계를 밀어붙였다. 가상현실 연구 수행의 과제 중 하나는 연구를 준비하는 단계에서 프로그래밍과 엔지니어링을 많이 해야 한다는 것이다. 우리는 실험 참가자가 엎드려서 다닐 때 팔, 다리, 등, 머리의 움직임을 실시간으로 트래킹할 수 있는 시스템을 만들었다. 참가자는 HMD를 통해 3인칭 시점(3소칭 시점?)으로 네 발로 다니는 자신을 볼 수 있었다. 그러는 동안 참가자의 팔다리 움직임은 트래킹을 통해 소의 걸음으로 변형됐다. 이 묘기를 해내기 위해 우리는 참가자가 입을, 트래킹 LED가 부착된 특별 조끼를 설계했다. 또 연구소 카펫 위에서 기어 다닐 참가자의 무릎이 까지지 않도록 보호대를 구매했다.

소가 '되기' 위해 참가자는 자신이 제어하는 소를 HMD로 봤고, 주위 스피커에서 농장 소리를 들었다. 우리는 또 가상 촉각을 느끼게 했다. 자신의 소 아바타가 막대기로 옆구리를 찔릴 경우 그것을 본 참가자는 실제로 자신의 옆구리가 찔린 것처럼 느꼈다. 게다가 그쪽에서 찔리는 소리가 들렸다. 환상은 바닥의 진동으로 완성됐다. 바닥에 감춰진 저주파 스피커 '버트키커스buttkickers'가 충격을 받는 듯한 효과를 냈다. 막대기 찌름은 효과만을 위한 것이 아니었다. 고무 손 환상에서 본 것처럼, 촉감은 신체 이전이 더 잘 이뤄지게 한다. 참가자가 가슴이 찔리면서 자신의 아바타도 막대기로 찔리는 광경을 볼 경우 그에게서 아바타로의 정신적 이전이 촉진된다.

우리가 취합한 경험은 설득력 있고 놀라웠다. 대학생 50명이 소 시뮬레이터를 경험했다. 그들은 하루 동안 소의 삶을 살았다. 가상 여물통에서 물을 마셨고 가상 건초를 먹었으며 막대기로 찔려대며 트럭에 태워져 가상 도축장에 실려 갔다. 소가 걸어 다니고 충격을 받는 장면을 바라보기만 한 다른 참가자들과 비교해, 소 체험을 한 참가자들은 소의 곤경에 대해 더 공감했다. 이는 참가자가 질문지에 스스로 적어낸 답을 통해 측정한 결과 나타났다. 그러나 형식적인 분석보다 더 생생한 내용은 참가자들이 현장에서 내놓은 다음과 같은 말들이었다. "소가 되어 갈퀴 끝으로 찔리는 것은 무서웠다." "계속 안절부절못했다. 다음에 무엇을 하도록 강요될지, 할 일이 없어졌을 때 다음에 무슨 일이 생길지 불안했다." "가상현실 체험은 무섭고 슬픈 가축의 삶을 독서에 비해 더 실제적이고 덜 이론적으로 만들어줬다." 신체 이전 기술은 목표한 바를 분명히 수행했다. 한 학생의 말이 이를 보여줬다. "나는 정말 소가 된 것처럼 느꼈고, 찔리는 게 정말 싫었다." 이 실험은 가상현실의 초기 기술로 진행했다. 즉, 당시는 매우 향상된 소비자 등급 헤드셋이 나오기 한참 전이었다. 그런데도 참가자들은 현존감을 높은 수준으로 경험했다. "놀랍도록 현실적이었다. 마치 소 처지에 있는 듯했다." 강렬한 경험이었음이 틀림없다.[27]

이 연구의 목적은 사람들이 고기가 오는 곳과 더 잘 연결되도록 하는 것이었다. 사육과 도축은 우리로부터 멀리서 이뤄진다. 우리가 먹는 고기는 깔끔하게 포장돼 유통되는데, 이는 고기가 한때 살아서 숨 쉬던 동물이었다는 사실을 떠올리지 않게끔 하기 위해서이다. 이 괴리로 인해 우리의 공감이 줄어들었음을 고려할 때, 우리가 고기를 지나치게 섭취하고 버리는 현실은 놀랍지 않다. 조슈아의 실험은 참가자들이 가축의 고통과 희생을 상상하게끔 도왔다.

우리는 사람들이 고기를 덜 자주 먹는 대안을 고려하자고 주장했지만, 보수적인 언론매체 중 몇몇이 주장한 것처럼 UN을 채식주의 군대로 바꾸기 위해 노력하지는 않았다. 그 아이디어를 좋아하든 싫어하든, 가상 소가 되는 경험은 사람들의 심금을 울렸다. BBC, AP통신Associated Press, 폭스뉴스Fox News, 야후Yahoo, 데일리메일The Daily Mail과 세계 전역 언론매체의 기자들은 실험에 대해 보도하기 위해 계속 연구소에 전화를 걸어왔다. 목장주는 실험의 아이디어에 항의했지만, 그보다 다섯 배로 많은 사람이 갈채를 보내왔다. 음식점주, 공무원, 교육자, 부모 등이 그랬다.

● ●

이제 우리는 가상현실이 어떻게 전통적인 조망 수용 기술을 향상시킴으로써 공감을 키우는지 알게 됐다. 조슈아 보스틱의 소 연구는 가상현실이 어떻게 우리를 초현실적인 체험으로 이끄는지, 즉 다른 종의 시각에 들어가게 함으로써 태도를 바꿀 수 있음을 보여줬다. 가상현실이 더 활용되면서, 또 우리는 가상현실의 독특한 행동유도성을 십분 활용하는 법을 이해하면서, 가상현실을 더 특이하고 새롭게 적용할 수 있을 것이다. 예컨대 다른 사람에 대한 공감 외에 자신의 정신과 마음을 여는 데에도 활용할 수 있을 것이다. 이는 두 학자, 런던대학의 캐롤라인 팰코너 Caroline Falconer와 바르셀로나 연구·고등학술원의 멜 슬레이터의 공동 연구가 보여줬다.

우울증 환자는 종종 극도로 자신을 비판한다. 다른 사람에게 보여줄 인내와 이해를 자신에게는 허용하지 못한다. 팰코너와 슬레이터는 가상현실이 '자기 연민'을 증진할 수 있는지 확인하기 위한 시나리오를 마련했다. 그들의 연구에서 앞이 유망한 결과가 나왔다[28]

시나리오는 다음과 같다. 우울증 환자가 가상현실에서 가상 어린이와 정답게 지낸다. 환자가 가상 아이에게 한 말은 녹음된다. 환자 중 일부는 이번에는 아이로서 가상현실에 들어온다. 아이가 된 그는 자신이 전에 한 위로하는 말을 다른 사람이 한 말처럼* 듣게 된다. 환자 중 다른 일부는 위로의 말을 사람의 입을 통해서가 아니라 제3자의 관점에서 나오는 목소리로 듣는다. 실험 결과 두 여건 모두에서 자기비판이 줄었지만, 체화된 여건에서 자기 연민이 중요한 정도로 크게 증진됐다. 측정은 자기 연민, 자기비판, 연민 두려움의 값을 내는 기준을 바탕으로 이뤄졌다.[29]

통상적으로 자기 연민을 북돋우기 위해서 심리치료사는 환자에게 상상 훈련을 하게 한다. 예를 들어 버거운 경험을 하는 친구를 어떻게 대할지 생각해보라고 한다. 또는 친구의 관점에서 자신에게 편지를 써보라고 한다. 또는 비판하는 사람과 비판받는 사람의 역할을 수행해보라고 한다.

---

* 아마도 음성 변조가 된 목소리로.

이런 추상적인 훈련은 팰코너와 슬레이터의 우아한 실험에서 즉각적인 대면으로 바뀌어 전통적인 치료 요법의 효과를 증폭하는 듯하다. 가상현실을 심리치료 영역에서 논의하는 다음 장들에서 이 효과의 원칙을 살펴볼 것이다. 당분간 조망이라는 주제에 머물면서, 사람의 관점을 바꾸는 것이 어떻게 그의 자기 주위 세상에 대한 정신적인 관계에 심대한 영향을 주는지 살펴보겠다.

| 제4장 |

체험이 세계관을 뒤바꾼다

에드거 미첼Edgar Mitchell은 지구로 돌아오는 아폴로 14호 사령선에서 밖을 바라보면서 귀한 혼자만의 상념 시간을 즐기고 있었다. 달에 다녀오는 19일간의 임무가 막바지에 접어들고 있었다. 그동안 그의 일정은 활동으로 빽빽하게 채워졌다. 과학 실험, 장비 점검, 달 착륙선 시험, 암석 수집 등이었다. 달 표면으로 하강할 때 장비 오작동을 처리하며 걱정하던 시간은 빼놓더라도 그렇게 많았다. 달에서 미첼은 아폴로 11호의 베테랑 앨런 셰퍼드Alan Shepard와 함께 두 차례 달 위를 걸었다. 셰퍼드가 그중 한 번에서 6번 아이언 헤드와 달 발굴 도구로 만든 클럽으로 골프공을 날려 보낸 일은 유명하다. 아폴로 14호에서 미첼의 제1 임무는 달로 가는 동안과 달에서 과학실험을 하는 것이었다. 그리고 그는 달 착륙선의 조종사였다. 그래서 지구로 귀환하는 여행 동안에는, 모든 임무를 마친 뒤여서, 긴장을 풀고 창문 밖을 바라보는 소중한 시간을 누릴 수 있었다.

사령선의 조종사 스튜어트 루사Stuart Roosa는 우주선을 BBQ 모드로 놓았다. 우주선이 천천히 돌아가도록 해 표면 골고루 태양열이 비치도록 하는 모드였다. 그 덕분에 미첼의 시야에 보기 드문 장면이 들어왔다. 그는 나중에 이렇게 회고했다. "2분마다 우주선 창틀에 지구, 달, 태양이 360도 파노라마 천체 속에서 나타났다." 미첼은 2016년 초에 타계했다. 그는 이 특별한 전망을 즐기는 특권을 누린 소수 인간 중 한 사람이었다. 미첼은 우리 행성과 달, 태양이 창밖에서 지나갔다가 다시 나타나기를 반복하는 광경을 지켜보는 동안 자신이 우주와 연결됐다는 느낌을 강하게 받았다. 그는 이 경험을 몇 시간 동안 되새겼다. 나중에 인터뷰에서 자신의 느낌을 이렇게 묘사하곤 했다. "나는 천문학과 우주론을 공부했고, 내 몸의 입자와 내 동료들의 몸의 입자, 그리고 우주선의 입자가 모두 태곳적 별의 생성에서 원형이 만들어졌음을 온전히 이해했다. 다른 말로 하면, 그런 서술에서 상당히 분명한 것은 우리가 우주의 먼지라는 사실이다."**01**

몇 년 뒤 미국항공우주국NASA과 미국 해군에서 은퇴한 뒤 그는 인간 의식을 전문적으로 탐구하는 노에틱 과학 연구소Institute of Noetic Science를 설립했다. 연구소를 설립한 계기로 아폴로 14호에서의 체험과 그 덕분에 갖게 된 독특한 관점을 들었다. 그는 우주로부터의 전망에 대해 "곧바로 글로벌 의식을 형성하게 됐다"라며 이렇게 설명했다. "인간 지향, 현재 세계의 상태에 대한 강한 불만족, 그에 대해 무언가를 해야 한다는 충동을 느꼈다. 지구 밖 달에서 국제 정치는 정말 작게 보였다. 당신은 정치인을 목덜미를 잡아 25만 마일을 끌어낸 뒤 '개새끼야, 저걸 보란 말이야'라고 하고 싶어질 것이다."

우주에서 지구를 본 이후 의식 전환 경험을 보고한 우주비행사는 미첼만이 아니다. 그의 앞에도 뒤에도 그런 우주비행사가 있었다. 정말 많은 우주비행사와 비행사가 이 드문 관점에 영향을 받았고, 그래서 이 현상에는 '오버뷰 효과'라는 이름도 붙었다. 우주비행사 크리스 해드필드Chris Hadfield, 론 개런Ron Garen, 니콜 스톳Nicole Stott 등은 그 느낌의 여러 버전을 이렇게 보고했다. 지구가 얼마나 취약한지를 갑자기 강하게 깨닫게 된다. 지구를 감싼 대기층이 얼마나 얇은지 보게 되면 그 생각이 충분히 이해된다. 인간에 의해 파괴돼 숲이 줄어들고 침식된 지구의 모습이 멀리 인공위성의 궤도에서도 보일 정도이다. 궤도에서 보면 지구에 경계가 없음에 충격을 받는다. 지구는 우리가 지도나 지구본을 보면서 내재화한 것처럼 국가로 잘린 상태가 아니라 유기적인 하나이다. 해드필드에 따르면 국제 우주정거장에서 우주비행사들은 한정된 자유 시간의 상당 부분을 볼록 나온 창문 밖을 바라보는 '지구바라기'를 하면서 보낸다.[02]

정확한 관점은 우리가 세상을 보는 방식을 뒤집을 수 있다. 그런 사례로는 지도, 조감도, 인체 해부도, 태양계에 대한 코페르니쿠스의 모형 등이 있다. 이들은 저마다 우리 자신과 세상에서 우리가 있는 자리를 바라보는 방식을 심대하게 바꿔놓았다. 더 최근에는 널리 알려진, 우주에서 촬영된 지구의 사진이 그런 역할을 했다. 마지막 아폴로 임무 때 촬영된 '옅은 푸른색 구슬pale blue marble' 같은 사진이다. 그런 사진은 지구 환경이 파괴되기 쉽다는 사실에 대한 대중의 인식을 제고했다고 인정받아왔다. 그러나 실제로 우주 공간에서 지구를 본 사람들은 아무리 강렬하고 상징적이더라도 이미지만으로는 경험을 대체하기 어렵다고 생각한다. 사진의 프레임은 우주의 무한한 광대함을 담지 못한다. 또 지구가 망

망대해에 뜬 한 톨 곡물처럼 중요하지 않아 보인다는 충격도 전하지 못한다. 현존감에는 특별한 힘이 있다. 그랜드캐니언이나 빅토리아 폭포 같은 자연의 장관을 사진으로 볼 수 있지만 수많은 사람이 몸소 현장에 가서 보는 것은 그 때문이다. 지구 자연의 경이로운 모습을 직접 보는 특권을 누린 사람이면 누구나 이를 이해할 것이다.

만일 어떤 극단적인 조망眺望이 이런 심리적인 충격을 준다면, 그리고 가상현실이 그런 조망 체험을 더 강하게 전할 수 있다면, 지구에 대한 자각을 더 일깨우는 데 가상현실이 어떻게 활용될 수 있을까? 나는 이 문제를 2009년에 생각하기 시작했다. 내 정년보장이 검토된 시기였다. 연구의 첫 20년 중 많은 시일 동안 나는 거의 전적으로 사회적 상호작용에 초점을 맞췄다. 전문적인 관점에서 이런 집중은 말이 됐다. 나는 심리학에서 시작해 커뮤니케이션 분야로 옮겨왔다. 그래서 사회적 상호작용을 연구하는 게 현명해 보였다. 특히 정부의 연구비 지원을 결정하는 기구와 학술저널의 이 주제에 대한 이해도가 높았다. 더욱이 이 영역의 연구는 실용적인 적용이 활발하게 이뤄졌다. 이런 이야기의 많은 부분은 내가 전에 쓴 책 『무한한 현실Infinite Reality』에 서술됐다. 그리고 그동안 이런 연구들은 정치학, 마케팅, 교육, 의료 분야에 영향을 줬다. 나는 가상현실 사회적 배경에서 협동, 설득, 학습, 성격 같은 사회적 행동의 측면을 테스트하면서 지내는 몇 년 동안에도, 내 연구의 범위를 사람들이 자연의 가상 시뮬레이션과 어떻게 상호작용하는지에 대한 이해로 넓히고 싶었다. 그런 상호작용이 우리 행성이 처한 최대 위험인 기후변화의 결과를 사람들에게 가르치는 데 유용하리라고 믿었다. 많은 사람들처럼 나도 기후변화 과학을 더 알게 되면서 인류가 환경을 훼손하는 데 대해 문제의식을 갖게 됐다. 2010년에 이르러 나는 매우 경각심을 갖게 됐다. 여러분은 과학자라고 하면 컴퓨터가 만들어낸 환경을 만지작거리면서 나날을 보낸다는 인상을 갖고 있을지 모르겠다. 나는 그런 통념과 반대로 오랫동안 야외 활동을 즐겨왔다. 뉴욕주 북부에서 친구들과 함께 숲을 돌아다니면서 자랐다. 개구리, 도마뱀, 뱀 찾기는 내 나름의 페이스북이었다.

그뿐만이 아니었다. 스탠퍼드대학은 기후변화를 연구하는 세계 주요 기관 중 하나이다. 나는 이 대학 교수로서 환경 분야 대가들과 시간을 보내왔다. 스티브 슈나이더Steve Schneider, 크리스 필드Chris Field 같은 학자는 기후변화 과학의 발달에서 주요 역할을 했다. 폴 에얼릭Paul Ehrlich은 인구 증가가 환경에 끼친 비용에 대한 논쟁적인 저서들로 대중의 논쟁과 행동을 불러일으켰다.* 21세기의 첫 10년간 행성이 더워짐을 보여주는 증거가 쌓이고 있음을 대중이 점점 더 알게 되는 과정을 지켜봤다. 또 기후변화에 대한 정부 간 패널IPCC**에 보고서를 쓴 동료들이 기후변화를 놓고 논쟁하고 기록하는 것도 지켜봤다. 환경 과학자들의 권고가 번번이 무시되는 것을 보면서 나도 많은 사람처럼 충격을 받았다. 정책 의사결정자들은 기후변화가 사람 탓에 일어났다는 사실을 부인하거나 아예 기후변화가 진행되지 않고 있다고 믿었다.

2010년에 이르자 이런 괴리로 인해 나는 말 그대로 잠을 이루지 못했다. 전문가들은 거의 의견일치를 보았고 정보가 산처럼 쌓였는데도, 대중 가운데 높은 비율의 사람들은 여전히 문제를 인정하려 들지 않았다. 충

---

* 에얼릭은 진화생물학자이자 환경학자로 1968년에 책 『인구 폭탄The Population Bomb』을 써냈다.

** IPCC: UN 산하 국제 협의체. 세계기상기구WMO와 유엔환경계획UNEP이 공동으로 설립했다.

격 완화를 위해 필요한 과감한 정책과 행동의 변화를 고려하지 않았음은 차치하더라도 말이다. 나는 가상현실이 도움이 되리라고 생각했다. 그러나 그때까지 연구소는 사회적 아바타에서 멀리 빛이 보이는 상황이었다. 우리가 특화한 영역에서 다른 쪽으로 중심을 옮기기 어려운 시기였다. 특히 그 분야는 안정적인 자금지원을 받고 있었다. 다행히 그즈음에 나는 정년보장을 받았다. 그와 함께 인기가 덜하거나 자금지원을 받기 더 어렵더라도 긍정적으로 적용할 효과가 큰 연구를 추구할 자유도 얻었다. 덕분에 인류가 환경에 가하는 충격을 되돌리는 데 가상현실이 무슨 역할을 할 수 있을지 탐구하는 쪽으로 연구소의 비전을 옮겼다. 비전이란 우리가 신청하는 연구보조금, 우리가 진행하는 실험, 우리가 작성하는 논문을 아우르는 것이었다.

기후변화 분야에서 우리가 한 첫 실험은 2009년 《뉴욕타임스》 기사에서 착안했다. 레슬리 코프먼Leslie Kaufman이 쓴 그 기사는 고급 화장실 휴지의 편안함과 편리함이 어떻게 환경에 엄청난 비용을 물리는지 분석했다. 그 파괴적 영향은 오래된 숲과 그 속에 사는 동물뿐 아니라 지구의 대기에도 미친다고 한다.[03] 코프먼의 기사에 따르면 부드럽고 표면이 솜털 같은 화장실 휴지는 미국에서 폭발적인 인기를 끌었다. 이로 인해 "북미와 남미에서 나무 수백만 그루가 잘려나간다. 캐나다의 드물게 오래된 숲의 나무도 몇 퍼센트나 벌채된다." 이들 나무가 없어짐에 따라 기후변화의 주요인으로 온실가스인 이산화탄소의 흡수가 줄었다. 게다가 몇몇 추정에 따르면 미국에서 쓰이는 펄프의 10%가 원시림에서 나오는데, 원시림은 그 자체로 복원이 불가능할뿐더러 종종 멸종위기에 처한 생물에게 중요한 서식처를 제공한다. 나무의 손실이 유일한 비용이 아니다. 부드러운 화장실 휴지를 가공하는 과정에서 물을 더 사용한다. 종종 쓰이는 염소계 표백제는 환경을 해친다. 가공 후 더 배출되는 폐기물이 하수도관과 매립지의 더 많은 공간을 차지한다.

이 문제를 해결하는 쉬운 방법이 있다. 재생용지를 쓰는 것이다. 그러나 코프먼이 기사를 쓴 시점에 미국인의 2%만 그렇게 했다. 유럽은 이 비율이 훨씬 높았다. 이 기사는 잘 쓰였고 설득력이 있었지만, 이후 수년 동안 바뀐 건 거의 없다. 우리의 소비 행태를 바꾸기가 믿기 어려울 정도로 어렵다는 건 슬픈 사실이다. 특히 부드러운 화장실 휴지 같은 기본적인 편리함의 환경 비용이 우리 경험에서 잊혔다는 사실이 안타깝다.

재생용지가 아닌 화장실 휴지를 쓰는 것처럼 작고 얼핏 사소한 결정이 가져올 결과를 사람들이 보게끔 하려면 어떤 방법이 있을까? 환경과 관련한 행동에 영향을 미치는 중요한 요인에 대한 심리학 연구에 따르면 어떤 사람들은 그들의 행동이 외부 세계에 직접 영향을 준다고 굳게 믿는다. 이는 환경적 '통제 위치'*라고 불린다.[04] 그런 개인은 환경을 의식하는 방식으로 행동하는 모습을 더 보일 것이다. 우리 연구소에서 자신이 환경에 연결돼 있다는 느낌을 강화해주는 게 가능할까?

안선주 조지아대학 교수는 당시 내가 지도한 대학원생으로 수년 동안 '체화된 경험'을 연구했다. 그는 학습 및 설득 실험에서 나타난 강력한 효과가 환경 분야에서도 확인될지 알고 싶어 했다. 그는 박사 논문 프로젝트에서 스탠퍼드 학생들이 벌목꾼 역할을 하도록 했고, 나무와 지저귀는 새와 나뭇잎으로 채워진 가상 숲을 조성했다. 그건 우리 연구소에

* 통제 위치: 개인이 사건을 통제해 영향을 미치는 정도.

서 만든 가상현실 가운데 모든 측면에서 가장 즐겁고 실제 같았다. 얼마나 진짜 숲 같았는지, 그 속에 들어간 사람들은 마음이 안정된다고 말했다. 마치 자기네가 어느 편안한 봄날에 매력적인 숲속의 빈터에 들어선 것 같다고 설명했다.

그의 관심은 가상 소풍이 아니었다. 그는 햅틱 장비를 톱 손잡이에 붙여서 가상 동력 사슬톱을 만들었다. 가상 사슬톱은 실험 참가자가 HMD를 쓰기 직전에 그에게 건네졌다. 참가자가 가상 숲에 들어서면 진행자는 그에게 주위를 둘러보라고 말한다. 참가자가 아래를 보면 벌목꾼 재킷이 입혀지고 작업 장갑이 끼워진 자신의 가상 팔과 손에 든 사슬톱이 눈에 들어온다. 참가자들은 이제 가까운 나무로 다가가라는 말을 듣는다. 사슬톱이 요란한 소리와 함께 작동되고 그들 손에 진동이 전해진다. 참가자들은 가상 사슬톱을 앞뒤로 움직여 앞의 나무를 자르라는 지시를 듣는다. 가상 사슬톱은 나무 몸통을 천천히 파고들어, 2분 정도가 지나면 나무를 절단한다. 나무가 넘어지기 시작하고, 방은 시끄러운 삐걱거리는 소리로 울린다. 나무가 땅에 쓰러지면서 과정은 절정으로 치닫는다. 그다음에 참가자는 가상 숲을 자유롭게 둘러볼 수 있다. 새들이 모두 날아가서 이제 숲은 조용하다. 잘린 나무는 참가자의 옆에 널브러져 있다.

이 실험은 대다수 사람의 실제 체험 밖에서 벌어지는 일에 대한 강력한 시뮬레이션이었다. 소리와 영상에 진동까지 피드백이 주어져 효과가 컸다. 우리의 종이 소비가 환경에 미치는 영향에 대한 정보를 이렇게 가상현실을 통해 체험하게 할 경우 인쇄물을 읽는 데 비해 효과가 크지 않을까? 처음 연구에서 참가자 50명은 안선주가 계산한 통계 자료를 읽었다. 미국의 연간 1인당 화장실 휴지 사용량은 24롤로 추산됐다. 그들은 평생 재생하지 않은 화장실 휴지를 쓸 경우 다 자란 나무 두 그루를 베어내는 원인을 제공하게 된다고 들었다. 그다음 참가자의 절반은 벌목이 어떻게 이뤄지는지 설명을 글로 읽었고, 나머지 절반은 가상 벌목을 체험했다. 그런 다음 참가자들은 질문지에 답했고, 고맙다는 말을 들은 뒤 연구가 끝났다고 생각하며 실험실을 떠났다.

그러나 안선주는 30분 뒤에 실험 참가자들을 다시 만날 방법을 궁리해냈다. 그들이 실험실 밖에서 보일 행동을, 특히 휴지를 얼마나 쓰는지를 살펴보기 위해서였다. 임신 중이던 안선주는 실험의 속임수로 자신의 상태와 그 상태를 본 참가자들의 배려하는 행동을 활용하기로 했다. 실험 참가자가 지나가면 그녀는 잘 연습한 동작에 따라 팔로 물컵을 넘어뜨렸다. 그리고 참가자에게 배를 가리키며 흘린 물을 닦아달라고 부탁했다. 탁자에는 냅킨이 쌓여 있었다.

참가자들은 모두 그녀가 물을 닦는 걸 도와줬다(기사도가 죽지 않은 건 분명하다). 그러나 가상 벌목 체험을 한 참가자들은 글로만 읽은 참가자들에 비해 냅킨을 20% 덜 썼다. 가상 체험을 하게 한 결과 실제 자연을 보호하는 행동이 늘어난 것이다. 그리고 그 행동은 실험과 무관하다고 여겨진 상황에서 관찰됐다. 이는 환경 영향을 알리는 데 있어서 체험이 다른 어떤 방법보다 강력한 증거를 제시했다.[05]

그러나 그 효과가 얼마나 지속될까? 안선주는 이 물음을 검토할 후속 연구를 설계했다. 더 주목할 만한 비교 여건을 활용했다. 즉, 참가자의 절반에게 벌목에 대해 읽는 대신 일인칭 시점에서 촬영된 벌목 활동을 시청하도록 했다. 일주일 뒤에 그녀는 재활용 습관에 대해 조사했고 가상현실 참가자들이 비디오 시청자보다 더 재활용을 잘한다는 답변을 얻었다. 달리 말해, 가상현실은 다른 미디어에 비해 더 큰 변화를 끌어낼 뿐 아니라 그 변화가 더 오래 지속된다.[06]

당신이 쓰는 석탄 한 덩어리

가상 나무를 베는 것은 실제 벌목 경험의 비유에 해당한다. 그러나 가상현실은 '불가능'하거나 초현실적인 경험을 체화할 수 있게 한다. 당신은 석탄을 소비한 적이 있나? 집 난방을 위해서가 아니라 실제로 먹어본 적이 있나? 이빨로 석탄을 깨물어 부숴서 꿀꺽 삼킨 뒤 석탄 먼지를 재채기로 내뱉어봤나?

스탠퍼드대학의 내 동료들은 미국 에너지부로부터 에너지 이용을 줄이게 하는 가상현실을 설계하는 프로젝트에 대해 연구보조금을 받았다. 그들은 나를 찾아왔고 우리는 어떻게 습관을 바꿀 만큼 충분히 주목되는 경험을 만들지를 놓고 브레인스토밍을 했다. 여러 주에 걸쳐 스탠퍼드 학생들을 대상으로 설문 조사를 해 그들의 에너지 활용 양상을 살펴봤다. 우리는 샤워에 초점을 맞추기로 했다. 만약 당신이 10대와 함께 생활해봤다면, 또는 한때 10대였다면, 젊은 성인은 정말 오랫동안 샤워하기를 즐긴다는 사실을 기억할 것이다.

그러나 물을 가열하고 수송하는 과정은 에너지 측면에서 비용이 많이 든다. 우리는 스탠퍼드 환경공학자들의 자문을 받아 샤워 물을 가열하는 데 석탄이 얼마나 드는지 계산했다. 샤워를 10분 한다면 석탄이 거의 4파운드(약 1.8킬로그램) 들었다. 하루에 샤워를 한 번 한다고 할 때, 샤워하는 동안 에너지 사용량을 줄이면 그 절약되는 양은 해가 지나면서 커질 것이다. 예를 들어 비누칠을 하는 동안 물 잠그기, 샤워 시간 줄이기 같은 방법을 실천할 수 있다.

우리는 샤워하는 동안 쓰이는 에너지의 양에 대한 경각심을 사람들에게 일깨워주기로 했다. 이는 에너지 절약 캠페인의 새로운 접근은 아니다. 샤워 측정기가 출시돼 판매되고 있다. 예를 들어 샤워기에 매다는 전자측정기 샤워앤세이브는 물을 덥히는 데 얼마나 많은 돈을 쓰는지 알려준다. 이런 측정기는 에너지 사용량을 스크린에 숫자로 표시한다. 정보는 제공하지만 행동변화를 끌어낼 만큼 충분히 생생하거나 설득력이 있지는 않다. 우리가 상상한 것은 만약 가상현실이 이런 종류의 정보를 기묘하거나 꿈 같은 방식으로 전한다면 사람들한테 더 강렬한 인상을 주지 않을까였다.

우리 실험에서 참가자들은 가상 샤워를 했다. 그들은 HMD를 쓰고 샤워 꼭지와 핸들이 있는 타일 바닥 욕실로 안내됐다. 가상 물이 뿌려지면서 김이 올라왔고 물방울이 떨어지는 것처럼 바닥이 진동했다. 참가자들은 실제 샤워하는 것처럼 자신의 팔, 몸통, 다리를 문질렀다. 그러는 동안 가상현실은 그들이 에너지를 얼마나 쓰고 있는지 경고했다. 우리는 이 경고의 방식을 바꿔봤다. 어떤 때는 가상현실 디스플레이에 숫자로 나타냈다(이는 생생함이 낮은 단계였다). 다른 때는 소비된 석탄이 쌓여가는 모습을 보여줬다(이는 더 생생한 경고 방식이다). 추가로 우리는 각자에게 가는 피드백의 직접적인 정도를 달리했다. 생생하고 더 직접적인 피드백 조건에서 석탄 소비는 참가자가 석탄을 먹는 것으로 표현됐다. 직접적인 피드백 정도가 낮은 조건에서는 소비된 석탄이 눈앞에 쌓였다. 생생함이 낮은 문자 여건에서 참가자는 일반적인 샤워 센서를 본뜬 가상 디스플레이에 나타난 다음 문구를 읽는다. "**당신은** 석탄을 4파운드 소비했습니다." (이는 직접적인 피드백이다.) "석탄 4파운드가 소비됐습니다." (이는 직접적인 정도가 낮은 피드백이다.) 생생한 조건에서 참가자들은 창을 통해 샤워실 밖을 볼 수 있다. 참가자가 샤워를 하는 동안 석탄이 접시에 쌓인다. 또는 자신과 비슷한 3차원 아바타가 제 앞에 쌓인 석탄을 집어 들어 입에 넣는다. 아바타는 석탄을 씹어 먹고 기침한다. 아바타가 기침을 하면 참가자가 선 바닥이 흔들린다. 실험 후 참가자들은 물 온도와 사용이 측정되는 싱크대에서 손을 씻게 된다. 참가자들은 손 씻기가 실험의 일부라는 사실을 듣지 못했다. 그들은 단지 가상현실 장비를 활용한 사람은 반드시 손을 씻어야 한다는 꾸며댄 얘기를 들었다. 생생한 조건에서 실험에 참가한 사람들은 문자로만 경고받은 사람들보다 뜨거운 물을 덜 썼다. 벌목 시나리오에서처럼 석탄 형태로 감정에 와닿는 방식이 스크린에 글자로 보는 편보다 더 효과적이었다.[07]

이들 연구는 가상현실을 환경 교육에 적용하는 데 대해 몇 가지 값진 통찰을 제공한다. 즉, 우리의 개인적인 행동이 환경 파괴와 연결되는 방식을 가상현실이 어떻게 가르쳐줄 수 있는지를 보여준다. 아울러 가상현실은 글이나 영상에 비해 행동 교정에 더욱 효과적임을 알게 한다. 그러나 여전히 할 일이 많다. 내 최초 목표는 기후변화에 대한 교육과 인식을 개선하는 것이었다. 이는 훨씬 더 까다로운 과제이다. 기후 과학은 정말 복잡하고, 기후변화의 가장 나쁜 영향은 수십 년 동안 체감되지 않을 수 있다. 이 분야에는 또 틀린 정보가 엄청나게 많고, 그중 일부는 일부러 퍼뜨려진 것이다. 현실적인 제약도 있다. 기후변화를 일으키는 요인이 너무 깊게 자리 잡았고, 그걸 되돌리는 노력은 실행하기에 너무 힘이 든다는 것이다. 이는 많은 사람이 무언가를 하기보다는 마치 아무 일도 일어나지 않는다고 믿는 편을 택하는 이유이다. 빚더미에 묻힌 사람처럼 문제를 무시하는 편이 심리적으로 편하다. 또는 상황을 바로잡기 위해 요구되는 힘든 변화를 만들기 시작하기보다는 마술적 사고에 빠지는 편이 쉽다.

솔직히 기후변화가 일으킬 수 있는 재앙적인 영향을 부정하는 사람들의 무지(또는 그보다 더한 것)를 비판하는 우리도 더 많은 노력에 나설 수 있다.

●●

2013년에 듣게 된 기조연설에서 나는 내 연구소에서 다루던 바로 그 주제와 씨름하는 내용을 들었다. 지구 온난화가 극심한 기상이변을 일으킨다는 사실을 알리기가 얼마나 어렵나 하는 것이었다. 연설자는 미국 국립해양대기청NOAA 청장을 지낸 제인 루브첸코Jane Lubchenco였고 주최 측은 스탠퍼드 우즈 환경연구소였다. 루브첸코는 당시 스탠퍼드 방문교수였다. 그는 NOAA 청장으로 재직하는 동안 얻은 교훈을 들려줬다. NOAA는 우리의 해양과 대기를 측정하고 연구하는 여러 기관을 감독하는 과학 기구이다. NOAA의 많은 임무 가운데에는 '생명과 재산을 자연재해로부터' 보호한다는 것이 있다.[08] 그녀의 임기는 기록된 역사상 가장 극심한 기후가 나타나는 시기였다. 그녀는 자신이 재임 중 맞닥뜨리고 대처한 자연재해를 가슴이 먹먹하도록 상세히 들려줬고, 그래서 그의 기조연설은 감동적이었으며 때때로 낙담하게 했다. 그의 재임 기간에 홍수 6번, 토네이도 770번, 쓰나미 3번, 대서양 허리케인 70번이 발생했다. 게

다가 기록적인 폭설과 심각한 가뭄도 발생했다.

내가 루브첸코의 기조연설에서 받은 교훈 중 하나는 기후변화가 얼마나 심각한 영향을 미치는지 알리기가 매우 어렵다는 것이었다. IPCC가 최초 보고서를 발표한 지 25년이 흘렀지만 대중과 특히 워싱턴의 정책 결정자들은 지구 온난화가 그녀가 목격한 극단적인 날씨 중 몇몇의 요인이라는 사실을 아직도 확신하지 못하고 있다.[09] 그다음에 루브첸코는 정말 내 관심을 끄는 말을 꺼냈다. 자연재해로 피해를 본 사람들은 기후변화를 둘러싼 과학적인 의견일치를 더 신뢰했다는 관찰이었다. 그녀는 자연재난을 당한 현지를 방문해 생존자들과 이야기를 나누면서 이 부분에 주목하게 됐다. 그녀는 "사람들이 무언가를 직접 경험하면 세상을 다른 측면에서 본다"라고 들려줬다.[10] 영향을 가까이에서 직접 체감할 경우 사람들은 그 영향을 더 이상 간과하지 못한다.

몇 년 뒤 나는 루브첸코와 얘기할 기회가 있었다. 나는 그녀의 연설이 나와 내 연구에 얼마나 큰 인상과 영향을 줬는지 말했다. 대화 도중 나는 체험의 충격에 대해 이렇게 물어봤다. "기상이변이 기후변화에 대한 누군가의 생각을 바꾼 사례를 들려줄 수 있나요?" 그녀는 2011년에 강력한 토네이도로 파괴된 직후인 한 도시를 들른 이야기를 했다. 2011년은 토네이도가 휩쓴 가공할 한 해였고, '2011 슈퍼 아웃브레이크'라고 불린다. 그 지역을 강타한 토네이도는 그해 닥친 362개 중 하나였는데 사상 가장 강력했고 가장 큰 손실을 입혔다. 그녀는 "토네이도가 잦은 구간을 따라 하나가 지나가면 다른 하나가 불어닥쳤어요"라며 이렇게 말했다. "정말 무서웠고 많이 파괴됐어요. NOAA는 위기를 알리기 위해 몇 차례 대단한 예보를 내놓았어요. 사람들이 토네이도의 경로에서 탈출하도록 경고

했죠." 그랬는데도 당시 폭풍우로 인해 324명이 숨졌다.

루브첸코는 폭풍우 이후 과학자들 및 미국 연방비상관리국FEMA 대표단과 함께 그 도시에 갔다. 과학자들은 토네이도의 강도를 측정했고 FEMA 대표단은 생존자들에게 구호 물품을 나눠줬다. 루브첸코는 말을 이었다. "내가 모르던 사실이 있었어요. 전에 별로 생각하지 않던 부분이었죠. 토네이도는 지상에 풍속을 측정할 장치가 없다는 것이었습니다." 더 일반적인 폭풍우나 일기변화 양상과 달리 토네이도는 너무 집중되고 예측 불가하고 강력하고, 그래서 발생하는 동안 전통적인 도구로는 일관되게 측정되지 못한다. 토네이도의 강도를 측정하는 유일한 방법은 "토네이도가 착륙한 그 특정한 지점에 가서 건물이 받은 타격을 살펴보는 것"이다. "건물이 어떤 종류였고 몇 층이었으며, 자재가 벽돌인지 목재인지, 기초가 있는지, 건물의 옆면은 기초에 못으로 박혀 있는지를 봐야 합니다. 또 기초로부터 건물의 상부구조가 뽑혀나갔다면, 못이 얼마나 구부러졌는지 살펴봅니다."

현장 방문 때 루브첸코는 지역 정치인과 동행했는데, 그는 기후변화를 열성적으로 반대하는 인물이었다. 두 사람은 물리적인 손상을 파악하고 폭풍우에서 생존한 사람들과 이야기를 나눴다. 그러던 중 정치인은 갑자기 스스로 기후변화에 대해 얘기하고 싶다고 그녀에게 말했다. "그는 아주 유창하게 '이제 현실로 다가온다'라고 말했어요. 이어서 '나는 납득하게 됐다'라며 자신의 다짐을 들려줬어요." 그는 루브첸코에게 "당신이 우리를 안전하게 돕는 데 필요한 모든 자원을 확보하도록 돕기 위해 내가 할 수 있는 모든 걸 하겠다"라고 말했다. 이어 "나는 빛을 봤다"라고 말했다.

이 마지막 말은 반복할 가치가 있다. 기후변화를 부정하던 입법부 정치인이 "빛을 봤다"라고 털어놓았다.*

루브첸코의 일화는 내 문제의식을 뒷받침해줬다. 일정한 조건이 갖춰지지 않을 경우 개인은 기후변화에 대응하기 위한 어려운 선택을 내리려 하지 않으리라는 것이다. 그 조건이란 하나는 그가 환경 파괴를 상상할 능력이나 성향이 강하다는 것이다. 다른 하나는 기후변화라는 이슈에 직접 영향을 받는다는 것이다. 보는 것이 믿는 것이다. 이는 기후변화를 둘러싼 미스터리를 이루는 한 요소이다. 미스터리란 기후변화가 실재하고 인류에 급박한 위협을 가한다는 데 대해 과학자들은 거의 전원일치로 동의하는데도 그토록 많은 사람이 여전히 의심한다는 것이다. 물론 많은 사람이 불편한 진실과 문제를 바로잡기 위해 치러야 하는 막대한 희생을 마주하기를 꺼린다. 이는 정도는 다르지만 우리 모두가 저지르고 있는 잘못이다. 기후변화를 부정하는 사람들의 의도적인 선동에 많은 사람이 넘어간 것도 사실이다. 그러나 지극히 평범한 설명은 사람들은 보지 못해서 믿지 못한다는 것이다. 과학자들은 봤다. 과학자들은 현장에 있다. 그들은 산호초에 있었고 만년설을 밟아봤다. 그들은 슬라이드와 핵심 샘플과 pH미터**를 통해 명확하고 엄청난 증거를 목격했다.

루브첸코의 증언이 상기시킨 물음은 기후변화에 대해 대중을 교육하고 오랫동안 지체된 정치적인 행동을 하는 데 관건이 무엇인가였다. 그

---

* 루브첸코는 "그때 기후변화와 토네이도의 관계를 전혀 언급하지 않았다는 것이 아이러니"라고 설명했다. 그녀는 진지한 기후 과학자라면 아무도 둘을 연관짓지 않는다고 말했다. 그럼에도 불구하고 기상이변의 엄청난 파괴력을 직접 목격하면서 기후 과학에 대한 강한 반발이 누그러지게 되었다. (지은이 주)

** pH미터: 수용액의 수소이온 농도를 측정하는 장치.

러나 내 핵심적인 믿음, 즉 가상현실의 정서적인 효과가 이런 변화를 가져오는 데 중요한 역할을 할 수 있다는 믿음을 다시 확인해줬다.

이스키아의 산호초

환경 가상현실을 연구하던 초기에 나는 이 새로운 분야에 대한 재정적인 지원을 받기 위해 고군분투하고 있었다. 정부 지원금을 주는 기관 세 곳에 제안서를 써서 보냈다. 가상현실을 어떻게 최상으로 활용해 사람들이 기후변화를 이미지로 떠올리고 이해하도록 도울지를 연구하고 싶었다. 유전학과 물리학 같은 과학 영역에서 기술이 성과를 거둔 것처럼 가상현실도 도움이 될 수 있다고 생각했다. 나는 정부 지원금을 타내는 데 있어서 0.500이 넘는 놀라운 승률을 보여왔지만, 기후변화 연구 제안은 번번이 퇴짜를 맞았다. 지원금 심사관 중 한 사람은 이런 말로 내 기운을 뺐다. "아직 과학적으로 입증되지도 않은 기후변화를 어린 학생들에게 가르치면 안 된다. 당신은 학생들이 스스로 기후변화에 대해 판단할 수 있도록 과학적인 이해력을 길러줘야 한다." 나는 도움을 청하기로 결심했고, 2012년에 공모자를 찾아냈다. 그는 교육공학 선구자로 내 스탠퍼드 동료인 로이 피Roy Pea였다. 나는 1995년 이래 그와 알고 지냈다. 당시 그는 학습기술을 최초로 집중 연구한 노스웨스턴대학의 학습기술연구소에서 연구했다. 내가 즐겨한 농담은 로이가, 사람들이 모르는데, 교육기술을 잘 까먹는다는 것이었다. 그는 가상현실을 활용해 기후변화에 대해 사람들을 교육하는 데 대해 강한 흥미를 나타냈다. 그건 자연스러운 짝짓기였다.

우리는 과학재단에 연구제안서를 제출하기 시작했다. 교육에 기술을 활용하는 로이의 전문성과 몰입 가상현실을 만드는 내 연구소의 능력을 결합해 수행하는 프로젝트에 대해 자금지원을 받기 위해서였다. 처음에 우리가 집중해 가르치기로 한 환경문제는 태평양에 떠다니는 쓰레기 섬이었다. 즉, 플라스틱 쓰레기, 오니汚泥*, 사람이 배출한 폐기물이 엉겨서 맴돌며 떠다니는 더미였다. 규모가 방대하고 거리가 멀다는 쓰레기 섬의 특징은 가상현실로 대중을 가르치기에 딱 적합한 조건이었다. 그러나 이번에도 우리 제안은 퇴짜를 맞았다. 해당 기관은 우리에게 해양 과학자와 함께 작업하면 어떤가 제안하면서 가능한 협업자 리스트를 보내왔다.

이렇게 해서 우리는 해양 생물학자 피오렌자 미첼리Fiorenza Micheli와 크리스티 크로에커Kristy Kroeker를 알게 됐다. 아울러 이스키아 해변 얕은 바다의 바위 같은 산호초 인근에서 해양 산성화를 분석한 그들의 작업도 알게 됐다. 이스키아Ischia는 이탈리아 나폴리만의 서쪽에 있는 작은 섬이다. 나는 그 해역의 가상 바다에서 오랜 시간을 보냈지만, 실제로 이스키아에 가본 적은 없다. 새로운 연구에 지중해의 휴양지 섬에서 할 일이 포함돼 있다면 지원 기관에 그게 쓸데없는 일이 아님을 분명히 하는 게 중요하다. 나는 가지 않은 대신 대학원생들을 보냈다. 그들은 이스키아가 실제로 멋진 곳이라고 알려왔다. 2,500피트 높이의 에포메오산을 정점으로 하는 자연 곳곳에 스파, 바, 레스토랑이 있다고 했다. 온화한 지중해성 기후와 티레니아해의 놀라운 경관에 가려진 강력한 힘이 있다. 에포

* 오니: 더러운 흙. 특히 오염 물질을 포함한 진흙.

메오산은 활화산으로 캄파니안 화산호火山弧*의 한 부분이었다. 이 화산호 일대에서는 아프리카 지각판과 유라시아 지각판이 충돌하면서 화산 및 지진 활동이 강도 높게 발생한다. 이 지역은 지구에서 지질적으로 가장 불안정한 데다 인근의 300만 명이 대부분 나폴리 주변 밀집 지역에 거주하고 있어 매우 위험하다.

에포메오산의 정상에 서서 보면 동쪽으로 몇 마일 저편에 캄파니안 화산호에서 가장 유명한 꼽추 모양 봉우리가 눈에 들어올 것이다. 베수비오 화산이다. 이 산은 서기 79년에 대규모로 불을 뿜어 화산재 수백만 톤으로 이 지역을 덮었다. 그 결과 가까운 로마 거주지 헤르쿨라네움과 폼페이가 파괴됐다. 불과 몇 시간 만에 폼페이는 거대 묘원으로 바뀌었고 인류 역사상 가장 큰 경고를 들려주는 곳이 됐다. 자연의 예측할 수 없는 분노를 조심하라는 경고이다.

화산활동 때문에 이스키아섬에는 열수熱水 분출공이 많다. 바다와 육지에 있는 이 틈에서는 뜨거운 물과 가스가 뿜어져 나온다. 열수 분출공 덕분에 이스키아는 곳곳에 온천이 있고, 스파를 즐기는 사람들 사이에서 인기가 좋다. 열수 분출공은 또한 이 섬의 북부와 남부 해안에 매우 드문 특징을 만들어냈다. 지구 해양의 향후 건강에 관심을 둔 과학자들은 이 특징 때문에 이스키아섬을 찾는다.

이런 열수 분출공은 극히 드물다. 게다가 해안에 매우 가깝다. 해양과학자들은 온실가스가 해양에 미치는 영향을 분석하는 데 이 섬의 열수 분출공이 가치가 있음을 단번에 알아챘다. 이 열수 분출공이 특별한 점

---

* 화산호: 활처럼 굽은 모양으로 발달한 화산활동 지역.

은 이 분석을 위한 맞춤형 자연 실험실이라는 것이다. 이 섬 근해 바닥에 있는 열수 분출공에서 나오는 가스는 거의 순수한 이산화탄소이다. 다른 열수 분출공에서 흔히 나오는 황화수소는 거의 없다(화산활동 지대에서 유황 냄새가 나는 것은 황화수소 때문이다). 이 섬의 열수 분출공 가스가 거의 이산화탄소라는 사실을 고려할 때, 그 주위에서 발생하는 화학 반응의 원인은 다른 데서가 아니라 이산화탄소에서 찾으면 된다. 다른 유리한 조건도 있다. 열수 분출공과 주위 해수의 온도가 똑같다는 사실이다. 다른 열수 분출공은 대개 거기서 가까운 곳의 온도가 더 높다. 여느 곳과 달리 이스키아의 열수 분출공에서 가까운 곳의 식물은 온도에는 영향을 받지 않는다는 뜻이다.

이스키아의 열수 분출공들은 이산화탄소 농도에서 차이가 났다. 그동안 이산화탄소가 수백 년 동안 뿜어져 나왔음을 고려할 때 인근에 서식하는 동식물은 그런 환경에 어떻게 진화했는지를 연구하는 대상이 될 수 있다. 이산화탄소 농도가 증가함에 따라 해양 생물이 어떤 영향을 받았는지 해양 생물학자가 연구하는 데 있어서 이스키아섬은 모형 같은 환경이고 미래로 난 창이다.

바다의 산성도 차이에 노출된 다양한 생명체를 분석하고 각각이 어떻게 발달해왔는지를 분석할 기회를 산호초가 제공했다. 센서로 pH 수준을 주의 깊게 측정하고 샘플을 반복해서 테스트하는 과정을 거쳐 산성도를 기준으로 세 구역(은은한, 낮은, 매우 낮은)이 설정됐다.

그들이 한 연구의 장점은 환경 스트레스를 다룰 때 한 종을 분리하는 대신 얼마나 많은 종이 상호작용했는지 분석하는 것이었다.

해양 산성화

로이와 내가 열수 분출공에 대한 피오의 연구를 검토한 결과, 산업혁명 이후 우리가 대기 중에 내뿜어온 이산화탄소 배출은 해양 동식물한테 심각한 결과로 이어졌음이 더 분명해졌다. 이산화탄소가 물에 닿으면 물의 pH 수준이 낮아지고 해양 산성화가 일어난다. 산성도가 높아지면 굴, 조개, 바닷가재, 산호초를 비롯해 많은 생명의 성장을 방해한다. 많은 물고기의 음식의 원천인 네발동물도 타격을 받는다. 해양 화학의 극적인 변화를 더 잘 견뎌내는 조류藻類 같은 생물은 번성해 다른 생물군의 생명활동을 질식시킨다. 바다의 산성도가 너무 높아지면 산호초가 전부 사라진다고 보는 학자들이 있다. 산호초가 사라지면 그와 더불어 유지되던 풍부한 생명 다양성도 사라진다.

인간에 의해 지난 200여 년 동안 배출된 추가 이산화탄소의 3분의 1에서 2분의 1이 바다에 흡수됐다고 과학자들은 추정한다. 오늘날 가장 정확한 추정에 따르면 바다는 이전 어느 때보다 더 많은 이산화탄소를 흡수하고 있다. 인간이 배출하는 이산화탄소만 해도 매일 2,500만 톤에 이른다. 그 결과 지난 200년 동안 바다의 산성도는 무려 25%나 높아졌다. 변화의 속도는 더 빨라지고 있다. 세계은행에서 최고 생물다양성 자문관으로 활동한 토머스 러브조이Thomas Lovejoy는 이렇게 내다본다. "해양의 산성도는 앞으로 40년 동안 2배 이상으로 될 것이다. 이 속도는 지난 2,000만 년 동안 진행된 것보다 100배 빠르다."[11] 러브조이는 이어 "해양 생태계가 그 변화에 적응할 것 같지 않다"라고 경고했다.

NOAA의 리처드 필리Richard Feely 역시 비관적이다. 그는 이 충격을 바다가 자연적으로 바로잡기에는 이미 너무 늦은 듯하다고 말한다. "이런 사건은 5,500만 년 전에 일어났다. 그 사건은 당시에 1만 년이 걸려서 발생했다. 바다가 화학적으로 정상으로 회복되는 데 12만 5,000년이 걸렸다. …그런 다음 생명체가 다시 진화해 정상 상황으로 돌아오는 데 200만 년에서 1,000만 년이 걸렸다. …따라서 우리가 앞으로 100년이나 200년 동안 무엇을 하는지에 따라 해양 생태계는 수만 년에서 수백만 년 동안 영향을 받을 것이다. 우리가 지금 바다에 저지르는 일의 결과가 바로 이것이다."[12]

해양 산성화는 마땅히 받아야 했던 것보다 덜 관심을 받아왔다. 나는 가상현실을 활용해 이스키아 열수 분출공에 대해 교육하는 방안을 강연할 때, 청중에게 해양 산성화를 들어봤는지 물어본다. 들어봤다는 반응은 대개 10분의 1에도 미치지 못한다. 왜 그런지 이해하기는 어렵지 않다. 바닷속 해양 환경은 도달하기도 힘들고 시각화도 어렵다. 또 현재 진행되는 산성화의 영향은 미세하다. 우리 중 대다수는 건강한 바다가 어떤 모습인지 아무 생각이 없다. 보이지 않는 가스가 녹아드는 바람에 바다가 죽어간다는 건 더더욱 생소하다.

대신 기후변화 연구의 많은 부분은 온실가스가 지상의 생명에 직접 주는 영향에 초점을 맞춰왔다. 그래서 지상 기온의 급격한 변화와 기묘한 기후 양상 같은 현상이 언론매체에 큰 관심을 받아왔다. 북극곰이 녹는 유빙 위에서 떠다니는 사진, 사상 가장 고온인 겨울·봄·여름이 4번 연속 이어지고 있다는 기사, 빨간색과 오렌지색으로 표시된 지구 온도 지도, 이런 게 더 극적인 뉴스가 되고 말 그대로 우리를 겁나게 한다. 그러나 과학적으로 전망되는 온실가스가 우리 해양에 가하는 위협은 이런 뉴스 못지않게 암울하고 삭막하다.

해양 산성화의 이론은 모두 크리스티와 피오의 발견으로 확인됐다. 즉, 바다가 산성으로 되는 과정, 산성화가 동식물종에 미치는 영향, 이 변화가 우리 해양의 얕은 바닷속 생태계와 연관된 모든 종에 가할 암울한 결과는 과학으로 입증됐다. 피오는 이렇게 말한다. "여기 산호초들은 미래를 보여주는 수정구슬 같다. 우리는 이 산호초들을 연구함으로써 앞으로 인간이 해양에 가할 충격을 이해할 수 있다."

2013년 4월에 피오, 크리스티, 로이, 나는 이스키아 체험에 대한 최초 설계에 착수했다. 우리가 잡은 목표는 산호초 해역에 대한 상호작용하고 매력적이며 과학적으로 정확한 몰입형 시뮬레이션을 만들어 해양 산성화의 위험을 교육하는 것이었다. 우리는 가능한 한 사실적이고 설득력 있는 체험을 만들어주고 싶었다. 체험이 실제처럼 느껴지는 게 내게 중요했다. 우리는 컴퓨터 그래픽으로 산호초를 재현하는 데 더해 360도 비디오카메라로 촬영한 실제 이미지로 시뮬레이션을 뒷받침했다. 그럼으로써 산호초, 열수 분출공, 그 주위의 생물 다양성 결여 사실을 보여주고자 했다. 이 체험이 사람들의 마음을 바꾸려면 사람들은 우리가 보여주는 것이 사실임을 알아야 했다.

크리스티는 내 의견의 동의하면서 자신의 경험을 들려줬다. 그녀의 부친은 기후변화를 부정했는데, 한번은 연구하는 그녀를 찾아 이스키아에 들렀다. 그녀는 태평양 연안에서 부친과 함께 스쿠버 다이빙을 하면서 자랐다. 이 경험은 그녀가 해양 생물학자가 된 계기 중 하나였다. 그녀의 부친은 바다를 좋아했지만 기후변화 뒤에 있는 과학에 대해서는 확신하지 못했다. 인간의 행동이 어떻게 그토록 거대한 행성에 영향을 줄 수 있을까? 그러나 그와 그의 딸이 다시 스쿠버 다이빙을 이스키아 산호초에서 하게 됐고 그의 마음이 바뀌었다. 눈으로 직접 높은 이산화탄소 농축의 해로운 영향을 보게 되자 그는 마침내 딸이 하는 작업에 지구의 미래가 걸려 있음을 이해하게 됐다. 그는 전에 딸의 학술 저술을 읽었지만, 직접 경험한 뒤에야 다른 시각으로 볼 수 있었다.

이스키아에서 촬영한 360도 영상을 활용해 우리는 바위 같은 산호초와 분출되는 물방울 기둥으로 이뤄진 환경을 컴퓨터로 만들었다. 해저 환경을 가능한 한 실제 같게 시뮬레이션하기 위해 우리는 동식물의 질감을 그대로 표현하는 데 만전을 기했다. 여러 동물과 식물이 애니메이션으로 만들어져 데모의 적당한 위치에 지루하게 놓여졌다. 피오와 크리스티는 연구소에 들러 모델의 정확성을 점검하곤 했다. 우리는 그의 지적에 따라 시각적이고 콘텐츠와 관련된 요소를 수정했다. 로이는 상호작용하는 특징적인 부분을 다르게 하자고 제안했다. 예를 들어 물건찾기 놀이를 넣어 체험자들이 산호초의 다른 부분을 살펴보도록 하자는 것이다. 참가자들은 예컨대 특정한 조개를 찾아보라는 요청을 받을 수 있다. 그들은 산호초 주위를 탐색하면서 열수 분출공에서 떨어진 곳에 동물이 더 몰려 서식함을 알아챌 것이다. 이 사실은 산성도가 높은 곳에서는 탄산칼슘을 생성하는 생물*이 고갈됨을 보여준다.

우리는 산호초 해역에서의 경험을 이야기로 만들어, 이 먼 지역의 이산화탄소 오염 및 해양 산성화의 보이지 않는 화학 과정을 우리의 일상생활과 연결하는 작업을 하기로 했다. 그 목적은 가상현실 체험자가 자

---

* 산호.

신의 행동이 문제의 일부임을 깨닫게 한다는 것이었다. 우리는 체험 효과를 높이기 위해 앞의 석탄 연구에서처럼 초현실적인 요소도 채용하기로 했다.

우리 이야기에서 체험자는 먼저 도시 거리에서 차 뒤에 선 자신을 발견한다. 그곳은 그의 고향일 수 있다. 가상현실 환경에 익숙해지는 몇 순간이 지나면 체험자는 이산화탄소 입자가 자동차 배기관에서 뿜어져 나오는 광경을 본다. 체험자는 이산화탄소 입자 하나를 따라가 바다에 이른다. 바다에서 그는 이산화탄소 입자를 잡아 물에 집어넣는다. 이산화탄소는 물과 결합해 탄산수소염(HCO_3)을 생성한다. 이는 산성 화합물로 해양 산성화를 일으킨다. 그다음은 현장 체험 차례이다. 그는 이스키아로 데려가져 얕은 바다의 바닥을 살펴본다. 스쿠버 장비를 갖춘 과학자처럼 그는 건강한 산호초와 산성화로 심하게 파괴된 산호초의 차이를 관찰한다.

이스키아 데모에서 우리는 가상현실이 기후변화와 관련된 정보를 전하는 여러 가지 방법을 탐색했다. 즉, 상호작용하게 했고, 시간과 물리적인 축적을 변경했고, 보이지 않는 입자가 눈에 띄도록 했다. 이런 요소는 체험의 정도를 깊고 높게 만들어준다. 쉬운 작업은 아니었다. 데모를 제작하는 데 수천 시간이 들었다. 또 고든 앤드 베티 무어 재단이 91만 3,000달러를 지원해주지 않았다면 만들 수 없었다. 이스키아 데모에서 산호초는 실제처럼 보인다. 그래서 생동하는 건강한 산호초 생태계가 당신 주위에서 파괴되는 것을 보면 당신은 기후변화 이론의 메시지를 직접적인 방식으로 절감한다. 그래프나 차트보다 훨씬 강력하다. 환경 파괴의 체험을 설득력 있고 과학적으로 정확하게 만듦으로써 과학자들이 위험에 대해 가르쳐주려고 하는 교훈이 더 효과적으로 전달될 수 있다. 다행히 가상현실에서는 재앙 체험에 비용이 들지 않는다. 버튼 하나만 누르면 재앙이 재현되고 아무도 다치지 않는다. 그러나 가상현실의 구덩이처럼 체험자의 뇌는 그게 현실인 것처럼 반응한다.

지금까지 우리는 이 체험을 수천 명에게 제공했다. 미국 상원의원들과 영국 왕자도 봤다. 학생들도 수천 명 경험했다. 할리우드 일류 배우들, 프로듀서들, 감독들도 봤다. 전문 운동선수들도 봤다. 우리는 이 데모를 가상현실의 아이튠즈iTunes라고 불리는 스팀STEAM에 올렸다. 스팀에서 이 데모는 가상현실에 열을 올리는 사람들에게로 매일 다운로드됐다. 가상현실 덕분에 해양 산성화는 서서히 사람들의 관심을 끌고 있다. 가상현실이 아니었다면 그들은 알지도 못하고 신경 쓰지도 못할 이슈였다.

다시 찾는 친환경 여행

가상현실은 환경 파괴에 대해 사람들을 교육하는 데 그치지 않을 것이다. 가상현실은 자연에 서식하는 생명체에 영향을 주지 않으면서 자연의 아름다움과 장관을 감상하는 것을 가능하게 할 것이다. 아울러 동물원이나 수족관으로 가는 친환경 여행보다 더 풍부한 체험을 제공할 게 분명하다. 나는 이 가능성을 고래 관찰 여행의 가이드 블레이크Blake로부터 얻게 됐다. 2013년에 가족과 함께 알래스카를 여행하면서 그를 만났다. 블레이크는 알래스카의 주도인 주노Juneau에서 해양 과학 프로그램을 공부하고 있었는데, 25피트 배의 갑판에서 고래를 찾아 관광객에게 보여주는 활동으로 학비를 충당했다. 고래 관찰은 알래스카에서 인기 있는 여행 상품 중 하나이다. 나는 두 살짜리 딸을 가둬놓느라고 정신이 없었다. 내 딸은 배가 개인 놀이터인 것처럼 뛰어다녔다. 나는 동시에 난간에 붙어 있는 내 가족과 다른 친환경관광객들 사이에서 목을 길게 빼고 있었다. 그때 우리는 봤다. 300피트 거리에서 등을 살짝 보인 고래가 꼬리를 치며 사라졌다. 자연환경에서 이 장엄한 동물을 목격하다니 놀라웠다. 블레이크에 따르면 우리는 운이 좋았다. 블레이크는 어떤 사람들은 알래스카까지 와서 고래를 전혀 보지 못한다고 들려줬다. 그러나 솔직히 털어놓으면 그 장면은 내 상상만큼 흥미롭지는 않았다.

가상현실에서는 고래가 언제나 많이 있고(사실 가상현실에서 고래를 나타내는 건 간단한 일이다), 관광객들은 물속에서나 물 위에서나 원하는 만큼 가까이에서 고래를 볼 수 있다. 고래도 떼로 볼 수도 있고 한 마리만 볼 수도 있다. 사실 관광객은 원하면 성경 속 요나처럼 고래 배 속으로 걸어 들어갈 수도 있다. 날씨는 언제나 완벽하고 가시성은 늘 좋다. 고래들은 교육 효과가 좋은 행동을 다 한다. 예를 들어 '네 가지 F'를 다 보여줄 수 있다. 수유하고feeding, 싸우고fighting, 달아나고fleeing, 짝을 짓는mating 것 말이다.* 고래 관찰의 '성배'는 고래들이 뛰어올랐다가 떨어지며 바다 표면에 제 몸을 부딪치는 광경을 보는 것이다. 그런데 가상현실 프로그래머가 이 장면을 보여주는 것은 매우 간단한 애니메이션 작업이다.

가장 좋은 점은 관광 활동으로 인해 고래들이 피해를 입지 않는다는 사실이다. 우리를 안내한 관광 가이드에 따르면 매년 더 많은 고래 관찰 선박이 주노의 해협에 몰려든다. 관광은 고래에게 피해를 준다. 나는 블레이크에게 가상현실 고래 관찰에 대해 어떻게 생각하는지 물어봤다. 그

---

* mating은 비속어인 fucking을 다르게 표현한 말이다.

는 주노에서 가장 선망받는 일을 하고 있었다(고래를 보는 일로 돈을 벌었다). 그는 망설이지 않고 "나는 가상현실 고래 관찰을 택하겠어요"라고 말했다. 그는 정부 규제와 여행객들의 선의에도 불구하고 고래 관찰이 이 장엄한 동물을 괴롭힌다고 믿었다. 그는 또 우리가 타고 여행하는 유람선은 1피트 이동할 때마다 1갤런 정도 가솔린을 태운다는 사실을 상기시켰다.

독자들은 이 지점에서도 여전히 가상현실 고래와 수영하느니 진짜 고래를 보고자 할 것이다. 그러나 규모를 고려하는 게 중요하다. 수백만 명이 알래스카로 날아간 뒤 가솔린 선박에 탑승한다. 환경과 고래 종들에게 큰 부담을 주는 행위이다. 아프리카 사파리 여행에서는 또 얼마나 많은 사람이 자연 서식지를 침범하고 있는가? 절충안이 마련될 필요가 있다.

정기적인 사회공헌 활동의 일환으로 우리 연구소는 시내의 어린 학생들을 초청해 가상현실을 체험하게 한다. 아이들은 거의 다 비디오게임을 좋아한다. 그래서 최첨단 가상현실 연구소에 오는 것은 아이들에게 특별한 선물이다. 특히 어떤 투어는 가상 친환경 여행이 얼마나 값진 것일 수 있는지를 보여준다. 그 투어에는 새로운 동물원, 수족관, 그룹 투어가 포함된다.

2013년 5월에 브리지웨이 아일랜드 초등학교의 6학년과 7학년 학생 20여 명이 연구소에 견학왔다. 새크라멘토에서 세계 최고 수준으로 꼽히는 몬터레이만灣 수족관까지는 차로 세 시간 정도 걸린다. 상대적으로 가까운 거리인데도 많은 학생들은 전에 수족관에 가본 적이 없었다. 상어를 한 번도 보지 못한 학생이 적지 않았다.

7학년 학생 한 명은 상어를 체험하게 됐다. 그는 헬멧을 쓰고 가상현실 속에서 해초 숲의 바닥으로 옮겨졌다. 해수면에서 30피트 아래 깊이였다. 그는 몇 분 동안 주위를 둘러봤다. 밝은 노란색 물고기 떼가 해초 사이를 쏜살처럼 몰려가는 광경을 봤다. 우리는 그에게 손을 머리 위로 들어보라고 했다. 그는 망설이며 따라 했는데, 몸이 떠오르는 것을 느꼈다. 그는 현실의 방에서 팔을 움직이면서 바닷속 가상 수영의 방향과 속도를 조절하는 방법을 익혔다. 얼마가 지나자 그는 기쁨에 넘쳐 소리를 질렀다. 그는 전에 스노클링도 스쿠버 다이빙도 한 적이 없었다. 물속에서 해초 숲을 본 적이 없는 독자에게 말하는데, 그 장면은 정말 장대하다. 그는 몇 분 더 헤엄쳐 다녔고, 우리는 상어를 찾아보라고 말했다.

우리는 상어를 약 12피트 크기로 프로그램했고 무작위 경로로 헤엄쳐 다니게 했다. 살아 있는 상어가 그리 좋아하지 않을 특징을 가상현실 상어에게 부가했다. 피부가 투과되도록 해, 가상현실 속에서 수영하는 사람이 상어의 속으로 들어갈 수 있게 했다. 가상현실 속에서 상어 몸으로 바다를 탐험하도록 한 것이다. 아이는 상어를 보고 무서워서 소리를 쳤다. 그러나 우리는 상어가 우호적이라며 설득했고 상어 몸속에 들어가 헤엄쳐보라고 권했다. 친구들도 그를 구슬렀고 마침내 아이는 상어 몸으로 들어가는 데 성공했다. 그리고 우리가 앉은 곳에서 그는 즐거운 한때를 보냈다. 짧은 몇 분 동안이었지만 그는 자연을 높이 평가하는 인식을 갖게 됐다. 연구소 문을 나서면서 아이는 다음 날 바다에서 수영할 것이라고 선언했다.

더 소비하고 덜 생산하다

우리가 가상현실에서 하는 상호작용이 어떻게 우리의 소비 행동과 그에 따라 발생하는 쓰레기에 영향을 줄 수 있을까. 이 답변이 얼마나 긍정적일지는 이 장에서 마지막으로 생각해볼 가치가 있다. 사람들, 특히 미국 사람들은 값싼 장신구와 중요하지 않은 물건들을 구매하는 데 빠져서 지내는데, 만약 그런 소비를 줄일 수 있다면 환경을 위한 싸움에서 큰 승리를 거두게 된다. 공장이 돌아가려면 자연 자원 몇 톤이 필요하다. 공장은 또 종종 제조 과정에서 환경을 오염시킨다. 그리고 인류보다 더 오래 남을 플라스틱 제품을 대량생산한다. 이에 비해 가상현실의 픽셀은 그리는 데 에너지가 들긴 하지만, 컴퓨터가 꺼졌다고 해도 플라스틱 봉투 같은 폐기 경로를 따라가 '태평양의 거대한 쓰레기 섬'이 되지 않는다.

이 새로운 경제적 패러다임에 익숙해지기까지는 시일이 걸릴 것이다. 나는 의류업체 경영자 약 40명을 대상으로 워크숍을 진행한 적이 있다. 주제는 가상현실이 이 산업을 어떻게 바꿀까였다. 나는 오늘날 초등학생이 자라면 그들은 양모 스웨터보다 가상현실 스웨터를 구매하는 데 돈을 더 쓸 것이라고 말했다. 이 전망에 대해 그들 중 한 명이 회의적인 반응을 보였다.

나는 그에게 베로니카 브라운Veronica Brown 얘기를 들려줬다. 2006년 《워싱턴 포스트Washington Post》 기사에 따르면 브라운은 "요즘 주목받는 패션 디자이너로 가상 란제리와 정장을 디자인해 세컨드 라이프라는 온라인 가상 세계에서 판매해 생활한다." 기사는 그녀가 가상 의류 판매로 그해 약 6만 달러를 벌어들일 것이라고 추산했다. 의류업체 경영자 중 몇몇은 이 말을 듣더니 정중한 미소를 짓거나 숨죽여 낄낄댔다. 그들은 매일 그보다 0이 훨씬 더 많이 붙은 금액을 다뤘다. 작은 사례를 제시한 다음 나는 다음 측정점으로 넘어갔다.[13]

"팜빌Farmville이라는 게임을 들어본 적이 있나요?" 대부분이 손을 들었다. 그때는 2013년이었고 우리는 실리콘밸리의 중심부에서 커피를 마시고 있었다. "팜빌에서 게임을 해본 분은요?" 한 손이 주춤거리며 올라왔다. 나는 팜빌과 비슷한 게임들을 서비스하는 회사 징가Zynga의 2010년 매출 수치를 내놓았다. 6억 달러에 육박하는 금액이었다. 이 수치가 그들 전부에게 새롭지는 않았을 것이다. 그러나 다음 얘기에는 그들 전부가 놀란 모습이었다. 징가는 매출의 작은 부분만 광고에서 올렸고, 대부분을 가상 음식을 비롯한 가상 상품 판매에서 거뒀다. 당시 징가는 초마다 3만 8,000건의 가상 아이템을 팔았다. 2010년에 징가는 가상 상품을 팔아 매출 5억 7,500만 달러를 기록했고 광고 매출은 2,300만 달러에 그쳤다. 가상 동물 새끼를 젖먹이는 가상 우유병을 파는 사업은 분명 수지가 맞는다.

"팜빌에서 사람들이 뭘 하는지 아세요?" 나는 물었다. "가상 농축산물을 키웁니다. 가상 음식을 먹을 수 있나요? 재킷이나 스니커즈 운동화가 다르다고 생각하는 이유는 무언가요?" 물론 이는 극단적이고 이전 시기의 사례이다. 팜빌과 세컨드 라이프는 이제 더 이상 널리 확산된 문화적인 관심거리가 아니다. 그러나 사람들이 그들 가상현실 세계에서 보인 행동은 단지 다른 곳으로 옮겨갔을 뿐이다. 가상 게임 세계 속에서 세컨드 라이프와 번영하는 경제가 보여준 것은 사람들이 가상 세계에서 시간과 돈을 쓰기를 좋아한다는 사실이다. 지금도 모든 연령과 배경의 이용자들이 가상 공간에서 사용할 부동산, 선박, 비행기를 구매하기 위해 진짜 돈을 쓴다. 그들은 자신의 아바타를 옷, 보석, 문신으로 치장하는 데도 돈을 쓴다.

거대한 경제와 실제 부가 이 가상현실 세계에서 창출돼왔다. 가상현실 세계는 사람들에게 상대적으로 적은 비용으로 아낌없는 소비를 하는 쾌락을 선사한다. 사람들이 아바타 장식과 상징적인 신분 표시에 실제 화폐를 지불하는 게 이상하게 여겨지나? 그렇다면 잠시 주위를 돌아보기를 권한다. 현대 경제의 특징인 무의미한 소비자 행동을 생각해보라. 실제 세계의 과시적이거나 낭비적인 소비는 문제가 있다. 그런 소비는 환경 비용을 유발한다. 몇 가지만 들면, 화석 연료 소모, 가정과 매립지에 산더미처럼 쌓이는 플라스틱 쓰레기, 해양에서 점점 커지는 쓰레기 섬이 있다. 이런 측면을 고려할 때 가상 세계에 빠져서 지내는 것은 사회적 편익이 클 수 있다. 또 우리가 믿게 된 디스토피아 시나리오보다는 덜 걱정스러운 상황이다.

| 제5장 |

시간여행으로 트라우마를 치유한다

그 환자는 26세 여자였다. 그는 뭔가 살 게 있어 자기 사무실 건너편 잡화점에 들렀다. 사무실은 세계무역센터 근처였다. 그때 9·11 테러 공격이 시작됐다. 그는 첫 번째 비행기가 세계무역센터 북쪽 빌딩을 들이박는 걸 보지 못했다. 사실, 그걸 본 사람들은 거의 드물었다. 아침 8시 45분 출근길에 하늘을 보고 있는 사람이 얼마나 되겠는가? 그러나 도시의 가장 높은 건물 꼭대기에서 난 화재는 사람들의 관심을 끌었다. 그는 잡화점에서 나와 한 떼의 구경꾼 사이에 서서 건물 높이 피어오르는 연기구름을 봤다. 그때였다. 그는 두 번째 비행기가 날아드는 걸 봤다.

그건 이런 이미지였다. 오전 9시 직후 세계무역센터 남쪽 빌딩 77층과 85층 사이를 뚫고 들어가는 비행기, 그리고 채 두 시간도 되지 않아 무너진 건물. 이 이미지는 그와, 트라우마를 입은 도시의 다른 사람들이 공격의 여파를 어렵사리 헤쳐 나가던 몇 달 후까지도 그의 뇌리에서 떠나지 않았다. 모든 것이 그날 아침의 공포를 상기시키는 것 같았다. 텔레비전과 신문 1면은 끊임없이 그 일을 다뤘고, 실종자 표시는 도시 곳곳에 붙었다. 불에 탄 폐허가 여전히 맨해튼 곳곳에 있었고, 화재가 모든 걸 태워버리던 때의 냄새는 몇 달 동안 풍겼다. 그 당시, 재공격 공포가 끊이지 않고 일어났었다. 뉴욕의 거리, 빌딩의 협곡에 서서 올려다보기만 해도 불안이 일어났다. 그는 수면에 어려움을 겪게 됐다. 또 자기 친구와 가족한테 폭발하듯 짜증을 부리고 화를 내는 일이 잦아졌다. 그는 남자친구의 아파트에 머물 수가 없게 됐다. 거긴 고층빌딩에서도 높은 층이었다. 가족은 걱정하기 시작했고, 마침내 전문가의 도움을 구했다. 환자는 평소의 모습이 아니었다. 그의 어머니가 조앤 디페데JoAnn Difede 박사한테 말했다. 박사는 코넬의대의 불안장애 전문가였다. 환자와 면담 후 즉시, 디페데는 외상 후 스트레스 장애PTSD·post-trsumatic stress disorder의 전형적인 증상이라는 진단을 내릴 수 있었다.

PTSD 환자에 대해 전문적인 많은 심리학자들처럼, 디페데도 9·11 몇 달 동안 환자들이 밀려드는 걸 보고 있었다. 3,000명에 가까운 인명이 뉴욕 테러로 희생됐다. 엄청난 인원이었다. 목숨을 잃지는 않았지만, 수천 명이 그날 아침 세계무역센터 쌍둥이 빌딩 안에서, 주변 거리에서, 대형 복합공간 아래서 지하철 차량 속에 갇힌 채로 그 사건을 직접 겪었다. 수천 명이 근처 건물에서 쌍둥이 빌딩이 불타 무너지는 것을 지켜봤다. 참사를 겪은 사람들 가운데엔 물론, 그들을 도우러 건물로 달려간 소방관들과 경찰들도 있었다. 9·11 테러 10년 후 추산에 따르면, 그 트라우마에 노출됐던 사람들 가운데 적어도 1만 명의 경찰, 소방관, 민간인이 PTSD로 고통받고 있었다.[01]

테러 공격의 크기와 범위를 알자마자, 디페데는 시내 한복판에서 일어난 그 끔찍한 사건으로 트라우마를 입은 사람이 수천 명에 달하리라고 판단했다. 즉시 그는 밀려들 환자들에 대비하기 시작했다. 그다음 몇 주 동안, PTSD 증상을 보이는 사람들을 분간하기 위한 선별규칙을 세웠다. 테러 공격에 노출됐던 3,900여 명의 사람에게 적용할 것이었다. 그러나 일단 환자로 확인되면 어떻게 치료할 수 있을까? 당시만 해도 PTSD는 아직 논란이 있는 아이디어였다. 많은 연구자들이 연구를 진행하고 있었지만 DSM, 즉 정신질환 진단 및 통계편람*에선 심리적 현상으로 아직 인정하지 않은 상태였다.[02] 그래서 치료의 선택지 또한 제한적이었다. 증상으로 고통받고 있는 사람들은 대개 항불안치료제를 처방받았다. 이건 임시방편이었고, 문제의 근원은 해결하지 못했다. "완전히 황량한 서부는 아니었어요." 디페데는 말했다. "그러나 새로 떠오르는 영역이긴 했죠."

그 후 오늘날에 이르기까지 PTSD 치료에 가장 효과적인 방법으로 여겨지는 건 심상노출치료를 결합한 인지행동치료Cognitive Behavioral Therapy·CBT이다. 이때 치료사는 몇 차례에 걸쳐 환자가 트라우마를 입은 사건을 기억해내게 유도한다. 예를 들어, 환자한테 눈을 감고 그 사건을 마음에 떠올리면서 일인칭 시점으로 일어났던 일을 쓰거나 이야기하라고 요청하는 식이다. 목표는 트라우마 사건에 대한 일관성 있는 기억을 형성해 트라우마의 힘을 줄이는 것이다. "당신은 기억을 만들고, 그건 당

* DSM: Diagnostic and Statistical Manual of Mental Disorders. 정신질환 진단을 위해 미국 정신의학학회가 출판하는 서적.

신 삶의 일부가 된다." 디페데는 설명한다. "당신이 더 이상 그걸 원하지 않을 땐 그건 당신의 삶에 끼어들지 않는다."[03]

이때 환자가 사건을 기계적으로 재인용하는 게 아니라 재구성하는 것이 치료 성공에 매우 중요하다. 환자들은 자기가 상세히 다시 말하고 있는 그 사건에 감정적으로 연결되어야 한다. 그들은 사건을 다시 경험해야 한다. 일종의 현존감을 얻어야 한다고 말할 수도 있다. 심상 치료가 잘 되면, 노출 치료에선 환자를 상담실 바깥으로 끌어내 트라우마를 일으킨 장면으로 가도록 이끌 수도 있다. 실제상황 노출법in vivo exposure이라고 불리는 과정이다. 문제는 트라우마를 재경험하기 위해선 환자가 PTSD의 주요 증상 중 하나, 즉 회피를 극복해야만 한다는 점이다. "우리는 고통을 피하도록 되어 있어요. 그것이 트라우마든, 더 평범한 고통이든." 디페데는 2016년 가상현실 콘퍼런스에서 내게 말했다. "그런데 만약 회피가 무의식적으로 일어난 대처 전략이라면, 그 고통에 맞서는 건 정말 어려워요. 노출 요법을 쓸 때 부닥치는 난제가 바로 그거죠."[04] 디페데가 판단하기엔 상상력의 한계 때문이든 혹은 트라우마로 인해 고통스러운 기억에 접근하지 못하기 때문이든, 많은 환자가 기억을 재연결하는 데 어려움을 겪고 있었다.

디페데가 가상현실을 실험한 건 이때가 처음은 아니었다. 1990년대 후반, 디페데는 가상현실을 노출 치료에 결합하는 법을 조사하기 시작했다. "치료에 가상현실을 쓰겠다는 아이디어는 매력적이었어요." 그는 내게 말했다. "우리 기억은 단순히 언어적인 이야기의 집합이 아니기 때문이에요. 보통 우리 기억은 감각이 풍부한 경험으로 이뤄져요." 약 35~40%로 추산되는 환자가 표준적인, 서사 중심의 심상 치료에 반응하지 않는다. 디페데와 몇몇 선구자들은 환자들의 기억을 트라우마 사건에 연결시키는 광경과 배경음(심지어 냄새)으로 가득 찬 가상 환경이 치료 결과를 더 좋게 만들 수 있다고 생각했다. 9·11 후, 디페데는 급성 PTSD로 고통받는 대규모 환자 집단에 대한 가설을 테스트할 기회를 찾았다. 국립보건연구원의 자금을 지원받아 디페데는 워싱턴대학의 심리학자 헌터 호프먼Hunter Hoffman에게 손을 내밀었고, 협업을 시작했다. 호프먼은 공포증 치료를 위해 노출 치료에 가상현실을 활용하고 있었다. 테러 공격 후 제정신이 아닌 채로 몇 달이 흘렀다. 그동안 디페데와 호프먼은 맨해튼 도심가 피폭 모형을 개발하면서 거의 매일 대화를 나누곤 했다. 디페데는 자신과 자신의 팀이 테러 생존자들과 인터뷰하면서 모은 세부자료를 공유했다. 그러면 시애틀의 호프먼 팀은 이를 바탕으로 컴퓨터 생성 환경을 코딩하고 공격 당시의 뉴스 화면으로부터 소리를 따 넣곤 했다.

사전에 프로그래밍된 키보드의 입력 키를 연이어 누르면서, 디페데는 가상 세계 안에서 사건들이 그날 일어났던 대로 진행되게 만들 수 있었다. 예를 들어, 입력 키를 하나 치면 공격당하기 전의 빌딩들을 보여줄 수 있었다. 다른 입력 키는 두 번째 공격이 일어나기 전 몇 분 동안 세계무역센터 북쪽 빌딩이 불타고 있는 걸 보여줬다. 그 키보드를 써서 디페데는 또한 사이렌, 울부짖음, 그리고 그날을 목격한 생존자들의 소리 같은 청각 효과를 넣을 수 있었다. 이런 효과들은 그가 환자의 경험을 더 쉽게 제어하게 해줬다. 이런 식으로 치료자는 오케스트라의 지휘자 같은 존재가 됐다. 디페데는 치료 기간에 가장 효과적인 방법으로 가상 사건의 순서와 지속 시간을 관리했다.

이 장 서두에서 묘사한 환자는 디페데와 호프먼이 개발한 가상현실 환경의 첫 사용자가 된다. 디페데는 그 젊은 여성에게 네 차례 심상 요법을 시도한 후에 환자의 반응이 없다는 걸 이미 깨달은 바 있었다. 환자의 어조는 내내 단조로웠고 느낌이 없었다. 환자는 테러공격에 대한 정서 기억에 접근할 수 없는 게 분명했다. 다음 치료 때 실험적인 치료법에 대한 환자의 동의를 얻은 후, 디페데는 최근 완성된 가상현실 시뮬레이션을 시도하기로 결정했다. 디페데는 환자에게 HMD를 씌웠고, 가상의 뉴욕에 몰입시켰다. 이제, 디페데는 환자를 그날의 기억 속으로 이끌었다. 환자는 9·11 테러 때처럼 건물과 거리를 둘러볼 수 있었다.

HMD가 켜지면, 그 젊은 여성은 다시 그 잡화점 바깥에 서서 자기한테 익숙한 거리에 대한 시뮬레이션을 보고 있었다. 그래픽은 조악했지만, 빌딩과 거리에 대한 세부묘사는 환자가 자기 위치를 인지하기에는 충분했다. 올려다보니 자기 위로 치솟은 쌍둥이 빌딩이 보였다. 매일 출퇴근길에 본 익숙한 장면이었다. 눈물이 터졌다. 환자는 자신이 다시 그 빌딩 아래 서는 일이 있을 것이라고는 결코 생각해본 적이 없었다. 치료를 몇 번 거듭하면서 디페데는 환자에게 그가 한 경험의 기억에 대해 설명했다. 그날 아침에 대한 이야기를 하고 또 하면서 환자는 어떤 세부정보를 얻게 됐다. 두 번째 비행기의 충돌 때 어떻게 느꼈는지, 그게 단순 사고가 아니라는 걸 깨달았을 때 어떤 공포를 느꼈는지, 환자는 기억해냈다. 그는 높은 곳에서 일어난 불을 무기력하게 지켜보던 것도 기억해냈다. 첫 번째 건물이 무너지기 시작했을 때 어떻게 자신과 군중이 공황 상태에 빠지기 시작했는지도 기억해냈다. 치료법에 대한 학술지 논문에서, 디페데는 가상환경이 촉진한 환자의 생생한 기억에 대해 묘사했다. 환자가 도망치려고 하던 때였다. 사람들이 뛰다 서로 부딪혀 넘어지면서 자기가 '시체더미' 아래 갇혔던 걸 생각해냈다. 거기서 빠져나온 후 환자는 비명소리를 듣고 돌아섰다가 도움을 간청하는 한 여자의 눈과 마주쳤다. 디페데는 사례 보고에 이렇게 썼다. "환자는 그 여자의 다리가 절단된 것을, 피를 흘려가면서 죽어가는 것을 봤다. 우리 환자는 그 여자의 눈을 들여다보면서 자신은 멈출 수 없다고 말했던 것을 기억해냈다. 건물 잔해가 사방에서 온통 떨어지고 있었다. 부딪히면 치명적일 터였다. 환자는 뿌연 연기 속에서 뛰고 또 뛰었다."05

결국 환자는 도심 밖 멀리에서 한 가게로 가는 길을 발견한 걸 기억해냈다. 무너지는 건물에서 도망쳐 나오는 동안 신발은 벗겨졌고, 발에선 피가 흘렀다. 환자한테는 돈이 없었다. 주위를 둘러보니 사람들은 평소 같은 일상을 시작하고 있는 것처럼 보였다. "무슨 일이 일어나고 있는지 몰라요?" 그는 울부짖었다.

디페데의 의견에 따르면, 가상현실의 풍부한 시각적 청각적 환경은 환자가 이러한 극한 상황에 대한 세부정보를 상기시키는 능력을 촉진한다. 이는 환자로 하여금 기억 속 감성 정보에 더 잘 관여하게 해준다. 디페데가 내게 설명했듯이 "우리 모두는 상상과 기억 속에 연극적인 경험을 겹겹이 쌓는다. 가상현실 환경이 연극적인 경험이 되는 방법이 있다. 우리는 우리의 세계에 의미를 부여한다. 그리고 이 사례는 그렇게 할 기회를 줬다." 첫 환자에 대한 진단 결과는 놀라웠다. 가상현실 치료를 여섯 차례 진행한 후, 디페데는 환자의 우울 증상이 83% 줄어들었고 PTSD 증상은 90% 줄어들었다고 보고할 수 있었다.

2001년 11월 디페데가 가상현실로 치료하기 시작한 두 번째 환자는 뉴욕시 소방대 대장이었다. 킹은 남쪽 빌딩이 붕괴하던 때 북쪽 빌딩 로

비의 지휘본부에 있었다. 어쨌든, 그는 살아남았다. 깨진 유리조각과 건물 잔해로 뒤덮인 채로, 그는 북쪽 빌딩이 무너지기 직전 그곳에서 탈출할 수 있었다.**06**

연구에 따르면, 위험한 상황에 투입되기 전에 적응 훈련을 받은 사람들(전장으로 가는 병사처럼)은 PTSD에 다소 내성을 얻을 수는 있다. 하지만 어떤 훈련도 발병을 막는다는 보장은 없다. 예를 들어, 그 소방관은 베테랑 군인이었지만 이전에 그가 받은 어떤 훈련도 PTSD 증세의 지속을 막을 순 없었다. 테러 공격 후 몇 달 동안 그는 악몽에 시달렸고 수면 장애를 겪었다. 폐쇄된 공간을 두려워했고, 디페데의 첫 환자처럼, 고층 빌딩 아래 서 있는 걸 점점 더 불편하게 느끼게 됐다. 그는 맨해튼을 피하기 시작했다. 잠들려면 암비엔Ambien*을 먹었다. 그의 의사가 처방전 재발급을 거절하고 심리학자를 보길 권유한 후, 그는 마침내 디페데를 찾아냈고 그녀의 실험적인 치료법을 소개받았다.

매주 치료시간마다 디페데는 환자를 그날의 장면들 속으로 데려갔다. 가상 환경 속에서 그가 보고 있는 것, 기억하고 있는 것에 대해 질문하면서 그가 그날 아침의 사건에 대한 관점을 재구성하도록 이끌었다. 또다시 디페데는 가상 세계에 대한 즉각적이고 본능적인 반응을 봤다. 그날의 광경과 소리에 직면하면 그는 땀을 쏟곤 했다. 그의 심장은 벌렁대기 시작했다. 그리고 첫 환자가 그랬듯, 가상현실을 통한 사건 재체험은 정서적으로 힘을 발휘해 그가 이전에는 회상하지 못했던 기억들을 건드렸고 그의 치료에서 중요한 순간으로 이끌었다.

---

* 수면제 이름.

가상 시나리오는 환자로 하여금 자신이 어떻게 이야기하는지 신경 쓰지 않도록 했다고 디페데는 생각한다. 그는 자기를 인터뷰했던 많은 기자와 조사관들에게 언어로 자기 이야기를 재진술하는 데 익숙해져 있었다. 하지만 가상현실에서의 현존감은 그의 기억이 감각 요소와 공포에 이르는 실마리를 되살리도록 준비시켰다. 혼자서 말할 때는 가능하지 않은 부분이었다. 네 번째 치료에서 그는 새로운 세부사항을 기억해냈다. 건물이 무너진 후 건물 현관에서 한 남자를 우연히 만났던 기억이었는데, 그는 그때까지 그 기억을 완전히 잊고 있었다. "그는 달리고 있는 자신을 봤어요." 디페데는 기억했다. "두 번째 건물이 막 붕괴됐고 그들은 문자 그대로 자기가 살아남으려고 뛰고 있었죠. 뛰면서 입구의 통로를 지나가는데 그는 FBI 글자가 찍힌 파란 재킷을 입은 한 남자가 무선 통신기에 대고 말하고 있는 걸 봤어요. 먼지구름과 연기를 뚫고 막 도망쳐 나오고 있던, 바로 그 순간이었어요. 킹은 FBI 요원이 세 번째 비행기가 오고 있다고 말하는 걸 들었대요." (그들은 사실 비행기가 워싱턴 D.C.로 가고 있다고 말하고 있었다.) 그 소식을 들은 순간 그는 공황 발작을 일으켰다. 그는 자신이 죽을 것이라고 느꼈다.[07] "그 정보 하나가 그의 상황 판단을 완전히 바꿔버렸어요." 디페데는 내게 말했다. "어떤 사람이 나중에 PTSD를 겪을지 예측할 수 있는 가장 좋은 변수 중 하나는 당시 그가 자신이 죽을 거라고 진짜로 믿었는가 하는 것이에요."

불안의 근원이었던 급성 트라우마의 특정 순간을 찾아내고서 디페데와 환자는 비로소 그 기억을 치료할 수 있었다. 치료 몇 년 후, 그는 한 기자한테 자기 인생을 되찾았다고 말했다. 고층 건물과 다리 주위에선 여전히 약간의 불안감을 느꼈지만, 그는 악몽을 꾸지 않았고 더 이상 약물

치료도 받지 않았다. 그는 이렇게 말했다. "나는 제 기능을 할 수 있어요. 이 치료 전엔 절대로 그렇게 할 수 없었어요." 그는 2005년 한 기자한테 말했다. "나는 내가 9·11 전과 정확히 같은 사람인지 모르겠네요. 그것* 은 늘 여러분 삶의 한 부분일 것이고 거기에는 여러분을 4년 전과는 다르게 만드는 뭔가가 늘 있을 겁니다. 하여간 지금 나는 제 기능을 하는 사람이에요."

테러 공격 후 몇 년 동안, 디페데는 9·11로 인해 PTSD에 시달리던 환자 50명 이상을 치료하기 위해 가상현실 모형을 사용했다. 여기엔 심상 치료와 함께 가상현실을 사용한 환자, 그리고 심상 치료만 한 환자 두 집단을 대조하는 비교 연구가 포함됐다. 디페데는 자기 개인적 체험이 사실이라는 걸 확인했다. 가상현실 모형을 쓴 환자들이 치료 결과에 있어 상당한 통계적, 임상적 개선을 보였던 것이다.[08] 디페데가 세계무역센터 환자를 대상으로 연구한 이후 다른 연구자들은 이스라엘 버스 폭탄 테러부터 차량 사고까지 여러 가지 체험에 대한 치료용 가상현실 환경을 개발했다. 그러나 PTSD 치료를 위해 가상현실이 가장 광범위하고 보편적으로 쓰인 건 PTSD에 단연코 가장 취약한 그룹, 바로 전투 퇴역 군인들의 치료였다. 디페데는 전투 관련 PTSD를 다루는 프로그램을 시작했다. 이 과정에서 디페데는 전투 관련 PTSD의 대명사가 된 앨버트 '스킵' 리조Albert "Skip" Rizzo와 팀을 이뤘는데 그는 서던캘리포니아대학 창조기술연구소의 연구원이었다.

* 9·11 테러.

●●

나는 2000년 샌타바버라에서 처음 스킵을 만났다. 그는 UCSB의 가상현실그룹에서 자기 연구를 발표했다. 그와 나는 곧바로 친해졌는데, 우리 둘 다 장발족이었고 헤비메탈 음악을 좋아했기 때문만은 아니었다. 나는 그의 무사태평한 태도뿐 아니라 연구에 쏟는 열정의 진가를 알아봤다. 그는 전형적인 임상연구과학자같이 보이지는 않는다. 오토바이를 좋아하며, 열심히 뛰는 럭비 선수이다. USC 창조기술연구소에 있는 그의 책상엔 장식용 해골이 흩어져 있는데, 손상된 두뇌 치료에 인생을 바친 누군가에게 적절한 테마이다. 임상심리학과 신경심리학을 전공한 후 그는 PTSD와 인지 재활을 연구하면서 초기 경력을 쌓았다. 또 교통사고, 뇌졸중, 트라우마로 뇌가 손상된 사람들을 위해 재활 프로그램을 개발했다.

스킵은 늘 자기 환자를 치료할 때 어떻게 기술을 적용해 치료 효과를 높일지에 관심이 있었다. 그가 처음 이런 생각을 시작한 것은 1989년으로 거슬러 올라간다. 당시 그의 환자 중 한 명은 22세였는데 교통사고로 전두엽에 손상을 입었다. 환자는 한 번에 몇 분 이상 의욕을 잃지 않고 과제를 수행하는 데 애를 먹고 있었다. 이는 집행 기능을 제어하는 뇌 부분에 손상을 입은 환자한테서 흔하게 나타나는 증상이다. 어느 날 스킵은 치료를 시작하기 전에 이 청년이 몸을 구부리고 열심히 작은 화면을 쳐다보고 있는 걸 봤다. "그게 뭐예요?" 스킵이 환자한테 물었다. "게임보이Gameboy*이에요." 청년이 대답했다. 그러고는 스킵에게 중독성 높기로

* 닌텐도가 발매한 휴대용 게임기.

유명한 러시아의 퍼즐게임, 〈테트리스Tetris〉를 보여줬다. 스킵은 쉽게 산만해지곤 하는 전두엽 환자가 10분 동안 앉아 게임에 붙어 있는 걸 관찰했다. "그때 난 생각했어요. 이런 사람들을 끌어들일 만한 인지 치료법을 개발할 수 있다면 좋을 텐데." 즉시 그는 임상 실습에서 〈심시티SimCity〉* 같은 게임을 도입하기 시작했다.

얼마 지나지 않아 스킵은 재런 러니어의 라디오 인터뷰를 들었다. 그는 자기 회사 VPL의 업적과 가상현실의 변화 가능성에 대해 홍보하고 있었다. 즉시 스킵은 인지장애 및 불안장애 환자를 위한 치료용 가상 환경의 잠재력을 알아챘다. "생각해봤어요. 만약 사람들을 기능적으로 연관된 환경에 몰입시키고 그 맥락 속에서 재활에 들어간다면 어떻게 될까? 그러면 게임 요소, 즉 사람들을 끌어들일 만한 어떤 방법을 만들어낼 수 있을지도 모르죠." 그가 보기에 가상현실은 '궁극적인 스키너 상자', 즉 '조건화와 훈련 같은 치료법을 연구하고 수행할 수 있도록 통제된 세팅'이 될 수 있었다. 이런 가능성에 고무된 그는 월터 그린리프Walter greenleaf가 주최한 1993년 콘퍼런스에 참석했다. 그린리프는 오늘날까지 의료용 가상현실 분야에서 영향력 높은 목소리를 내는 인사 중 한 명이다. 스킵은 이때 가상현실 초기 시연에서 두 가지 인상을 얻었다. 하나는 가상현실은 극도로 비싸다는 것이었고, 또 하나는 인지 영역에선 거의 연구가 이뤄지지 않았다는 것이었다. 그가 본 연구는 어떻게 다운증후군을 가진 개인이 가상 슈퍼마켓 속 연습을 통해 현실 세계 속에서 물건을 사러 돌아다니는 법을 배울 수 있는지 시연하는 것이었다. 가능성은 끝

---

* 시민 행복과 재정 안정을 유지하면서 도시를 개발하는 게임 시리즈.

이 없어 보였다.

콘퍼런스가 끝나고 얼마 뒤, 그는 마침내 처음으로 가상현실을 체험해봤다. 가상현실 관련 학술자료와 대중문학에 몰두했고 또 치료용으로서의 잠재력을 예측하는 논문을 펴내기도 했지만, 그는 실은 그해까지도 데모 기회를 얻어본 적이 없었다. 그는 흥분했고 동시에 끔찍하게 실망했다. "처음에 난 '이야, 이거 완전 짱인데' 했어요. 기하학적 벽돌 건물들이 다였어요. 인터페이스는 조종하기가 어려웠지요. 충돌 감지가 나빠서 벽에 걸리기도 했어요. 내가 생각했던 것과는 전혀 달랐어요." 그러나 잠재력은 있었다. 컴퓨터가 얼마나 빨리 발전하고 있는지 곰곰이 생각한 후, 그는 2000년까지는 상태가 좋아질 것이라고 계산했다.

그러고 나서 스킵이 '핵겨울nuclear winter'이라고 표현하는, 과대선전이 끝난 후의 암흑시대가 1990년대 후반에 왔다. 가상현실은 대중의 마음에서 거의 사라졌고 스킵과 나 같은 연구자들은 대학 회랑과 기업 연구소에서 실험을 이어가고 있었다. 이때 스킵은 가상 개체 제어에 대한 혁신적 연구를 수행하면서, 가상현실을 알츠하이머 환자 치료에 활용했고 주의력 결핍 및 과잉행동 장애ADHD 아동을 위한 훈련 시나리오를 개발했다. 또 그는 좀 더 일반적인 소비자 용도로 가상현실을 만지작거렸는데, 요즘 새롭다고 얘기되는 몇몇 가상현실 애플리케이션들은 이때 스킵이 시도했던 것이다. 2000년대 초까지, 그는 360도 몰입형 영상을 실험했다. LA의 유명공연장 '하우스 오브 블루스'에서 듀란듀란의 공연을 녹화하거나 LA 도심 '스키드로'의 노숙문제를 360도 영상 다큐멘터리로 찍기도 했다. 그러나 그의 관심사는 늘 그의 뿌리, 즉 인지 재활 및 PTSD였다. 조앤 디페데가 그랬듯, 심상 치료 중인 군인 환자를 돕는 데 있어 가상현실이 가진 잠재력에 그는 매료됐다.

사실 PTSD 환자 치료에 가상현실을 가장 처음 사용한 건 1990년대 중반으로, 베트남 참전군인들과 관련해 에모리대학의 바버라 로스바움 Barbara Rothbaum 박사가 고안한 치료법이었다. 그때의 연구와 디페데가 9·11 환자들과 얻었던 성공을 바탕으로 리조는 아프가니스탄 전쟁과 이라크 전쟁으로 인한 PTSD에 시달리는 수많은 사람을 지원할 만한 시스템을 설계했다. 〈풀 스펙트럼 워리어Full Spectrum Warrior〉라는 유명한 일인칭 슈팅 전투 게임의 그래픽 엔진을 사용해, 스킵은 '가상의 이라크'를 창조했다. 이 전쟁 극장 도처에서 그는 병사들이 트라우마를 입은 장면을 재현할 수 있었다. 시장, 아파트 건물, 이슬람 사원 등 병사들이 총격전, 자살폭탄범 혹은 급조폭발물 공격을 경험한 곳이라면 어디든 배경음과 냄새까지 넣어 재현했고, 이것으로 시뮬레이션에 대한 감각적 참여도를 높일 수 있었다. 좀 더 현실감 있게 만들기 위해 도보 순찰대의 병사들은 손잡이에 이동제어장치를 달고 적절한 무게감이 있는 돌격용 자동소총을 든다. 모든 건 사용자 주문에 따라 만들 수 있다. 치료자는 환자의 개인 체험을 재현하기 위해 넓은 메뉴 화면을 보며 다양한 효과와 시나리오를 선택할 수 있다. 또 하루 중 어느 때인지부터 목소리를 영어로 할지 혹은 아랍어로 할지까지 선택할 수 있다.

이 프로그램이 바로 '브레이브마인드BRAVEMIND'이다. 2004년부터 전국 75개소에서 이용되었는데, 추정컨대 PTSD로 고통받는 병사 2,000명 이상이, 특히 언어 심상 치료는 덜 편안하게, 디지털세계 내 상호작용은 더 쉽게 느끼는 젊은 세대가 도움을 받았다. 기술을 사용해 경험을 다시 얻는 것은 그들에게 자연스러운 일이었다. 그들은 이미 폭력적인 비디오게임들에 익숙했다. 리조는 그러나 브레이브마인드 같은 시스템과 게임 사이의 차이를 지적한다. "우린 누군가를 〈콜 오브 듀티Call of Duty〉에 빠트리지 않아요." 유명한 전쟁 관련 비디오게임을 인급하면서 그가 말한다. "어쨌든 그런 게임들은 카타르시스적인 복수 판타지일 뿐이에요. 우리는 사람들에게 불안을 야기하려는 일을 합니다. 임상의사를 부르고 컨트롤 패널을 쓰고 시간과 날씨, 조명, 음향 효과, 감정 폭발을 조정하면서, 우리는 환자들이 회피했던 모든 것 그리고 그 과정에 직면하게 만듭니다. 그래서 그건 게임이 아니에요. 게임 기술을 사용하는 것이에요."

수십 년 동안 가상현실에 대해 연구하고 일했던 많은 사람이 그렇듯, 스킵은 치유를 촉진하는 기술에 대한 실용적인 애플리케이션들을 넘치게 가지고 있다. 그중에는 성폭행당한 후 고통받는 사람들을 위한 PTSD 애플리케이션, ADHD 아동을 위한 가상 교실 같은 것도 있다. 그는 가상 치료사의 프로토타입을 만들었는데, 이건 병사들이 PTSD를 이해하도록 돕는 한편 임상치료사 부족에 대한 개선책도 된다. 가상 환자는 심리학자와 사회복지사가 정신질환 환자와 소통하는 방법을 훈련하도록 도울 수 있다. 그의 지적에 따르면, 병원에서 일어나는 의료 사고로 한 해 3만 8,000명이 사망한다. 의사와 간호사를 위한 가상 훈련은 그 수를 줄여줄 수 있다.

리조는 가상현실이 방어 운전 기술을 자연스럽게 가르치기에 적합하다고 본다. "매일 여러분은 오토바이를 타고 있는데 도로는 만약 하나만 잘못돼도 (세상을) 떠나게 될 만한 사고들이 일어나는 곳이죠." 그는 어떤 차 운전자가 교차로로 빠지려고 자기 앞으로 갑자기 끼어들어 거의 사고 직전까지 간 일에 대해 말했다. 자기가 밴 차량 뒤를 따라가고 있었기 때문에 시야를 확보하기 어렵다는 걸 리조는 인식하고 있었다. 그래서 그는 운전자의 실수를 예상할 수 있었고 충돌의 영향을 최소화할 수 있었다. "나는 그러한 위기일발의 상황을 많이 겪었는데, 얼마 지나지 않아 당신*이 프로그램으로 만들더군요." 그러나 그런 경험은 얻기 어렵다. 만약 여러분이 먼 길을 나서기 전에 그런 기술을 연습할 수 있다면 어떨까? 리조는 그가 만들고 싶은 몰입형 영상에 대해 설명했다. 그가 "오토바이로 죽을 수 있는 20가지 방식과 그것을 막는 방법"이라고 부르는 것이다. 그는 차가 옆으로 빠지다가 멈춰서는 곳에 대한 장면을 대본으로 썼는데, 그러고 나서 진짜로 빠져나가는 차를 그래픽으로 섞어 넣으면 사용자가 차에 치이는 듯한 착각을 하게 된다.

디페데와 리조는 가상현실 노출 치료에서 성공을 거두었고, 아프가니스탄과 이라크 전쟁이 야기한 엄청난 수의 PTSD 환자를 치료하고 싶어 하는 군대로부터 후한 지원을 받았다. 그럼에도 불구하고 일부 심리학 조직들의 반론은 여전히 남아 있다. 많은 치료사들은 가상현실의 강렬함, 그리고 정신적으로 취약한 환자를 고통스러운 기억에 노출되게 하는 것의 위험성에 대해 걱정한다. 디페데는 일상생활 곳곳에 등장해 불안을 유발하는 자극들을 다뤄야 한다고 지적한다. 그가 《뉴요커The New Yorker》 인터뷰에서 말했듯 "여러분이 세계무역센터에서 빠져 나가려고 계단 25개를 내려갔기 때문에 갑자기 계단 난간을 두려워하게 된다면, 계단은 중립적인 존재에서 부정적인 존재로 바뀐 것이다."

디페데는 널리 받아들여지려면 시간이 걸릴 수 있다는 것을 인정한

* 저자.

다. "내 세대와 그보다 나이 든 세대는 이런 식으로 생각하도록 훈련받지 않았어요. 이런 치료법에는 문화적 변화가 있죠." 변화에 대한 저항은 의료 혁신이 보이는 한 특징일 수 있다. 물론, 이런 저항은 형편없는 구상이나 증명되지 않은 치료법으로부터 환자를 보호해준다. 그러나 지금까지 한동안 가상현실 몰입형 치료가 보여준 증거는 강력했다. 여전히 이러한 치료법이 널리 채택되기까지는 시간이 걸릴 것이다. 디페데는 자신이 새로운 의료 기술 채택에 대해 2014년 분석한 내용을 제시한다. "새로운 연구가 기초에서 임상으로 가서 일상적인 임상 실습으로 시행되는 데 17년이 걸립니다. 그런 맥락에서 볼 때 가상현실 몰입형 치료에 대한 부정적인 반응은 놀라운 일이 아니에요. 가상현실 몰입형 치료는 나아진 건가요? 그래요. 난 더 나아졌다고 생각해요. 이 치료가 필요한 곳에서 활용되고 있나요? 아니요. 절대로 아닙니다."

PTSD가 있는 사람들에게 우리는 진짜처럼 보이는 환경을 프로그래밍함으로써 그들이 현실에 좀 더 가까이 다가가도록, 감정을 고조시키도록 가상현실을 쓸 수 있다. 사람들이 자기 기억과 만나게 해줄 수도 있다. 하지만 의학적으로 유용한 가상현실의 행동유도성은 이것만이 아니다. 또 다른 의학 응용 분야의 바탕은 많은 사람이 가상현실이라는 매체에 대해 가장 놀라워하는 특징이다. 즉, 너무나 우리를 매혹하고 주의를 빼앗는 나머지 현실감을 잃게 만드는 바로 그 능력 말이다.

| 제6장 |

원인 불명의 통증을 치료한다

나는 2014년에 스탠퍼드대 동료들의 파티에 갔다가 미국에서만 수백만 명에 이르는 요통 환자 대열에 끼게 됐다. 내 세 살배기 딸이 아장대며 수영장 가장자리로 너무 가까이 간 그때 모든 것이 시작됐다. 딸이 떨어질까 두려워서 내 부성본능이 발동됐고, 나는 딸을 잡아채려 돌진했다. 그때 등에 아주 약간 찌르르한 통증을 느꼈고, 이내 걱정할 게 없다고 무시해버렸다. 한 시간 후 나는 집주인네 뒷베란다 바닥에 누워 대체 어떻게 일어날 수 있을까 생각하며 천장을 바라보고 있었다. 내 인생에 그렇게 많이 아파본 건 처음이었다.

부상 후 몇 달 동안의 일상생활이 얼마나 극심한 고통이었는지 빨리 잊지는 못할 것이다. 매 순간 총체적인 불편을 겪었다. 의자에서 일어나거나 이 모든 일을 일으킨 딸아이를 돌보는 것 같은 가장 일상적인 일을 시도할 때마다 대체로 불편함을 겪었고, 종종 찌르는 듯 혹독한 고통이 촉발됐다. 대다수 독자는 내가 말하고 있는 것에 대해 어느 정도 알고 있을 것이다. 미국 성인 중 80%가 살면서 심각한 요통을 경험할 것이고, 어느 시점에나 미국인 4명 중 1명은 지난 3개월 중에 그 여파에 시달린 적이 있을 것이다. 요통은 매우 흔하면서도, 동시에 한 번 걸리면 심신을 매우 쇠약하게 만든다. 한 연구에 따르면 요통은 미국에서 협심증, 만성 폐쇄성 폐질환 다음에 세 번째로 고통스러운 질환이다.**01**

나는 운이 좋았다. 물리치료를 받은 지 6개월 만에 거의 정상으로 돌아왔다. 하지만 많은 사람에게서, 통증은 사라지지 않는다. 요통 환자 수백만 명 중 약 10%는 치료나 수술을 통해 통증이 줄어들지 않는다는 걸 알게 될 것이다. 통증이 6개월 이상 지속되면 의료 전문가들은 통증을 만성으로 분류한다. 겉보기에 무해해 보이는 허리 통증은 끊임없는 육체적·정신적 고통의 땅으로 들어가는 여권이다. 미국인의 20~30%, 즉 1억 명 정도로 추정되는 사람들이 만성통증을 겪고 있다. 그 원인은 비교적 쉽게 진단할 수 있는 것도 있는 반면, 허리 부상의 사례처럼 원인이 복잡하고 알 수 없어 명확한 치료법을 찾을 수 없는 것도 있다. 어느 쪽이든, 끊임없이 고통을 겪는 힘든 경험은 수면, 업무 생산성, 개인 관계, 환자의 정신 건강에 영향을 미친다. 이러한 악순환*은 심각한 우울증을 유발할 수 있다.**02**

의사들이 극심한 만성통증을 겪고 있는 사람들을 치료하기 위해 찾은 한 가지 방법은 옥시코돈oxycodone, 하이드로코돈hydrocodone 같은 강

---

* negative feedback loop. 원래 의학에선 '음성 되먹임 고리', 즉 '반응이 자극을 줄이는 현상'을 지칭하지만 이 글에선 고통이 다른 고통을 추가로 유발한다는 뜻으로 쓰여 '악순환'으로 옮겼다.

력한 진통제를 처방하는 것이다. 물리치료에서 얼마나 효과를 얻을지 알기 전에, 의사와 나는 사실 투약 가능성을 논의했다. 그는 명백한 경계심을 표현했다. 오피오이드opioid*가 때로 효과도 있고 필요도 있는 만큼, 최근 수십 년간 과다하게 처방됐고 의도치 않게 심각한 결과를 초래했다는 데 대해 의료계 인식이 높아지고 있다는 것이었다. 오피오이드 사용은 1990년대 중반에 급증하기 시작했다. 제약회사들이 가격을 낮추고 공격적인 마케팅을 펼치면서 이 약품들의 처방과 사용이 급증했다. 최근 알려진 바처럼, 결과는 그야말로 재앙이었다. '오피오이드 유행병'은 전 세계 여러 나라를 유린했다. 특히 헤로인 및 처방약 중독으로 인한 연간 사망자가 2만 7,000명이 넘어 교통사망자보다 많은 미국이 그랬다. 2014년에는 오피오이드로만 거의 1만 9,000명이 사망했다. 이는 1999년에 비해 369% 증가한 것이다. 같은 기간 헤로인 과다 복용은 439% 증가했다. 2014년에 실시된 한 연구는 주목할 만한 사실을 밝혀냈는데, 미국 12개 주에선 오피오이드 처방 건 수가 사람 수보다 많았다.[03]

2010년에 이르자 의료체제 내 오피오이드 남용과 중독률 증가에 대한 우려가 너무도 커져서 규제 당국은 '의사 쇼핑', '알약 공장', 그리고 광범위한 약물 남용에 대한 통제를 강화했다. 그러나 이러한 움직임은 의도치 않은 결과를 낳았다. 암시장에서 처방 진통제에 대한 수요가 치솟아 2014년에는 약 한 알 가격이 80달러도 넘을 정도가 됐다. 이건 새로운 중독자들을 거리로 내모는 원인이 됐다. 거리의 헤로인은 비싸야 10달러면 얻을 수 있었다.[04]

---

* 오피오이드: 아편과 비슷한 기능을 하는 모르핀계 합성 진통·마취제.

새로운 형태의 남용이 나타나기 시작했다. 환자는 수술이 필요하면서 만성통증을 유발하는 부상을 예컨대 허리에 입을 수 있다. 수술 후엔 환자가 극심한 통증을 견뎌내도록 진통제가 처방될 것이다. 처방전은 떨어지고 환자는 여전히 몸부림치게 통증을 느끼고 있거나 약에 대한 의존성이 생겨버렸는데, 진통제는 갑자기 중단된다. 단계별 통증 치료계획 혹은 이용할 수 있는 중독치료소 없이 환자는 비처방약품으로 자가 치료를 시작하지만 통증은 거의 줄어들지 않는다. 아마 환자는 이전에 수술을 받았던 친구에게서 남은 진통제를 빌릴지도 모른다. 결국 환자는 불법 마약상들한테서 진통제를 구하고 처음에는 헤로인 냄새만 맡다가 나중에는 주사를 놓게 된다.

만성통증과 오피오이드 사용에 대한 놀라운 숫자 뒤엔 또 다른 불길한 통계가 있다. 의료 전문가들은 앞으로 수십 년 동안 많은 사람이 극심한 만성통증을 겪을 것으로 예상한다. 베이비붐 세대가 계속해서 나이를 먹고 있는 데다 이들은 역사상 어떤 다른 세대보다 더 오래 살 것이기 때문이다. 증가하는 만성통증 인구를 어떻게 안전하게 치료할 것인가는 우리 사회가 다뤄야만 하는 시급한 문제이다. 이 문제의 연구자 중 하나가 스탠퍼드대학 의료센터의 통증관리센터 책임자인 숀 맥케이Sean Mackay 박사이다. 자신을 '재생 마취과 의사'라고 부르는 맥케이는 통증을 이해하고 이겨내려는 노력으로 이 분야에서 거물이 됐다.

2016년 발표된 한 연구에서 그와 그의 동료들은 만성적인 오피오이드 사용이 무릎 수술, 담낭 수술 등 11개 일반적인 수술과 연관이 있다는 걸 증명했다. 드러난 가장 놀라운 사실은 그중 제왕절개 수술의 빈도가 높았다는 것이었다.[05] 맥케이는 수술에 수반되는 외상성 통증의 효과적

치료를 바란다면 개입에 가장 중요한 시기는 수술 직후, 즉 의사가 진통제를 처음 줄 때라고 지적한다. 그와 공중 보건 전문가들의 목소리는 일치한다. 오피오이드의 사용을 배제하거나 줄이려면 새롭고 비약품적인 고통경감책이 필요하다는 것이다.

의학계에선 이미 마사지, 명상, 침술 또는 동물 매개 치료 같은 기법을 포함해 다양한 개입책이 쓰이고 있다. 또 다른 중요한 기술은 주의분산이다. 의사와 치료사들은 통증에 시달리는 환자들에게 독서, TV 시청부터 비디오게임 하기, 그림 그리기까지 모든 종류의 '주의분산 기법'을 사용하라고 권한다. 주의분산이 효과가 있는 이유는 인간의 관심이 유한하기 때문이다. 우리는 한 번에 아주 많은 자극을 받을 수밖에 없다. 그리고 사용자들의 오감을 사로잡고 맞춤형 경험을 제공하는 매체보다 더 주의를 분산시키는 것은 거의 없다. 가상 세계로 정신을 이동시키는 현존감의 힘에는 유용한 부작용이 있다. 그것은 부재함이다. 가상 세계에 들어가면 그 사람의 주의는 자기 몸에서 멀어진다.

통증으로부터 주의를 분산시키는 가상현실의 이점에 대한 증거가 늘어나면서, 우리는 점점 더 가상현실이 전 세계에서 모든 종류의 육체적 통증을 관리하기 위해 활용되고 주사기와 치과용 드릴 앞에서 움찔하는 사람들의 불편과 걱정을 덜어주는 것을 보게 된다. 가상현실은 또 지루하고 불편한 재활 훈련을 받아야 하는 사람들이 훈련을 더 잘 받게 돕는다. 가상현실 주의분산기법을 통증 관리에 도입한 최초의 연구는, 많은 가상현실 스토리가 그렇듯, 가상현실 붐이 일어난 1990년대 초반에 시작된다. 그리고 이것은 우리가 이미 다룬 연구자, 헌터 호프먼 박사의 작업과 관련이 있다. 그는 조앤 디페데의 9·11 테러 PTSD 공동연구자였다.

● ●

이 모든 것은 대학이 학문 간 협력과 혁신을 촉진하는 데 얼마나 중요한지 상기시키는, 대학의 일상적인 대화에서 시작됐다. 1996년이었다. 그땐 헌터 호프먼은 워싱턴대학이 설립한 휴먼인터페이스기술연구소HITLab에서 일하고 있었다. 그는 가상현실이 공포증을 앓고 있는 사람들에게 어떻게 활용될 수 있는지 연구하고 있었다. 경력 초기에 그는 기억 및 인지를 연구했지만 1990년대 초 가상현실 시연에 참여한 이후론 현존감의 환상에 매혹돼 가상현실 연구에 집중하기 시작했다. 미리 구축한 가상환경과 대학의 가상현실장비를 써서 거미공포증 환자들을 대상으로 한 실험을 시작했다. 가상 거미에 대한 노출이 환자들을 공포에 잘 대처하도록 도울 수 있을지 여부를 알아보기 위한 실험이었다. 결과는 우리가 기대하던 바였다.

하루는 대학 심리학과에 있는 호프먼의 친구가 그에게 최면요법이 화상 환자들의 통증조절 기법으로 어떻게 쓰이는지 설명하고 있었다. 호프먼이 회상했다. "그에게 물었어요. 최면이 어떻게 고통을 줄여주느냐고. 제 친구가 말했습니다. '음, 어떻게 작용하는지는 완전히는 모르겠어. 그러나 주의를 분산시키는 것과 관계가 있을지도 모르겠어.' 그리고 난 말했죠. 세상에나, 그럼 네가 깜짝 놀랄 만큼 주의를 분산시키는 게 나한테 있어."

그 친구는 호프먼에게 데이비드 패터슨David Patterson 박사를 소개했다. 박사는 재활 심리학과 통증 조절이 전문인 워싱턴대학 심리학 교수였다. 그들은 중화상 피해자들이 치료 중 피치 못하게 시달리는 격통을 줄여주는 가상현실의 효과에 대해 공동으로 연구하기 시작했다. 그들이 이 연구를 수행한 워싱턴주 시애틀의 하버뷰 화상센터는 이웃한 5개 주에서 온 환자들을 치료하는 지역병원이다. 중화상 환자들은 종종 신체 넓은 부위의 상처도 함께 가지고 있는데, 부상 상태가 심각하고 복잡하며 그 치료 과정은 유례없이 고통스럽다.

우선, 화상 부위에 이식할 피부는 환자 몸의 다치지 않은 부위에서 떼어내야 한다. 이때 환자를 괴롭히는 새로운 상처가 생긴다. 새 상처와 이전 상처 때문에 통증이 이어지는 와중에 치유를 촉진하려는 정기적 치료가 진행되고, 이로 인해 고통이 더 심해진다. 매일 상처의 딱지를 떼어내면서 붕대를 풀고 갈아야 한다. 그러고 나서, 감염을 막고 이식 부위가 잘 붙도록 상처 입은 생살을 씻어내고 박박 문지른다. 이식 부위가 손상된 피부와 연결되기 시작하면, 고통스러운 훈련을 해야 한다. 흉터 조직이 커지는 것을 막기 위한 훈련이다. 흉터 조직이 커지면 환자가 예전처럼 움직이지 못한다. 의사들이 환자의 통증 정도를 측정하기 위해 사용하는 1~10점 통증 척도에서 이런 치료들은 보통 가장 높은 점수를 얻는다. 심지어 오피오이드 진통제의 도움을 받더라도 그렇다.*

호프먼이 실험을 하던 당시, 이 고통스러운 경험을 다루는 주된 방법은 오피오이드였다. 하지만 오피오이드는 환자들이 쉬고 있을 때 통증을 다스리는 데엔 충분히 효과가 있었던 반면, 일상적으로 상처 치료를 받을 때엔 대개 효과가 없었다. 약물을 복용하더라도 상처 치료 중엔 환자

---

* 통증 척도에서는 치통이 4.5, 출산의 고통이 7.5, 희귀난치성질환 등 일상이 불가능할 정도의 극심한 고통이 8을 기록한다.

의 거의 90%가 살을 도려내는 듯한 극심한 통증을 호소하곤 했다.[06] 처방 진통제가 있더라도 화상 후 회복과정은 특히 고통스럽다. 이는 환자의 고통을 줄여주고자 하는 의사와 간호사들에겐 특수한 도전과제이다. 진통제는 통증에 대한 감각을 마비시키는 데에 효과가 있는 정도만큼이나 회복에 악영향을 미칠 수 있다. 또 중독성이 있을 뿐만 아니라 잠을 방해하고 메스꺼움을 유발하며, 적절하게 투약하지 않으면 죽음을 초래할 수도 있다. 주의분산의 이점은 연구자들에게 이미 잘 알려져 있었다. 통증을 연구하는 과학자들은 고통스러운 치료가 진행되는 동안 환자들의 주의를 분산시키는 영화, 음악, 비디오게임 같은 매체의 효과를 수년 동안 시험했다. 호프먼에게 가상현실은 논리적인 다음 단계처럼 보였다. 그는 그것이 효과적인 주의분산 도구가 될 것이라고 생각했다. 하지만 그것이 다른 주의분산 기법들보다 더 좋은 효과를 낼까? 그와 패터슨은 가능성을 시험해보기로 했다.

호프먼과 그의 동료들이 실시한 초기 파일럿 연구에서, 과학자들은 두 명의 화상 환자를 치료하는 동안 두 가지 다른 주의분산 기법을 사용했다. 하나는 호프먼이 이미 구축한 거미공포증 환경을 체험하게 하는 것이었다. 호프먼이 만든 '거미세계Spider-World'는 기본적으로는 작업대, 창문, 열 수 있는 캐비닛으로 구성된 가상 부엌이었다. 이 쇼의 주인공은 가이아나에서 발견된 털이 부숭부숭한, 새를 잡아먹는 타란툴라 거미였다. 타란툴라는 놀랍게도 작업대 위에서 쉬고 있다. 용감한 환자들은 원한다면 손 닿는 곳에 있는 거미를 만질 수도 있다. 호프먼이 타란툴라의 물리적 표상을, 즉 '형편없는 가발을 쓴 털북숭이 장난감 거미'를 놓아뒀기 때문이다.[07] 2000년에는 '거미세계'가 꽤 정교해졌다. 그 안에서 여러분은 장갑으로 조종하는 가상 손으로 접시, 토스터, 식물, 프라이팬을 잡을 수 있다. 사용자는 또한 자기 머리를 돌리고 다른 방향으로 기울어지게 몸통을 움직일 수 있다. 당연히 지금보다 정확도는 더 낮았고 비용은 더 높았지만, 많은 면에서 이 기술은 오늘날 소비자들이 이용할 수 있게 된 상업적 시스템과 유사했다.

다른 주의분산 기법으로는 닌텐도 64Nintendo 64 콘솔용으로 만든 인기 비디오게임이 있었다. 이 게임에서 환자들은 경주용 자동차 혹은 제트스키로 경주를 하거나 코스 주위를 교묘히 돌기 위해 조이스틱을 썼다. 이 비디오게임은 가상현실 세계만큼 몰입이 잘 되지는 않았지만, 정교하고 정말 재밌어서 논문작성자들의 선택을 받았다. '거미세계'와 달리, 이 게임엔 환자들이 자기 성적을 볼 수 있는 점수판이 있었다. 또 1인칭 시점의 과제 겸 내러티브라는 측면에서 더 깊은 관여를 일으켰다. 이런 방식을 고려할 때 이 통제조건은 허수아비처럼 쓸모없는 게 아니었다. 이 게임은 몰입형 가상현실은 아니었지만 아주 매혹적이었고 주의를 분산시켰다.

첫 환자는 10대 소년이었다. 그는 16세였는데, 한쪽 다리에 중화상을 입어 수술과 스테이플staple* 삽입이 필요했다. 결과는 놀라웠다. 의사들이 통증 정량화에 쓰는 척도 중 하나는 수술시간 중 환자가 통증에 대해 생각하는 시간의 비율을 측정하는 것이다. 이 연구 중 상처 치료를 받으면서, 환자는 닌텐도를 하면서는 95%의 시간 동안, 가상현실을 하면서는 2%의 시간 동안 통증에 대해 생각했다. 호프먼과 동료들의 연구에 따르

---

* 스테이플: 수술용 봉합 못.

면 불쾌함, 고통, 불안감 등급에 있어서도 유사하게 큰 차이가 나타났다. 가상현실은 비디오게임과 비교해 이점이 엄청나게 컸다. 그리고 고통을 극적으로 줄여줬다.

두 번째 환자는 얼굴, 가슴, 등, 배, 다리, 그리고 오른팔 등등 몸 전체에 심한 화상을 입었다. 화상은 신체 표면의 3분의 1을 뒤덮고 있었다. 결과는 첫 번째 환자와 비슷했다. 가상현실은 게임에 비해 통증을 크게 줄여줬다. 이 연구에 대해 호프먼과 패터슨이 쓴 논문은 HMD를 쓴 한 환자의 사진과 함께 2000년 의학 학술지 《통증Pain》의 커버를 장식했다. 이것은 놀라운 일이었다. 왜냐하면 이 학술지는 대개 동물 실험 대상자들의 통증 연구, 그리고 세포 단계에 초점을 맞춘 논문을 실었기 때문이다. "표지에 등장한 최초의 인간 중 하나였다고 생각해요." 호프먼은 농담으로 말했다. "대개 표지는 쥐의 무지갯빛 척추 사진이었거든요."

말할 필요도 없이 호프먼과 그의 동료들은 이러한 결과에 크게 고무됐다. 가상현실 환경은 환자들에게 엄청난 주의분산을 일으켰는데, 그뿐만 아니라 그들은 미리 만들어둬 거의 규격화된 체험에서도 이런 결과를 얻었다. 그들이 사용했던 '거미세계'는 화상 환자들로부터는 그다지 환영받지 못했다. 오븐, 가스레인지, 토스터같이 잠재적으로 화상에 대한 불쾌한 연상을 일으키는 물건으로 가득 찬 부엌으로 묘사했기 때문이었다. 호프먼은 좀 더 기분 좋은 체험을 만들 수 있을지 궁금했다. 그 체험을 게임으로 바꾸기 또한 원했다. 상상해보자. 게임 디자인의 흡수 요소와 가상현실의 몰입형 특성을 결합한다면 치료에 얼마나 더 많은 것들이 포함될 수 있을까?

호프먼이 손본 결과 나온 것이 '눈세계SnowWorld'였다. 이것은 멋진 흰색과 푸른색의 세계를 배경으로 한 단순하고 조용한 가상현실 게임이다. 그 안에서, 게임 참가자/환자는 떨어지는 눈송이, 눈사람, 펭귄, 그리고 털이 많은 매머드에 둘러싸여 북극 협곡 바닥을 따라 천천히 움직여 나간다. 환자는 마우스를 이용해 가상 물체에 눈덩이를 겨눌 수 있고, 날아드는 눈덩이로부터 자신을 방어할 수도 있다. 게임 내내 즐거운 팝 음악이 흘러나온다. 호프먼에게 중요한 것은 간단하고 자극적이지 않은 게임이어야 한다는 점이었다. "가상 환경 속에서 천천히 움직일 수 있게 눈세계를 설계했습니다." 호프먼이 내게 말했다. "우리는 시뮬레이터 멀미를 우려했어요. 화상 병동의 사람들은 상처 자체뿐 아니라 화상 치료에 대해서도 이미 혐오감을 갖고 있거든요. 우리는 정말 사이버 멀미를 최소화하려 노력했습니다. 그것은 환자가 가상 세계에서 미리 정의된 경로를 따라간다는 것을 의미하죠. 그게 정말로 상황을 진정시킵니다."

두 환자를 대상으로 한 이 최초의 획기적인 연구는 지금도 가상현실과 통증에 관해 가장 많이 인용되는 논문 중 하나이다. 그로부터 4년이 지난 후, 호프먼과 동료들은 통증 완화 효과를 다른 방법으로 측정하려고 계획한 조사에 눈세계를 사용했다.[08] 환자의 자가 평가가 통증을 측정하는 일반적인 방법이지만, 뇌 활동의 패턴을 관찰하는 것으로도 고통의 정도를 측정할 수 있다. 그들은 표본 크기를 늘리기 위해, 병력이 없는 비임상 참가자들을 썼다. 변수를 더 잘 통제하기 위해, 건강한 참가자들이 실험실에 왔고 연구자들은 고통을 유발했다. 참가자는 여덟 명의 남자였다. 그들은 fMRI 장치에 들어가서 특수 열패드 장치를 잡았다. 이 장치를 잡으면 손바닥에 고통스러운 작열감을 일으킬 때까지 서서히 뜨거워진다. 우리는 이런 장치 중 하나를 가상현실과 통증에 관한 논문을 쓸 적에 사용해본 적이 있는데, 개인적으로 그게 얼마나 불쾌한 경험인지 증언할 수 있다. 그 실험 그룹 내에서 내 통증 허용치가 가장 낮았다. 나는 단 몇 초 동안만 열패드를 잡고 있을 수 있었다. 각 참가자는 두 번 실험에 참여했는데, 한 번은 가상현실(그 유명한 눈세계 시뮬레이션)을 사용했고, 다른 한 번은 가상현실을 쓰지 않았다. 실험 참가자 절반이 가상현실 실험을 먼저 받았고 나머지 절반은 통제조건의 실험을 먼저 받았다. 두 번의 실험은 각각 약 3분간 이어졌다.

과학자들은 고통이 클수록 더 큰 활동 신호를 보낸다고 생각하는 뇌 5개 영역을 분리했다. 예를 들어, 시상視床이 그런 영역이다. 그들이 fMRI로 본 바에 따르면, 참가자들은 통제조건과 비교해 가상현실 사용 때 뇌 5개 영역 모두 활성화가 덜 됐다. 이것은 가상현실이 고통스러운 시술 동안 실제로 뇌 활동을 변화시킨다는 것을 보여주는 첫 증거였다.[09]

호프먼은 가상현실 통증 치료법을 널리 보급하기 위해서는 병원과 보험회사들을 설득해 가상현실의 효과를 인정하도록 해야 한다는 걸 알고 있었다. 그래서 그와 그의 동료들은 2011년에 임상 분야에서 신뢰를 얻는 데에 중요한 단계를 밟았다. 무작위 대조실험을 진행한 것이다.[10] 이러한 연구는 치료 및 통제조건의 유효성을 보장하기 위해 더 큰 표본을 쓰고 주의도 더 크게 기울인다. 화상을 입은 45명의 입원 아동은 화상 치료를 위한 물리치료를 받던 중 연구에 참여했다. 환자들은 동작 범위를 넓히기 위한 훈련을 받는데, 그건 끔찍할 정도로 고통스럽다. 환자들은 치료시간마다 절반은 가상현실로 시간을 보냈고, 다른 절반은 통제조건에 있었다. 연구자들은 순서효과를 피하기 위해 적절한 무작위화에 주의를 기울였다. 치료순서는 무작위화와 역균형화*를 했다. 아이들은 가상현실 환경에 있을 때 통증을 덜 느꼈다. 대조군에 비해 통증이 27~44% 줄었다. 게다가 아이들은 가상현실이 통제조건에 비해 더 '재미있다'라고 보고했다.[11] '재미있다'에 강조하는 따옴표를 붙인 것은, 화상 환자에 대한 물리치료는 공원에서 걷는 것처럼 쉬운 일이 아니며, 따라서 환자가 고통스러운 운동요법을 따르도록 동기를 부여하는 건 큰 이점이 있기 때문이다.

호프먼의 통증 연구는 인간 고통의 최극단에 적용되고 있다. 화상 환자만큼 심각한 고통을 견뎌야 하는 사람은 거의 없다. 그러나 통증 치료 방법으로서 가상현실의 잠재적 응용 분야는 무한해서 가장 일반적인 의료 현장에서도 등장하기 시작하고 있다. 환자들이 정맥주사나 스케일링 같은 일상적인 의료 시술을 받을 때, 또 침상환자가 다른 곳으로 옮겨질 때 느끼는 불안을 줄이기 위해 이미 많은 의사가 몰입형 비디오를 쓰고 있다.[12] 의사들은 화학요법을 받는 환자에게 도움을 주기 위해서도 가상현실을 적용했는데, 가상현실이 환자의 치료 기간을 더 줄여준 것으로 보인다고 보고했다.[13]

● ●

주의분산 기법의 응용 분야가 가상현실 통증 관리 연구의 주요 영역

---

* 역균형화: 순서효과를 막기 위해 참가자의 반은 조건 A를 먼저 수행한 후 조건 B를, 나머지 반은 조건 B를 먼저 수행한 후 조건 A를 수행하는 것.

이 된 사이에 연구자들은 새로운 길을 모색하고 있다. 이 시도는 정신과 신체의 복잡한 상호작용과 관련된 흥미진진한 최근 연구에서 형성되고 있다. 이들 연구 중에는 어떻게 다쳤거나 절단된 손발을 움직이는 환상을 만드는 방식으로 뇌를 재연결해 통증을 덜어주고 (가능하다면) 동작을 북돋울 수 있는지 알아보는 것도 있다. 이런 요법은 거울 치료에 기초를 두고 있다. 원래 이 요법은 캘리포니아대학 샌디에이고 캠퍼스의 V. S. 라마찬드란V. S. Ramachandran 박사가 환상 사지 통증phantom limb pain, 즉 가려움부터 화끈거림까지 불편한 감각에 시달리는 사람들을 돕기 위해 1990년대에 고안했다. 환상사지 통증은 절단되어 없는 팔다리가 여전히 아프다고 느끼는 증상인데, 수족절단환자 70% 정도가 고통받고 있다.[14] 원인에 대해선 여전히 논쟁이 있다. 그러나 한 가지 가설은 뇌의 체감각피질*이 손발이 절단되면서 끊긴 신경 입력을 재연결하고, 이 재연결이 고통스러운 감각을 만들어낸다는 것이다. 고통스러운 순환에 갇힌 신경경로는 다음 방법으로 편해질 수 있다. 그 환상 속의 손이 이완되고 있다는 느낌이 들도록 뇌를 속이는 것이다. 이를 위해 거울이 쓰인다. 그 거울은 다치거나 절단된 손발이 있던 자리에 건강하고 다치지 않은 팔다리를 투영한다. 이 기법으로 의사는 건강한 손발에 대한 환상을 만들어 거울에 비춰줄 수 있는데, 그 손발 중 하나는 통증을 덜어주도록 훈련하거나 움직이게 할 수 있다. 거울 속에서 환자들은 절단된 팔이 있던 자리에 멀쩡한 팔이 비춰지는 것을 보게 된다. 적절한 훈련을 통해 환자들은 환상 속 주먹을 이완시킬 수 있었다. 뇌가 고통스러운 감각 없이 재연결된 것이다.

* 체감각 피질: 촉각과 위치감각을 담당하는 뇌 영역.

유의미하게 많은 연구 결과가 거울치료법이 특정 환자들에게 놀라울 정도로 효과적이라는 것을 증명하긴 했지만, 여전히 40% 환자에게는 효과가 없다. 이에 대한 한 가지 가설은 성공 여부가 실험 참가자의 상상력과 관련이 있다는 것이다.[15] 거울 치료를 위해선 투영된 손발을 자기 손발이라고 상상해야 하는데, 어떤 사람들은 이렇게 상상하는 걸 다른 사람들보다 힘들어하는 것으로 보인다. 이렇게 많은 상상력을 발휘해야 하는 작업을 가상현실이 대체할 수 있다. 신체 이전 환상이 얼마나 강렬한지를 고려할 때 가상현실이야말로 거울치료의 향상된 버전을 제공할 것이라고 여기는 연구자가 많다.

심리학자이자 생리학자인 내 동료 킴 블록 박사는 최근 감각·운동·인지 장애로 고통받는 사람들을 치료하는 시술에 가상현실 치료를 접목했다. 2년 동안 우리는 아바타 손발을 이용해 고통을 치료하는 프로젝트를 진행했고 스탠퍼드로부터 약간의 보조금을 받아 여러 유형의 의료 치료에 가상현실을 실험했다. 박사의 환자 중 한 명, 캐럴 P는 가상현실 치료에서 아주 좋은 결과를 얻고 있었다.

캐럴 P는 뇌성마비와 근육긴장이상에 시달리고 있는데, 이 때문에 몸 오른쪽에 경직성 근육수축을 겪고 있고 짧은 기간을 제외한 대부분 시간에 휠체어에 의지해 지낸다. 시간이 지남에 따라 근육수축이 어깨에서 오른팔 탈구를 일으켜 가슴에 팔을 얹고 지낼 수밖에 없게 됐다. 캐럴이 내게 설명하길, 그것은 끊임없이 "뼈를 뼈에 대고 문지르는 듯" 욱신거리면서 마치 핀으로 찌르는 듯 날카로운 통증이었다. 그래서 캐럴은 가능한 한 오른팔을 많이 움직이지 않으려 했다. 이건 캐럴의 만성통증 중 가장 심각한 증상이었고, 이 밖에도 그는 온몸의 관절, 연골, 인대에 불편을 겪고 있었다. 캐럴은 평생 통증과 함께 살았지만 어깨 탈구 후에는 특히 일상적인 활동을 하는 것조차 어려워졌다. 2011년, 참을 수 없게 된 캐럴은 의사에게서 도움을 구했고 약물, 마사지, 뇌심부자극술을 처방받아 제한적 효과를 얻었다. 여전히 통증 완화책을 찾으면서 캐럴은 블록 박사한테 연락했다.

치료는 이런 식으로 진행된다. 캐럴은 HMD를 쓰고 아바타를 통해 1인칭 시점으로 자신을 보게 된다. 다치지 않은 왼팔에는 자신의 아바타 팔을 제어하는 동작 트래킹 조종장치를 장착할 것이다. 하지만 가상의 왼팔을 움직이는 대신, 블록 박사는 캐럴의 실제 동작이 가상의 오른팔을 조종하도록 입력 신호를 전환할 것이다. 그는 이제 가상현실에서 가슴 위에 고통스럽게 놓여 있는 탈구된 팔을 움직이는 것으로 착각한다. 실제 왼팔로 가상의 오른팔을 움직이는 것이다! 하지만 그의 뇌는 가상 신체의 주인이 되었기 때문에 탈구된 팔을 움직인 것으로 인식한다.

치료를 겨우 몇 번 받고도 캐럴은 놀라운 통증 완화 결과를 보고했다. 내가 전화로 연락했을 때, 그는 통증을 일으키는 팔을 운동시켜 호전된 것에 대해 아주 열정적으로 이야기했다. "치료받을 때마다 매번, 더 많은 것이 활성화됐어요. 위, 아래, 옆으로. 어느 쪽으로도 손목을 돌릴 수 있어요. 처음 느낀 건, 실제로 안도감이 든 건, 처음으로 고통에서 풀려났다는 것이었어요. 그러고 나서 껍데기를 깨고 나오는 게 뭔지 알겠다는 느낌이 막 왔어요. 정말 신이 나요. 팔을 움직일 수 있고 훈련할 수 있으니까요."

캐럴은 영감을 주는 사람이었다. 또한 가상의 경험이 어떻게 그의 삶을 더 좋게 만들었는지를 보는 것은 멋진 일이었다. 그리고 단지 고통에 대한 것뿐만이 아니었다. 현실세계에서 이동에 어려움을 겪는 사람으로서 캐럴은 가상현실이 제공한 새로운 경험 기회 덕분에 해방감을 느꼈다. 나는 캐럴에게 치료와 관계없는 가상현실 앱을 시도할 기회가 있었는지 물었다. 전화를 통해서도 캐럴의 기쁨을 느낄 수 있었다.

“정말 멋졌어요!” 캐럴이 말했다. “나는 바다에 있었어요.” 블록 박사는 그에게 바이브 HMD*용으로 만든 데모 샘플을 보여줬다. 그 데모는 사용자를 침몰선의 갑판 위에 올려놓는다. 물고기가 헤엄친다. 난간 너머로는 바다 아래 심연을 볼 수 있다. 갑자기, 고래가 보트 옆에서 수영한다. 고래의 눈이 단지 몇 피트 떨어진 곳에 있다. “자유로운 느낌이었어요.” 캐럴은 계속했다. “의자에 앉아 있지 않는 것, 독립성을 가진다는 것. 그것은 멋진 느낌이었어요.”

“정말 놀라운 일이었어요. 그리고 좋았던 점은, 제가 스쿠버 다이빙을 해 본 적이 없었기 때문에, 물속에서 물고기와 함께 있다는 것을 아는 느낌과 자유를 갖는 느낌은 굉장했어요.”

나는 캐럴에게 다른 체험 중 해보고 싶은 게 뭐냐고 물었다: “스키 타기, 날기. 아마도. 잘 모르겠지만, 제가 스쿠버 다이빙을 하러 갔던 것은 처음이었는데요, 아주 좋았어요.”

● ●

가상의 몸에 뇌를 매핑mapping하는 것은 캐럴 P의 치료에서 그랬듯 호기심을 불러일으키는 동시에 효과적인 임상 결과 또한 만들어내고 있

---

* 바이브 HMD: HTC가 만든 가상현실 기기 브랜드이름.

다. 하지만 그 과정은 흥미로운 이론적 질문들을 제기한다. 우리는 인간이 자기 고유의 이족보행형 외피를 매우 잘 제어한다는 것을 안다. 하지만 아바타가 완전히 다른 신체 형태를 띨 때엔 무슨 일이 일어날까? 우리의 뇌는 우리 특유의 몸을 어려움 없이 통제할 수 있도록, 즉 쉽게 머리를 돌리거나 팔과 다리를 움직일 수 있도록 적응했다. 우리는 뇌를 도표로 그려 뇌의 어느 부분이 신체의 어느 부분을 조종하는지 보여줄 수 있다. 소위 호문쿨루스homunculus*라고 불리는 개념으로, 머릿속에 있는 작은 사람이 통제실 속 조종사처럼 우리 몸을 통제한다는 고대의 믿음에서 나온 것이다. 이 뇌 도표를 보면 피질의 넓은 영토가 손과 얼굴 전용이라는 것을 알아채게 될 것이다. 하지만 호문쿨루스가 갑자기 완전히 새로운 신체 구조로 나타난다고 상상해보자. 우리가 갑자기 이족보행이 아닌, 즉 아바타 바닷가재나 아바타 문어 같은 신체를 움직이게 된다면 어떻게 대처할 수 있을까? 여섯 개의 추가 팔을 조종하는 방법을 알아내기 위해 뇌가 적응할 수 있을까? 이 질문을 검토하는 이론은 '호문쿨루스의 유연성'이라고 불리는데, 가상현실의 선구자 재런 러니어가 주창한 개념이다.

앤 래스코Ann Lasko는 재런의 회사인 VPL리서치에서 1980년대에 그와 함께 일했다. 래스코는 축제에서 바닷가재 의상을 입은 사람들의 사진엽서를 봤다. 앤은 여기서 영감을 받아 가상현실 바닷가재 아바타를 만들기 위한 신체 지도를 프로그래밍하기 시작했다. 바닷가재는 일반인보다 팔, 다리가 6개나 더 많기 때문에 VPL의 인체동작 트래킹 보디슈트

* 호문쿨루스: '작은 인간'이라는 뜻으로, 실험심리학에선 감각, 운동 등 각 신체 영역에 대응하는 뇌 영역의 지도를 지칭.

는 바닷가재 아바타를 조정하기 위한 일대일 매핑에 충분치 않았다. 그래서 과학자들은 바닷가재의 자유도를 더 키울 수 있도록 보디슈트의 기능성을 확장하기 위한 추가 연결법을 창의적으로 고안해야 했다. 예를 들어, 보디슈트의 팔 하나는 왼팔의 물리적 움직임을 측정할 수 있다. 이렇게 움직이면 당연히 바닷가재 팔 하나는 곧바로 조종할 수 있을 것이다. 그러나 동시에 왼팔의 물리적 움직임을 수학적으로 변환하면 다른 팔도 움직이게 만들 수 있다. 예컨대, 왼팔을 움직이는 데 필수적이지 않은 동작, 즉 상완이두근 힘주기에 다른 용도를 갖게 하고, 이 동작을 통해 제2의 가상 팔을 움직일 수 있게 변환시키는 것이다.

이 초기 매핑은 사용할 수가 없었다. 하지만 시간이 지남에 따라 추가된 팔다리를 조종하는 알고리즘이 발전하면서 일부 매핑이 성공한 것으로 나타났다. 재런의 관찰에 따르면, 시간이 지나고 연습이 거듭되자 천천히 인간은 바닷가재 조종법을 배울 수 있었다. 생물학자 짐 바우어가 이 기간 동안 재런의 연구실을 방문했는데, 이때 그는 사용 가능한 비인간 아바타들의 범위가 계통수, 즉 진화 기억과 관련이 있을 것이라는 견해를 내놨다. 인간의 두뇌는 인간 계통의 역사에서 생겨난 신체 기본계획이 비인간의 신체 기본계획보다 자기 신체에 더 유용하다는 것을 안다고 예상할 수 있다. 당연히 바닷가재는 여기 포함되지 않았을 것이다. 그럼에도 불구하고 호기심을 자극하는 질문은 남는다. 무엇이 다른 비인간 아바타는 사용 불가능하게 하고 특정 비인간 아바타는 사용 가능하게 만드는가 하는 것이다.[16]

내 대학원생 중 한 명이자 지금은 코넬대학에서 가상현실연구소를 운영하고 있는 안드레아 스티븐슨 원은 호문쿨루스의 유연성에 관한 논문을 만들고, 테스트하고, 발표할 만큼 용감한 최초의 과학자였다. 안드레아와 나는 재런과 함께 작업했다. 재런은 신체 적응 테스트 알고리즘 및 측정 기준을 구축하기 위해 우리의 발견을 보고하는 최종논문을 공동 집필했다. 두 연구에서 우리는 새로운 신체를 조종하는 개인의 능력을 다뤘고, 실험 참가자들이 어떻게 새 몸에 적응했는지를 조사했다.

첫 연구에서는 인간의 이족보행 형태는 유지했지만, 정상 신체에 대한 제어방식은 뒤섞었다. 예를 들어 우리는 가상 팔을 실제 다리로 제어하고 반대로 가상 다리를 실제 팔로 제어하도록 했다. 이를 위해 가상 팔과 가상 다리의 트래킹 데이터를 바꿨다. 정상, 원천 교환, 범위 확장(범위 교환) 등 세 가지 조건이 있었다. 정상 조건에서, 참가자가 자신의 실제 팔과 다리를 움직였을 때 아바타의 사지는 그에 따라 비슷한 범위로 움직였다. 원천 교환 조건에서 참가자가 자신의 실제 다리를 움직이면 아바타는 가상 팔을 움직였다. 참가자가 자신의 실제 팔을 움직이면 아바타는 가상 다리를 움직였다. 범위 확장 조건에서 참가자의 팔과 다리는 그에 해당하는 아바타 사지를 움직였지만, 아바타의 사지 동작은 확장되든(가상 다리의 경우 실제 팔의 범위를 가진다) 수축되든(가상 팔의 경우엔 실제 다리의 범위를 가지며 어깨 뒤로 올라가지 않는다) 둘 중 하나였다. 다시 말해, 이 조건에서 아바타는 인간보다 다리는 더 넓은 범위로, 팔은 더 적은 범위로 움직일 수 있었다.

참가자들은 약 10분간 풍선을 터뜨리는 과제를 수행했다. 풍선들은 가상의 손이나 발이 닿을 만한 곳에 무작위로 나타났다. 우리는 그들이 특정 손발을 가지고 터뜨릴 수 있는 풍선의 수뿐만 아니라 네 개의 손발이 전체적으로 어떻게 움직이는지도 트래킹할 수 있었다. 결과는 적응을 증명했다. 처음에 갈팡질팡하던 참가자들은 자기가 얼마나 많은 풍선을 터트릴 수 있었는지 측정하면서 약 4분 후엔 새로운 신체 구조를 다루는 법을 터득하게 되었다. 비록 정상 조건에선 다리를 움직이길 꺼렸을지라도, 교환 조건과 확장 조건에서 참가자들은 자신의 실제 다리를 더 많이 움직이고는 했다. 사람들은 낯선 가상 신체에 상당히 빠르게 적응했다.[17]

이 첫 연구는 물론 뇌 매핑에 대한 이론적 탐색 정도였다. 그 후 우리는 작업에 자금을 대고 싶어 하는 회사를 실제로 찾았다. NEC라는 이름의 일본 대기업은 직원들을 더 생산적으로 만드는 방법을 찾고 싶어 했다. 자, 만약 여러분이 제3의 팔을 가진다면 어떨까? 그러면 우리는 공장 라인에서, 데이터 클라우드에서, 그리고 삶의 모든 측면에서 더 효율적인 직원이 될 수 있을까? 어떤 사람은 제3의 팔이 주의를 분산시킬 것이고 멀티태스킹이 생산성 하락을 야기할 것이라고 주장할 수도 있다. 하지만 만약 누군가가 제3의 팔을 숙달할 수 있다면, 판도가 달라질 것이었다. 그래서 다음 연구에서 우리는 아바타들에게 제3의 팔을 줬다. 가슴 중앙에서 나온 팔은 약 3미터 앞까지 뻗었다. 그것은 매우 긴 팔이었다! 참가자는 제3의 팔 x위치를 제어하기 위해선 왼팔을 어깨에서 회전시키고, 제3의 팔 y위치를 제어하기 위해선 오른팔을 어깨에서 회전시켰다. 팔 회전은 왼팔 및 오른팔의 위치와 별개로 할 수 있는 동작이기 때문에 이 제어방식은 과제를 수행하는 원래 팔의 능력에 지장을 주지 않았다. 이 연구에서 참가자들은 빈 공간에 떠 있는 입방체를 만져야 했다. 팔 두 개 조건(즉, 정상 조건)에 있는 참가자들의 경우, 일부 입방체는 자기 몸의 팔 길이 안에 있었고 다른 것들은 그들 앞 3미터 전방에 있었기 때문에 만지려면 걸어 나가야 했다. 팔 세 개 조건의 경우, 가까운 입방체들은 팔에 닿을 만한 거리에 있었고 먼 입방체들은 걷지 않고도 제3의 팔에 닿을 만하게 있었다. 시험은 가까운 입방체 두 개와 먼 입방체 한 개에 손을 대는 과제를 완료하는 것으로 정해졌는데, 모든 풍선은 동시에 나타났다가 과제를 완료하면 색깔을 바꿨다. 참가자들이 제3의 팔을 숙달하는 데에 걸린 시간은 평균 5분 미만이었다. 5분 후에, 세 팔을 가진 사람들은 두 팔을 가진 사람들을 매번 능가했다. 여러분이 제3의 팔을 가진다면 생산성이 더 향상되는 것이다! 우리의 기업 후원자들은 그 결과를 보고 기뻐했다.

흥미로운 이야기 한 토막이 있다. 수많은 중요한 과학 발견들이 그렇듯 재런은 호문쿨루스의 유연성을 사고로 우연히 발견했다. 1980년대 연구 초기에 처음으로 그와 그의 동료들은 네트워크로 연결된 가상현실을 그의 회사인 VPL리서치에 구축했다. 네트워크로 연결하려면 사용자들이 공유된 가상 환경 안에 있어야 하고 서로의 모습을 볼 수 있어야 한다. 그래서 각 사용자들의 3차원 아바타를 만들 필요가 있었다. 초기 개발 시스템의 장점 중 하나는 매우 빠른 시제품화를 지원한다는 점이었다. 실험 참가자가 가상 세계 실험 속에 있는 동안에도 즉각 개정판이 나올 정도였다. 초기 전신 아바타는 측정(보정) 자체가 도전과제였다. 즉, 장시간 사용해도 센서들이 사용자 신체 위의 같은 위치에 정확하게 남아 있도록 슈트를 설계하는 것은 어려운 일이었다.

매핑과 휴리스틱heuristics*을 이용한 빠른 실험이었다는 맥락에서, 버그들이 발생했음은 물론이다. 버그는 대체로 사용 가능성을 완전히 박살 내는 결과를 초래하곤 했다. 한 예로, 만약 아바타의 머리가 엉덩이 바깥

* 휴리스틱: 어림짐작의 기술.

쪽으로 튀어나오게 되어 있으면 사용자에게 가상 세계는 어색하게 회전하는 것처럼 보일 것이다. 이 때문에 곧바로 방향 감각을 잃은 사용자는 어떤 과제도 수행할 수 없게 될 것이다. 아바타 디자인을 찾는 과정에서 연구자들은 비현실적이거나 심지어 기묘하더라도 사용 가능성을 지켜주는 특이한 아바타 디자인을 발견하는 경우가 가끔 있다.

첫 번째는 몰입형 도시 및 항만 계획 도구를 만드는 과정에서 생겨났다. 이것은 재런 러니어와 워싱턴대학 HIT연구소의 톰 퍼니스와 동료들의 협업작업이었다. 과학자 중 한 명이 (가상현실에서) 시애틀 부두의 일꾼 아바타로 살고 있었는데, 그의 팔은 매우 거대한 기중기의 크기로 상당히 크게 만들어졌다. 설계자가 동작을 트래킹하는 소프트웨어의 기준화 인수*에 0을 추가로 입력했기 때문에 발생한 문제 같았다. 놀라운 것은 그 과학자가 그렇게 왜곡된 팔을 가지고도 멀리 있는 넓은 현장의 차량과 다른 물체들을 집을 수 있었다는 점이었다. 정확하게, 명백한 사용 가능성 손실도 없이 그렇게 할 수 있었다. 이 예기치 못한 관찰, 그리고 그와 비슷한 다른 일들이 '여전히 이용할 수 있는 별난 아바타들'을 비공식적으로 연구하는 데 대한 동기를 부여했다.

2014년으로 돌아와보자. 또 다른 행복한 사고가 과학적 돌파구를 만들어냈다. 이것은 앞의 첫 실험에서 나온 조건 중 하나인 '범위 확장' 조건과 연관된다. 이 조건에서 실험 참가자들은 자신의 실제 다리를 아주 약간만 움직여도 자신의 가상 다리가 많이 움직이는 것을 볼 수 있었다는 점을 상기해보자. 호문쿨루스의 유연성에 대한 원천 연구를 수행한

* 기준화 인수: scale factor. 데이터를 어떤 범위 안에서 표시하기 위해 데이터에 곱해지는 계수.

안드레아 스티븐슨 원은 스탠퍼드로 오기 전엔 통증 연구에 참여했었다. 내 연구실에서 몇 년을 보낸 후, 안드레아는 이전 연구를 가상현실에 연결하기로 결정하고 통증 완화를 위한 가상현실 사용에 자신의 직업 인생을 바쳤다. 그러면서 그는 이론적 연구 때 팔과 다리의 조정을 뒤바꾸면서 알게 된 바를 응용할 새로운 방법을 발견했다. 아동, 특히 소아 환자의 편측성 하지 복합부위통증증후군CRPS* 치료를 돕기 위해서였다.

안드레아의 연구는 초기 단계여서 파일럿 연구로 단지 4명의 환자를 대상으로 실험했는데, 이것이 《통증 의학Pain Medicine》이라는 잘 알려진 의학전문지에 실린 바 있다. 그러나 초기 단계였다고 해도 그 결과는 고무적이었다.

CRPS는 잔인하다. 그것은 중추신경계와 말초신경계가 적절하게 상호 작용하지 않을 때 생기는 신경장애로, 환자의 다리나 팔 등 특정 부위에 큰 통증을 유발한다. 이런 종류의 통증을 완화하는 가장 좋은 방법은 물리치료를 하는 것인데, 이게 매우 고통스럽다. 우리 연구에서 4명의 환자 모두 물리치료와 작업치료, 심리적 지지, 의사의 진찰 등 다양한 치료를 받고 있었다. 약물을 포함한 모든 치료는 연구 기간 내내 지속적으로 유지됐다.

우리는 가상현실 치료를 추가했다. 두 가지 방식으로 동작 트래킹과 동작 렌더링 사이의 관계에서 유연성을 조작했다. 첫째, 현실 생활에서 실제 움직임과 가상현실에서 아바타의 움직임 사이의 증폭을 늘려 가상 세계에서 행동할 때 들여야 하는 노력치를 변경했다. 여기에 들어간 아

---

* CRPS: 외상 후 특정 부위에 발생하는 만성 신경병성 통증과 이와 동반된 자율신경계 기능 이상.

이디어는 환자들이 '할 수 있다'라는 것을 시각적으로 보여줘서 그들이 언젠가 가질 수 있는 이동성의 이점을 보게 하자는 것이었다. 심리학자들은 이것을 자기효능감이라고 부른다. 어떤 이가 목표를 달성할 수 있다고 생각하는 것은 그들이 그것을 실제로 성취할 수 있게 하는 데 필수적이다. 긍정적 시각화가 치유에 강력한 도움이 될 수 있다는 것은 의학 문헌에도 분명하게 나와 있다. 누군가에게 그것을 하라고 말하기는 쉽다. 하지만 문제는, 환자가 통증으로 몸부림치는 경우에는 다리 운동에 좋은 자세를 시각화하는 일이 인지적으로 하기 어려울 수 있다는 데 있다.

둘째, 우리는 가상현실 치료 때 환자의 사지로 가상 신체의 사지를 조종하는 방식을 변경했다. 팔을 다리와 뒤바꾼 것이다. 이 치료의 포인트는 운동 촉진이었다. 일반적으로 사람들은 손으로 풍선을 터트리는 걸 더 선호한다. 팔과 다리의 움직임을 뒤바꿈으로써, 아이들은 가상 팔을 움직이기 위해 그들의 실제 다리를 사용해야 한다. 아바타 팔 사용에 대한 선호가 클수록 실제로는 다리를 많이 써야 한다는 점을 이용해 우리는 물리치료를 더 많이 받을 수 있도록 동기를 부여할 수 있다. 기본적으로, 두 치료 유형 모두 우리는 앞에서 설명한 연구에서 발전시켰던 학문적 조작을 취했고, 그것을 임상 환경에 적용했다.

환자들은 앉아서 몰입형 가상현실 헤드셋을 썼다. 일련의 풍선들은 아바타 팔이 닿을 수 있는 최대치로 조정된 네 발 넓이 평면 안에서 무작위로 나타나도록 프로그램된 것이었다. 참가자가 풍선을 치면 피드백으로 '팡' 소리가 났고 바닥이 살짝 흔들렸다. 5초 안에 터트리지 못한 풍선은 조용히 사라졌다. 각 환자는 몇 달에 걸쳐 여섯 번의 개별적인 치료를 받으러 실험실에 왔다.

첫 파일럿 연구는 두 가지 조건으로 구성됐다. 정상 조건에선 추적기를 단 참가자들의 다리는 일대일 관계로 아바타 다리를 조종했다. 확장 조건에선 참가자 다리 동작의 증폭을 1.5배로 높여 물리적 세계 속의 보통 발차기로도 아바타 다리는 더 크게 움직이게 했다. 참가자 A는 왼쪽 다리에 CRPS를 가진 17세 소년이었고, 참가자 B는 오른쪽 다리에 CRPS를 가진 13세의 소녀였다. 둘 다 오른쪽 다리가 우세했다.

두 번째 연구에서, 우리는 교환 조건을 하나 더 추가했다. 참가자들의 실제 다리는 아바타의 팔을 조종했다. 따라서 실제 세계에서 허리 높이 정도의 발차기는 아바타의 팔을 머리 위로 올릴 수 있게 해 준다. 참가자 C는 14세의 소년으로 왼쪽 다리가 우세했고, 참가자 D는 16세의 소년으로 오른쪽 다리가 강력하게 우세했다. 둘 다 오른쪽 다리에 CRPS가 있다는 진단을 받았다.

임상적 관점에서 볼 때, 참가자들은 연구에 참여하는 동안 놀랄 만큼 침착하게 몰두했다. 표준적인 물리치료를 받는 동안 보인 모습과는 아주 다른 모습이었다. 그들은 물리치료 때에는 아주 약간의 움직임에조차 얼굴을 찌푸리며 "아", "아야" 같은 음성으로 표현했고 손발을 뒤로 끌어당기면서 치료를 멈추게 하곤 했다. 반면 가상현실 치료를 받는 동안 이들은 통증을 호소하지 않았고 치료를 적극적으로 받으면서 잘 견뎌냈다. 한 경우를 제외한 2개, 또는 3개의 조건에서 모두 과제 수행시간 5분 내내 참가자들은 다친 손끝 발끝을 적극적으로 움직였다. 이건 의미심장하게 느껴지는 반응이다. 평상시 물리치료 시간엔 치료가 30~60분간 지속되더라도 참가자들은 보통 2~3분 정도만 적극성을 띠었고 그 후엔 이내 얼굴을 찌푸리며 통증을 호소하거나 휴식을 요청하곤 했기 때문이다. 가상현실 실험에서 참가자들은 요청받은 활동의 96%를 완료했다. 일부는 프로그램에 대한 제안을 말했고 좀 더 현실적인 시나리오에 대한 아이디어를 주기도 했다. 참가자들의 정성적 반응은 대체로 긍정적이었다. 이들은 이 게임이 "멋지다", "단순하지만 흥미롭다", 또는 "동기가 부여되어 지난번 점수를 깨려고 노력하게 한다"라고 묘사했다.[18]

이 연구는 통증 효능감에 대한 결론을 도출하는 데 충분한 참가자 규모는 아니지만, 언급한 방책들은 가상현실이 주는 유연성을 써서 통증을 앓는 어린이 환자들에게 미래의 치료법을 위한 길 하나는 마련해줄 수 있을 것이다. 우리는 가상현실이 안전하고 잘 받아들여지며, 통증이나 신체 기능을 악화시키지 않는다는 점을 확인했다. 또한 참가자들이 동작 트래킹과 동작 렌더링 사이에 끊김 현상이 있어도 참는다는 걸 알게 됐다. 코넬대학에서 안드레아는 지금 이 연구의 패러다임을 확장하고 테스트하면서 대부분의 나날을 보내고 있다. 스탠퍼드에서 한 우리 작업을 기반으로 그는 최근 킴 블록의 환자들이 쓰고 있는 휴대용 시스템을 설계했다. 임상의학자들은 언젠가는 가정용으로 환자들에게 이런 시스템을 처방할 수 있을 것이다.

- 실행

수십 년 동안 임상에서 긍정적인 결과를 거뒀지만 가상현실이 육체적, 정신적 통증에 대해 의학적으로 승인된 치료로 활용되려면 아직은 시일이 더 걸릴 것이다. 헌터 호프먼과 스킵 리조와 같은 몇몇 선구자적인 연구자들이 대학병원과 실험실이라는 통제된 환경에서 가상현실을 채택하는 것과, 가상현실 치료를 전 세계 병원과 가정에서 사용하도록 처방하는 것은 별개의 사안이다. 최근 하드웨어 비용이 폭락했기 때문에 가상현실은 소비자에게 널리 보급될 수 있는 위치에 있다. 그러나 지금 만성통증에 시달리고 있는 수천만 명의 사람들이 혜택을 누리려면 미국 식품의약국FDA의 승인을 받고 보험 가입대상에 들어가야 한다. FDA가 가상현실을 공인 의료기기(fMRI 장치 및 심장제세동기부터 설압기 및 안경까지 모든 것을 포함하는 카테고리)로 인정하는 표준, 즉 '안전하고 효과적'이라는 표기를 받으려면 더 많은 연구가 필요하다. FDA는 신기술에 적응하는 속도가 느릴 수 있다. 그리고 공인하는 신기술로 결정할 때 종종 '기존 제품'*의 존재를 고려한다. 치료의 새로운 형태로서, 가상현실은 FDA의 입증 기준을 충족시키기 위해 상당한 양의 임상 데이터를 축적해야 한다.

일단 가상현실 치료가 이 장애물을 통과하면 그다음엔 보험회사들로부터 인정받을 필요가 있을 것이다. 그러려면 1억 명이 넘는 미국인들의 보험을 책임지는 1조 달러짜리 정부 기관 CMS**를 통과해야 한다. CMS는 보상범위를 제시하기 전에 치료가 '의학적으로 타당하고 적절할 것'을 요구하는데, 그러려면 가상현실의 임상 효과에 대한 추가 시연을 더 많이 할 필요가 있다.

가상현실이 병실의 TV 세트만큼 흔한 병원 내 비품이 되기까지는 갈 길이 멀다. 그러나 힘이 커지고 있다. 간단히 말해, 가상현실은 무시하기엔 활용 사례의 성과가 너무나 좋다. 가상현실이 통증을 완전히 없애진 못할 것이다. 그러나 통증 완화를 도울 많은 도구 중 하나임은 분명하다.

---

* predicate devices. FDA 사전허가를 받고 미국 시장에서 유통 중인 동종 제품.

** Centers for Medicare and Medicaid Services. 한국의 건강보험심사평가원과 비슷하게 고령층과 저소득층 의료를 지원하고 감독하는 공공의료기관.

| 제7장 |

사람과 사람이 다시 연결된 사회로

지금까지 나는 가상현실의 현실감 넘치는 속성을 강조해왔다. 그리고 우리가 가상 여건에서 현실 세계의 법칙에 제약받지 않는 이 기술을 통해 어떻게 불가능한 일을 할 수 있을지를 주장해왔다. 이런 경험을 창조하고 그 경험이 진짜처럼 여겨지게 하는 역량은 가상현실의 신나는 점 중 하나이다. 그리고 이 특별히 실제 같은 특성은 1세대 소비자용 가상현실 콘텐츠 중에서 가장 인기 있는 애플리케이션과 게임에 영향을 미쳤다. 그러나 가상현실이 가능케 하는 볼 만한 1인 체험에 초점을 맞추는 것은 내 생각에 이 기술의 정말 혁신적인 가능성을 흐려놓는다. 그 가능성은 가상현실로의 첫 문학적인 여행인 윌리엄 깁슨의 1984년 작 사이버펑크 스릴러 『뉴로맨서』에 등장한다. 깁슨이 '사이버스페이스'와 '매트릭스'라고 부르는 가상현실은 소설 속에서 '서로 **합의한** 환상'이라고 정의된다('가상현실'이라는 용어는 1978년에 컴퓨터 과학자이자 저술가인 재런 러니어가 고안했다). 깁슨이 제시하는 바는 가상 세계를 진짜처럼 느끼도록 하는 요소는 그래픽이나 실물 같은 아바타가 아니라 그 안에서 상호작용하는 사람들의 공동체라는 것이다. 서로 그 실재함을 인정함으로써 그 세계가 존재하게 된다는 얘기이다.

사람들은 내게 종종 '무엇이 가상현실의 킬러 앱killer app이 될 것인가'를 묻는다. 이 값비싸고 솔직히 거추장스러운 기술 장치가 대중적으로 채택되도록 할 콘텐츠는 무엇일까? 나는 우주여행은 아닐 거라고 대답한다. 또 스포츠 경기장 가까운 자리나, 가상현실 영화, 멋진 비디오게임, 또는 수중 고래 관찰도 아니리라고 말한다. 적어도 혼자 해야 하거나, 함께 하더라도 다른 사람들과의 상호작용이 너무 제약되는 그런 것들은 아닐 것이라고 말한다. 마치 완전히 눈치채지 못할 정도로 정상적으로 가상 공간에서 다른 사람들과 말하고 교류할 수 있을 때, 가상현실은 필수 기술이 될 것이다.

사회적인 가상현실의 결정적인 중요성을 맨 처음 간파한 사람이 나는 아니다. 이 분야에 큰 자본을 투자해 가상현실 소비자 혁명을 시작한 회사는 거대한 디지털 소셜 네트워크를 구축했다. 페이스북이 2014년에 오큘러스를 인수한 이래 가상현실의 모든 이용자에게 높은 수준의 '사회적으로 실재함'을 제공하는 하드웨어와 소프트웨어 개발이 이 기술의 '성배'로 추구돼왔다. 현재 수십 개의 크고 작은 회사들이 이 악마적으로 어려운 과제를 해결하려는 시도를 하고 있다. 그리고 그것은 가상현실에서 가장 어려운 과제 중 하나로 남아 있다. 이 과제는 이런 물음으로 표현할 수 있다. 이용자 두 명 이상이 가상 공간에서 실제처럼 가상 환경 및 다른 사람과 서로 상호작용하게끔 하는 방법은 무엇인가? 사람의 사회적인 상호작용의 미묘함, 즉 얼굴 움직임이나 보디랭귀지, 눈빛으로 표현되는 것들을 가상현실이 어떻게 포착하고 전할 수 있을까? 가상현실이 넘어야 할 도전은 인간 경험의 풍부하고 복잡함이다. 아바타를 진짜처럼 만들려면 우리는 인간들이 의식적으로나 무의식적으로 하는 것을 알아야 한다. 그것이 실생활에서 우리의 일상적인 만남을 진짜로 여기게 한다. 그리고 철학자들과 심리학자들이 동의할 텐데, 그것은 복잡한 질문이다.

● ●

괜찮은 소셜 가상현실을 창조하는 작업에서 무엇이 그렇게 어려운지 살펴보기 전에 간단히 논의할 거리가 있다. 이 문제를 풀기 위해 작업하는 사람들이 제대로 빨리하는 것이 왜 중요한가이다. 앞서 몇 장에서 나는 가상현실 연구들을 소개했다. 우리가 환경에 가하는 손상에 대해 사람들을 교육하고 의식을 제고할 수 있는지 보여주는 연구였다. 그러나 이들 결과는 모두 어떻게 가상현실이 더 강력하게 콘텐츠를 전달해 우리가 환경을 생각하는 방식을 바꾸느냐를 다뤘다. 내가 들어가지 않은 부분은 효과 있는 사회적 가상현실의 창조가 어떻게 우리 삶의 구조와 의사소통하는 방식을 근본적으로 바꿀 수 있느냐는 것이다. 즉, 어떻게 아주 먼 거리로 분리된 사람들이 어울리고 협력하고 새로운 방식으로 일하도록 하느냐는 것이다.

이는 우리 삶의 질에 엄청나게 이로운 효과를 가져다줄 수 있다. 통근시간 단축을 생각해보자. 사무실에 가지 않고도 일하는 탄력 근무를 허용하면 매일 통근하는 시간이 줄어든다. 남은 시간은 더 생산적인 일과

여가에 쓸 수 있다. 이는 지구의 건강에 대단한 영향을 줄 수 있다. 인간이 야기한 기후변화의 주요 동인을 살펴볼 때, 화석연료 연소는 상위 리스트에 오른다. 미국 이산화탄소 배출량의 3분의 1 가까이는 교통수단이 태우는 연료에서 나온다. 우리가 앞으로 지속 가능한 문화를 형성하고자 한다면 자동차와 비행기에서 보내는 시간을 반드시 줄여야 한다.

숀 바가이Shaun Bagai의 사례를 소개하고자 한다. 40대 초 직장인으로 최첨단 의료기술을 판매하는 그는 《산호세 머큐리 뉴스San Jose Mercury News》의 1면에 등장한 적이 있다. 그 기사를 보고 나는 그에게 연락했다. 매년 그가 하는 항공여행 거리는 약 30만 마일에 이른다. 그는 지금까지 유나이티드항공United Airlines으로만 250만 마일 이상을 다녔다. 연평균 17개국 100여 개 도시를 돈다. 1년 중 3분의 2 가까이는 호텔에서 숙박한다. 지난 10년 동안 그가 유나이티드항공으로 이동한 거리만도 지구 80바퀴에 가깝다.[01] 회사에서 편의를 많이 제공받는 바가이 같은 직장인에게도 이런 여행은 가혹하다.[02]

그러나 잠시 가솔린과 항공유 연소가 가하는 환경 파괴는 제쳐두자. 안전만 생각해보자. 세계에서 연간 130만 명이 자동차 사고로 사망한다. 부상자는 2,000만~5,000만 명에 이른다. 미국의 2017년 자동차 사망자는 4만 명이 넘었다.[03] 이와 관련해 9·11 테러를 말하는 사람들이 많다. 우리 당대 최악의 국가적인 사건인 이 테러에서 3,000명 가까운 사람들이 생명을 잃었다고 말이다. 그러나 2011년 미국에서 자동차는 알카에다Al Qaeda에 비해 10배의 목숨을 앗아갔다.

다음으로 매일 통근에 걸리는 긴 시간으로 인한 심리적인 손상과 운전자 폭행이 있다. 운전자 폭행은 최근 수년 동안 더 잦아졌고 더 심각해졌다.[04] 이들 문제는 주로 교통 정체에서 비롯된다. 차는 날로 많아지는데 도로망 확충은 교통량이 증가하는 속도에 점점 뒤처지고 있다. 그 결과 출퇴근에 걸리는 시간과 고통이 점점 더 커진다.

또한 실제로 하는 여행은 병을 퍼뜨린다. 우리 가족이 탄 알래스카 유람선에는 승객 거의 2,000명과 승무원 및 선원 수백 명이 탑승했다. 나는 장엄한 해안선을 바다에서 바라보는 기회를 얻게 되다니 엄청나게 행운이라고 느꼈다. 태고의 황무지는 마음을 차분하게 해줬다. 그러나 그 효과는 가까스로 참고 있는 어떤 히스테리 때문에 손상됐다. 선상에 있는 거의 모든 이가 그 상태에 시달렸다. 바로 세균에 대한 히스테리였다. 유람선은 이 공포를 부추겨야 한다는 법적인 의무를 지고 있음이 분명하지 싶었다. 지친 여행객 수백 명이 줄지어 서서 탑승 수속을 밟는 동안 승무원들은 법적 공지사항이 적힌 전단을 우리한테 나눠줬다. 말 그대로 “엉덩이를 조심하라”라는 전단이었는데, 가공할 장염 바이러스에 감염될 가능성을 조심하라는 내용이었다. 배의 코너마다에 손 세정기가 있었다. 우리가 식당에 드나들 때마다 밝은 오렌지색 유니폼 차림의 직원들은 통로에서 우리에게 다가와 정중하지만 강압적으로, 우리가 거부할 수 없는 태도로 손 세정제를 흔들어 보였다. 사실은 우리가 지구를 돌아다닐 때 꾸려 담는 손 세정제 철제 상자와 튜브는 감염병의 온상이다. 비행기에서 재채기하고 콧물 흘리는 감기에 걸린 여행자 옆에 앉아본 사람은 내가 무슨 말을 하는지 안다. 죽음과 질병이 아니더라도, 여행은 심신에 상당히 무리를 준다. 빽빽하게 채워진 좌석, 피곤하게 하는 시차, 붐비는 공항, 예측 불가한 지연, 불편한 호텔 침대는 세계의 여행자에게 표준이다.

이 모든 언급은 가상현실이 모든 여행을 대체하리라고 말하기 위한 것이 아니다. 어떤 것도 국립공원이나 외국 도시를 방문하거나 사랑하는 사람을 만나는 경험을 능가하지 못한다. 대면하고 마무리해야만 하는 사업 거래가 있다. 그러나 사업 차 출장 다니는 사람들 수천 명이 전국 곳곳으로 가려고 비행기에 탑승하는데, 상당수는 짧은 미팅을 위해서이다. 많은 출장자들은 미팅이 끝나면 집에서 저녁을 먹기 위해 돌아서서 공항으로 향한다. 모든 미팅이 참석자의 신체적 존재를 요구할까? 공항에 가고 공항에서 기다리고 비행기에서 지내는 시간이 말이 되나?

이에 대한 기후 과학의 메시지는 분명하다. 만약 우리가 이 행성에서 지속 가능하게 살아가고 싶다면, 여행하는 시기와 장소를 더 신중히 선택해야 한다는 것이다. 우리는 여행 경험에는 비용이 든다는 사실을 깨달아야 한다. 특히 이 세기 말이면 지구 인구가 40억 명이 추가될 참이기 때문에 그래야 한다.[05] 만약 우리가 정말 110억 명이 건강한 행성에서 공존하기 위한 공유하고 지속 가능한 길을 찾고자 한다면, 여행을 줄이는 방안을 찾아내야 할 것이다. 현재 비효율과 낭비는 우스꽝스러울 정도로 엄청나고, 이로 인해 우리 행성이(그리고 우리가) 죽어가고 있다.

● ●

기술이 어떻게 여행을 없앨지, 또는 당신을 집에서 일하게 할지, 그 가능성에 대해 들은 것은 이번이 처음은 아니리라. AT&T는 1993년에 시작한 광고에서 곧 세상을 바꿀 10가지 미래 기술을 보여줬다(물론 모두 AT&T가 만들어낼 기술이었다). 이들 예측 중 몇몇은 놀랍게도 선견력이 있었다. 광고에서 짧은 영상들은 전자책, 현금이 필요하지 않은 요금소, 태블릿 컴퓨터, 온라인 티켓 구매 같은 재미난 혁신을 보여줬다. 그러나 내게 정말 유토피아적인 순간은 묘한 매력이 있는 장면에서 발생했다. 피부를 그을린 느긋한 비즈니스맨이 해변 오두막에서 랩톱으로 원격회의를 하고 있다. 광고는 묻는다. “맨발로 회의에 참석한 적이 있나요? 이제 그럴 겁니다.” 사실 우리는 그렇게 할 수 있다. 기술은 도래했다. 그러나 직장문화는 원격 사무실을 받아들일 만큼 빠르지 않았다.

사업에서 전화나 비디오를 통한 회의가 더 일반적이 됐지만, 대다수 관리자는 여전히 회의에 멤버들이 직접 참가하기를 원한다. 외판원들에 대한 여전한 기대는 고객을 만나기 위해 이 도시 저 도시를 다니라는 것이다. 컨설턴트들은 아직도 기업 본사를 방문해 클라이언트를 직접 만나라는 요구를 받는다. 대학 교수들은 논문을 발표하기 위해 여전히 학회에 간다. 컴퓨터가 중개하는 커뮤니케이션은 특정한 용도에서는 용인된다. 그러나 기본적인 내용을 논의해야 할 때면, 대다수 중요한 만남은 여전히 대면해서 종종 식사나 음주를 하면서 이뤄진다.

“신체적인 접촉은 중요해요”라고 동에 번쩍 서에 번쩍하는 우리 비즈니스맨 숀 바가이가 내게 말했다. 커뮤니케이션 기술을 활용할 수도 있는데도 아시아로 하루짜리 출장을 가는 이유를 묻는 내 질문에 대한 대답이었다. “전화 통화로는 손을 누군가의 어깨에 올릴 수 없고, 눈을 들여다보면서 거래를 마무리할 수도 없잖아요. 화상회의에서도 불가능하죠.” 그는 이어서 자기는 악수보다 절이 표준인 일본에서도 VIP들의 손을 잡고 흔든다고 말했다. 신체 접촉은 그의 의사소통에서 주요한 부분을 차지한다. 그의 일의 성패는 신뢰할 만함과 능력이 있음을 전달하는데 달렸다. 바가이 같은 기업 임원들은 많은 확신이 들어야만 대면 회의 대신 가상현실 원격회의를 택할 것이다. 가상현실을 통해 인상적인 의학 지식과 과학 데이터를 제시하는 능력, 그리고 전향적인 사고를 전할 수는 있을 것이다. 그러나 카리스마와 신뢰할 만함은 여전히 직접 만나서 식사하거나 술을 마시는 자리에서 가장 잘 공유된다.

가상 여행과 원격 현존감이 신체적인 여행을 대체하게 된다면, 숀 바가이의 가상현실 버전이 신체적인 자아만큼 따뜻하고 카리스마가 있도록 하는 시스템을 고안해야 한다. 아바타와 가상 세계를 창조하는 사람들과 이용자들이 그 속에서 상호작용하는 시스템을 설계하는 사람들이 이를 위해 할 일이 있다. 실제 의사소통의 미세한 부분을 이해하고 가상 인체에서 어느 정도 복제하는 것이다. 즉, 실제 사회적 교류에서 구사되는 보디랭귀지를 표현하는 복잡한 안무, 눈 움직임, 얼굴 표정, 손짓, 종종 무의식적인 신체의 접촉을 구현해야 한다. "아마 해결해야 할 가장 중요한 문제는 가상현실에서 어떻게 실제 사람을 나타낼지 궁리해내는 작업일 것이다"라고 페이스북 오큘러스 부문의 마이클 애브라시Michael Abrash 수석 과학자가 썼다. 그는 다음과 같이 내다봤다. "장기적으로, 가상 인간이 실제 인간만큼 개인적으로 별나고 알아볼 수 있게 되는 순간 가상현실은 가장 큰 영향력을 미치는 사회적 경험이 될 것이다. 사람들은 이 행성 어디에 있든지 상상 가능한 경험을 어떤 것이든 가상현실을 통해 나눌 수 있게 될 테니까 말이다."[06]

● ●

사람이 서로 교류할 때의 오가는 미묘함을 포착하는 일이 얼마나 어려운가. 감을 잡는 데 윌리엄 콘던William Condon과 애덤 켄던Adam Kendon의 연구가 도움이 된다. 콘던은 피츠버그의 웨스턴정신의학연구소·클리닉 소속 심리학 교수였다. 그는 그곳에서 1960년대에 인간 상호작용 분석에 선구적인 연구를 했다. 그가 '상호작용의 동조同調'라고 부른, 언어적인 행동과 비언어적인 행동에 대한 창의적인 연구였다. 콘던과 연구진은 두 사람이 얘기하는 영상을 특수 카메라로 촬영했다. 그 카메라는 당시 일반적인 카메라의 두 배인 초당 48프레임을 담을 수 있었다. 그와 연구진은 필름을 아주 꼼꼼하게 살펴보면서 그 속에서 특징을 찾아 기록해뒀다. 이는 "경기를 분석하기 위해 미식축구 코치들이 하는 작업과 비슷했다".07 각 프레임에서 무엇이 얘기되고 실험 대상자가 어떻게 움직였는가 하는, 상호작용의 가장 작은 부분도 이후 분석을 위해 기록됐다. 콘던은 왼쪽 새끼손가락, 오른쪽 어깨, 아랫입술, 눈썹 같은 부분의 미세한 움직임이 대화 내용의 리듬과 동조함을 알게 됐다. 그는 언어적 커뮤니케이션과 비언어적 커뮤니케이션을 연구할 수 있는 수단을 학계에 제공했다. 이 방대한 작업의 포인트는 사회적 교류가 어떻게 이뤄지는지를 이해하는 시스템을 창조하는 데 있었다. 그의 연구는 사람의 몸짓과 언어 사이에 이뤄지는 복잡한 관계를 발견했다. 언어적 커뮤니케이션과 비언어적 커뮤니케이션의 관계는 당시 학자들이 생각한 것보다 훨씬 더 복잡한 것으로 드러났다. 그는 "이처럼 말하는 사람의 몸은 말과 함께 춤춘다"라면서 "나아가, 듣는 사람의 몸도 말하는 사람의 몸과 함께 춤춘다"라고 썼다.

몇 년 후 1970년에 영국 심리학자 애덤 켄던은 브롱크스 주립 병원에서 콘던의 방법을 응용해, 오늘날까지 비언어적인 행동에 대한 많은 연구와 적용에 있어서 길잡이가 되는 원리를 발견했다. 그 원리란 자세나 시선이나 몸짓의 미묘한 움직임은 말의 리듬뿐 아니라 다른 사람의 움직임을 따라서도 춤춘다는 것이다. 사실 이들 움직임은 미묘하고도 명확한데, 사람들 사이에서 매우 복잡한 정도로 관계를 맺는다. 한 연구에서 켄던은 런던 호텔 라운지에서 이뤄진 모임을 비디오로 촬영했다. 의자는 펍에서처럼 동그랗게 놓였다. 호텔의 손님인 남자 여덟 명과 여자 한 명이 의자에 앉았다. 그들의 나이는 30~50세였다. 연구진은 그들에게 1960년대 말 펍에서 하는 것처럼 얘기하고 술 마시고 담배 피우라고 했다. 때때로 조정자가 끼어들었지만, 참가자 아홉 명은 실험하는 대부분의 시간 동안 잘 어울렸다. 어떤 때는 다들 하는 이야기에 참여했고 다른 때는 작은 별도 그룹을 이뤘다.[08]

이후 켄던은 콘던의 상호작용 동조 도구를 활용해 초당 16회씩 펼쳐 놓고 영상을 분석했다. 아홉 참가자의 머리, 몸통, 팔, 손 움직임을 표시한 뒤 집단 움직임과 동조의 흐름도를 작성했다. 모든 데이터의 관계를 살펴본 결과 그는 사회적 상호작용에서 움직임의 타이밍이 놀랍도록 정확함을 발견했다. 자동으로 이뤄지는 집단 상호작용은 최고로 숙련된 발레처럼 안무가 맞춰진 듯했다. 한 사람이 자세를 조금 바꾸면 다른 사람이 고개를 살짝 튼다. 팔꿈치에 힘이 들어가는 것은 누가 말하는지가 바뀌었음을 나타낸다. 안무는 자신의 말을 증폭하는 몸의 동조 움직임을 통해 한 사람 안에서도 작동하지만, 더 중요하게는 사람들 사이에서 작동한다. 한 사람의 말과 몸짓은 집단에서 물결을 만들어, 다른 사람들의 몸짓도 제어하게 된다. 모든 것은 몇 분의 1초 동안 대부분 무의식적인 수준에서 일어난다.

켄던은 집단 상호작용을 조정하는 일이 얼마나 복잡한지, 또 사람들 사이의 비언어적이고 언어적인 행동이 얼마나 정확하게 안무되는지를 발견했다고 인정받는다. 그는 상호작용 동조가 사회적 교류의 비밀스러운 원천임을 보여줬다. 그러나 그 수준은 대화에 따라 다르게 나타난다. 어떤 때는 동조가 잘 흘러가고 다른 때는 이뤄지지 않는다. 동조의 정도는 대화의 품질을 반영한다. 켄던을 인용하면 다음과 같다. "다른 사람을 따라 **움직이는 것**은 자신의 관심과 기대가 그와 함께함을 보여주는 것이다. 따라서 상호작용 속 움직임 조정은 크게 중요한데, 왜냐하면 그건 두 사람이 서로에게 '열린' 상태임을 발신하는 방법 중 하나를 제공하기 때문이다."[09] 동조 대화는 비언어적 접촉이 없는 대화보다 원활하게 이뤄진다. 한편 기술이 동조를 간섭하면 대화가 방해를 받는다. 런던의 심리학자들로 이뤄진 팀이 1996년부터 20년 동안 진행한 화상회의 연구가 있다. 그들은 지체의 효과를 점검했다. 그들은 참가자 24쌍으로 하여금 화상회의로 과제를 수행하도록 했다. 그중 절반은 매우 지체되는(0.5초 정도 느린) 화상회의 시스템을 활용했다. 다른 절반은 거의 지체되지 않는 시스템을 썼다. 과제는 지도를 활용하는 것이었다. 두 가지 결과가 나왔다. 먼저 제체되는 시스템의 참가자들이 더 실수를 저질렀다. 대화의 시차가 실제로 생산성을 떨어뜨린 것이다. 둘째로, 높은 지체 상태에서 참가자들은 서로의 말을 더 자주 끊고 들어갔다. 우리는 대부분 이동전화 상태가 나쁘거나 스카이프로 통화할 때 그런 경험을 한다. 지연은 대화의 '흐름'에 해를 끼친다. 켄던의 말로는 동조를 망친다.[10]

켄던의 기념비적인 작업이 1960년대에 나온 이후, 상호작용 공조가 결과에 미치는 영향을 분석한 연구 10여 건이 뒤따랐다. 1970년대 말에 나온 한 연구는 시간을 두고 10여 개 교실을 살펴보고 교수와 학생들 사이의 자세에서 비언어적인 동조가 높은 수준으로 일어날 경우 그렇지 않은 교실에 비해 관계가 좋음을 보여줬다. 그들은 더욱 잘 어울리고 더 함께하고, 접촉이 더 활발하다고 스스로를 평가했다.[11]

이제 동조를 연구하기 위해 영상 장면 사진을 힘들여 분석하지 않아도 된다. 가상현실을 활용하면 신체 움직임을 훨씬 더 정확하게 측정할 수 있다. 마이크로소프트의 키넥트Kinect 같은 트래킹 시스템은 미세한 신체 움직임을 인지해 3차원으로 기록할 수 있다. 또 그 데이터를 취합해 컴퓨터로 분석할 수 있다. 한 연구에서 우리는 여러 쌍을 브레인스토밍 과제에서 협업하게 한 뒤 키넥트를 활용해 그들의 미세한 움직임을 파악했다. 콘던과 켄던이 활용한 더 수고스러운 방법이 아니라 컴퓨터가 이 작업을 처리했고, 그 덕분에 우리는 더 많은 표본을 살펴볼 수 있었다. 단지 몇 쌍이 아니라 50쌍의 자료를 모았다. 또 상호작용 데이터도 이전 연구에서보다 더 긴 시간 동안 취합했다. 그다음 우리는 참가자들의 미세한 동작 사이의 상관관계를 분석해 '동조 점수'를 산출했다. 보디랭귀지가 더 동조를 끌어낸 쌍은 그렇지 않은 쌍보다 더 높은 점수를 받았다. 참가자 쌍들의 동조 점수를 비교한 뒤 브레인스토밍 과제에서 각 쌍이 낸 성과도 비교했다. 그 결과 동조 정도가 높은 커플이 낮은 쌍에 비해 더 창의적인 해법을 찾아냈다. 그들은 실제로 더 나은 성과를 보인 것이다. 비언어적인 동조는 양호하고 생산적인 대화의 표지이다.[12]

그러나 동조의 유리함이 수동적일 필요는 없다. 설계를 통해 동조를 구현할 수 있다는 말이다.

왜 군인들을 함께 행군하게 하는가? 왜 교회의 신도들은 소리를 맞춰 노래하고 박수치나? 비언어적인 동조는 좋은 접촉의 결과일 뿐 아니라 긍정적인 결과의 요인이 될 수 있음이 드러나고 있다. 스탠퍼드대학 연구자들은 2009년에 동조를 조작했는데, 참가자들에게 서로 발을 맞춰 걷거나 그냥 자연스럽게 걸어보라고 했다. 동조해 걸어간 사람들이 자연스럽게 걸어간 사람들보다 더 협조적이었고 서로에게 더 관대한 것으로 나타났다. 이 효과를 10여 개 연구가 보여줬다. 비언어적인 커뮤니케이션에 대한 조정이 사회적인 응집과 집단 생산성에 도움이 된다는 것이다.[13]

● ●

필립 로즈데일Philip Rosedale은 자신이 어떻게 가상 세계를 창조하게 됐는지 들려주기를 즐긴다. "나는 아주 어렸을 때 사물을 분해하고 뭘 만드는 데 빠져서 지냈다. 나무가 됐거나 전자제품이 됐거나 아무거나 손을 댔다."[14] 그는 10대 때 침실 문이 〈스타 트렉〉에서 본 것처럼 자동으로 열리게 해야겠다고 결심했다. 그의 부모는 못마땅해했지만, 그는 천장 위의 들보를 자르고 다락에 차고 문 개폐기를 설치했다. 그렇게 함으로써 변덕스러운 10대의 꿈을 실현했다. 20대 때 그는 컴퓨터와 갓 등장한 인터넷으로 무엇을 할지 생각하기 시작했다. 그러면서 자신이 뭘 뚝딱거리기를 좋아했음을 돌아봤다. 그는 결국 인터넷 역사상 가장 창의적이고 파괴적인 플랫폼 중 하나를 만들었다.

얼마나 많은 사람이 하고자 하는 일에 대한 놀랍거나 미친 아이디어를 품고 있지만 자원이나 시간이나 지식이 없어서 추구하지 못하고 있나? 그는 이 점이 궁금했다. 그는 아마도 인터넷은 사람들이 그런 꿈을 실현할 수 있는 장소가 될 수 있다고 생각했다. 더 중요하게는 사람들은 그런 일을 함께 도와가면서 할 수 있다.

지난 20년 동안 로즈데일은 가상 세계를 건설하는 데 전력을 쏟았다. 그는 인기 온라인 아바타 놀이터인 세컨드 라이프Second Life로 시작했다. 2003년에 출범한 이 서비스는 이런 종류의 온라인 세계 중에서 가장 인기를 끌었고 가장 많이 보도됐다. 세컨드 라이프는 가상 우주에 대한 필립의 비전 중 여러 측면을 실현했다. 서버는 많은 이용자 그룹들이 온라인에서 서로 교류할 수 있도록 했다. 가상 세계의 시장에서 그들은 땅이건 집이건 보석이건 의류건, 자신이 원하는 대로 대부분을 맞춘 아바타를 위해 사들였다. 그러나 이런 고객 맞춤과 가능성은 비용과 함께 왔다. 빽빽한 메뉴와 키보드 및 마우스로 실행하는 복잡한 인터페이스는 세컨드 라이프 출범 후 12년 동안 계정을 만든 4,300만여 명 이용자 중 대다수에게 장애물이 됐다.[15] 로드데일은 이것이 세컨드 라이프가 계속 성장하지 못한 주요 원인이라고 생각한다. 세컨드 라이프의 꾸준한 이용자는 약 100만 명이다. 이는 물론 상당한 규모이지만 로즈데일이 상상한, 뻗어나가고 붐비는 가상 우주는 아니었다.

로즈데일의 에너지는 자신의 아바타를 위해 정교한 몸짓 및 사회적인 신호를 개발하는 데 열광적으로 집중된다. 나는 하이 피델리티High Fidelity를 출범 직후에 찾아갔고, 그 자리에서 그런 모습의 일면을 봤다. 하이 피델리티는 로즈데일이 오랫동안 기대해온 새로운 프로젝트였다. 로비에는 자전거가 놓여 있었고 천장이 높았고 모든 곳에 화이트보드와 랩톱이 있었다. 이런 전형적인 스타트업 사무실 공간처럼 보인 곳에서 그 일이 일어났다. 알아챌 수 있는 유일한 차이는 오큘러스 개발 키트가 유독 많다는 점이었다. 각 워크스테이션에는 적외선 트래킹 카메라가 자리 잡고 있었다.

임시 바에서 음료를 들고(모히토가 특별 메뉴였다) 나는 넓게 트인 실내를 거닐기 시작했다. 직원 10여 명이 무대 의상 같은 실험실 코트 차림으로 돌아다니고 있었다. 그들은 초청된 사람들에게 가상 세계의 최신 특징을 보여줬다. 얼핏 보기에 하이 피델리티는 더 나은 그래픽을 갖춘 세컨드 라이프처럼 보였다. 그러나 결정적인 차이가 있음이 곧바로 분명해졌다. 첫째로 하이 피델리티는 가상현실을 염두에 두고 설계됐음이 분명했다. 비록 기존 컴퓨터 게임이나 가상현실처럼 모니터를 통해서도 볼 수 있고 컨트롤러나 마우스와 키보드로도 작동할 수 있었지만 말이다. 이용자는 자신의 아바타 속에서 지낼 수 있었다(세컨드 라이프의 기본 모드는 어깨너머로 아바타를 관찰하는 것이었다). 또 하이 피델리티는 세컨드 라이프와 달리 공간적인 음향을 3차원으로 제공했다. 기본적으로는 세컨드 라이프처럼 실시간 오디오를 지원해 이용자가 다른 이용자와 채팅할 수 있게 했다.

그러나 정말 획기적인 차이는 하이 피델리티의 직관적인 인터페이스였다. 하이 피델리티는 마우스와 키보드 컨트롤을 제거하고 실제 세계의 손이 제스처와 얼굴 표정을 아바타가 반영하게 했다. 예를 들어 하이 피델리티의 가상 환경 속 아바타는 실제 같은 손가락이 있었는데, 이용자는 머리에 쓴 HMD 앞에 자신의 손가락을 꼼지락거림으로써 아바타의 손가락을 움직일 수 있었다. 실제 같은 아바타의 표정과 몸짓은 뎁스 카메라를 통해 구현됐다. 모니터 위에 설치된 뎁스 카메라는 이용자의 움직임을 포착해 그 정보를 이용자의 디지털 도플갱어에게 보내 재현했다. 나는 하이 피델리티에 들어서는 것이 어떤 종류인지 알아보기 위해, 컴퓨터 모니터의 프레임에 짜여진 스크린을 통해 관찰하는 대신 HMD를 썼다. 여러 하드웨어가 만들어낸 장면은 아바타들이 걷고 날고 몸짓을 하고 서로 얘기할 수 있는 기본적인 도시경관이었다. 로그인한 뒤 잠시 후, 나는 물리적인 방에서 내 주위를 다니며 칵테일을 조금씩 마시는 사람들을 잊어버렸다. 나는 가상의 사람들을 보고 있었다. 그들에게 몸짓을 하고 그들의 말을 들었다. 변신은 즉각적이고 완벽했다.

세컨드 라이프에서 그랬던 것처럼, 하이 피델리티의 크기에 대한 로즈데일의 야망은 거의 무한했다. 그는 하이 피델리티가 다름 아닌, 윌리엄 깁슨과 닐 스티븐슨Neal Stephenson의 과학 소설에서 예측된 사이버 우주가 되기를 원한다는 점을 분명히했다. 로즈데일은 "가상현실은 인터넷의 뒤를 이은 스마트폰 다음의 사회 파괴자"라고 말했다. "우리 인간의 창의성 중 많은 부분이 이 공간으로 이동할 것이다. 나는 그러리라고 생각한다. 우리는 사이버 우주로 업무, 디자인, 교육, 놀이의 많은 부분을 옮길 것이다. 우리가 인터넷으로 이동한 것처럼 말이다."[16] 그는 지구의 크기를 넘어설 수 있는 가상 세계를 상상한다. 그 세계에서는 알래스카 주민들이 가상의 뉴욕을 방문하고 하룻밤을 시내에서 지낼 수 있다. 또 뉴욕 사람들은 도시 생활의 압력에서 벗어나 알래스카의 데날리 국립공원을 오를 수 있다. 이런 목표 범위를 달성하기 위해 그는 온라인 세계를 호스팅하는 표준 절차인 중앙집권적인 서버를 활용하는 대신 컴퓨터 아웃소싱을 하려고 한다. 이용자들의 집에 있는 컴퓨터와 모바일 기기를 바탕으로 자신의 사이버 우주가 돌아가도록 한다는 것이다. 그는 2015년 인터뷰에서 "우리가 이용할 수 있는 기계는 1,000배가 될 것"이라며 다음과 같이 강조했다. "만약 그 정도로 컴퓨터 자원을 활용할 수 있다면,

사이버 우주는 얼마나 확장 가능할까요? 전제 조건은 사이버 우주가 비디오게임의 풍부한 디테일을 갖추게 됐다는 것입니다. 외연은 엄청난데 부분 부분은 세밀하게 표현됩니다. 우리가 현재 가진 컴퓨터를 다 가동한다면 가상 공간은 현재 지구의 육지 면적에 이를 수 있습니다." 이 아웃소싱 방식은 하이 피델리티의 비용 수백만 달러를 절감해줄 것이다. 또 에너지 소비 모형과 관련해 굉장한 영향을 줄 것이다.[17]

하이 피델리티를 처음 경험하면서 알아챈 한 가지는 내 손을 자주 내려다봤다는 것이다. 내가 다른 아바타와 교류하면서 내 손의 움직임을 보는 것은 무척 신기했다. 물론 우리 연구소에도 핸드 트래킹이 있지만, 손동작 표현력은 차라리 스포츠 이벤트에서 쓰이는 큰 손 모양을 끼는 편이 더 낫다. 또 최신 동작 컨트롤러가 장착됐더라도 아바타는 대부분 크고 굼뜬 부속물로 충실히 표현되는 디지털 인간에 의해 구현되는 가능성에 근접하지 못한다. 로즈데일은 손에 집착한다. 그는 사람들이 가상 세계를 경험하게 되는 직관적인 상호작용에서 손이 관건이라고 여긴다. 그는 "사물을 조작하기 위해 손을 쓰는 것은 인간 경험의 핵심 부분"이라고 즐겨 말한다. 또한 손은 사물을 조작하는 데에만 쓰이는 게 아니라 다른 사람들과의 신체 접촉을 시작하는 주요 수단으로도 활용된다. 여기서 우리는 로즈데일이 좋아하는 물음에 이른다. "가상 악수란 무엇인가?" 이 질문의 취지는 매력적인 실제 세계의 만남과 가상현실 속 사회적 경험 사이의 큰 격차에 대한 논의를 촉진한다는 것이다. 가상 악수는 효과적인 사회적 현존감에 대한 로드데일의 비유이다. 그런 체험은 실제 세계의 숀 바가이 같은 사람들한테서 진 빠지게 하는 출장을 면제해줄 것이다. 또한 사람들을 진짜로 사회적인 가상 세계로 끌어들일 것이다.

가상 악수

이 악수의 개념과 그것의 가상 미래를 나는 종종 생각한다. 나는 이 사회적인 가상현실의 몇몇 측면을 연구해왔다. 2010년 6월에 네덜란드에 있는 필립스Pilips Corporation를 방문했다. 필립스는 세계에서 손꼽히는 규모의 전자업체로 세계 10여 개국에서 10만 명 이상을 고용하고 있다. 이 회사의 기술은 1세기 넘는 동안 세계적으로 붙박이 지위를 유지해왔다. 필립스는 내 연구소에 자금을 지원해, 대면 접촉만큼 매력적이거나 심지어 그보다 더 사람을 끄는 가상 접촉을 만들어보라고 의뢰했다.

사실 필립스와의 협업을 위해 나는 캘리포니아 스탠퍼드대학에서 네덜란드 에인트호번으로 날아왔는데, 이는 여행의 그런 측면을 전부 드러냈다. 기착을 포함한 비행시간은 하루의 4분의 3이었고, 시차는 아홉 시간이었으며, 허리가 고통스러웠다(맞다, 상공에서 보낸 긴 시간 동안 나는 여유가 많아 아이러니한 내 처지를 곰곰 생각하기도 했다. 신체적인 여행을 줄이기 위한 시스템을 개발하기 위해 거듭해서 네덜란드로 비행하는 아이러니 말이다).

필립스 프로젝트의 목표는 우리가 얼굴을 보고 사람과 얘기할 때 느끼는 친밀함에 가까운 무언가를 가상 만남에서 전하는 방법을 찾아내는 것이었다. 우리는 많은 기술을 살펴보고 있었고 각각의 심리적인 영향을 테스트하고 있었다. 현재의 가상현실 기술은 다른 사람들과 교류할 때 전해지는 미묘한 힌트의 전부를 옮기지 못함은 물론이다. 그러나 현재 기술은 몇몇 흥미로운 대안을 제공한다. 많은 경우 누군가와 얘기할 때 보는 신체적 신호는 비자발적인 신체적 반응을 반영한 것이다. 그런 예로 안면 홍조, 불안해하는 경련, 또는 정말 행복하게 씩 웃는 것을 들 수 있다. 이란 반응의 유형은 종종 그 사람의 생리적인 변화를 수반한다. 사람의 근원적인 생리 반응을 가상 환경에서 전하면 어떨까?

예를 들어, 우리가 만든 시스템 중 하나는 사람들이 다른 사람들의 아바타를 볼 뿐 아니라 대화 상대방의 심박수를 시각화한 데이터를 보도록 했다. 누군가에게 첫 데이트를 신청한다고 상상해보자. 그 제안이 확실한 동의를 끌어내리라고 80% 확신한다고 하자. 거절될 확률 20%도 무시하지 못할 정도이다. 당신(그리고 당신의 아바타)이 말을 내놓는 동안 당신은 다른 사람이 스카이프나 고성능 화상회의 시스템으로 접할 수 있는 것을 모두 살펴볼 수 있다. 상대방의 얼굴 표정, 자세, 음성 등이다. 그러나 당신은 그녀의 심장박동을 측정해 읽어낸 추가 정보를 얻는다. 당신이 연습한 데이트 신청의 말이 입에서 발화되는 동안 당신은 그녀의 심장박동이 빨라짐을 본다. 다른 말로 하면, 가상 상호작용은 대면해서는 갖지 못할 도구를 준다. 그래서 당신은 그녀의 신체 리듬에 맞춰 의사 전달을 조절할 수 있다. 우리는 상대방의 심장 박동을 알게 되는 사람들의 반응을 살펴보는 연구를 했고 그들은 그 정보를 받은 덕분에 더 친밀함을 느끼게 됐다. 사람들은 다른 사람의 신체 변화를 짧게라도 볼 수 있는 경우 자신이 그와 더 가까워졌다고 느낀다.[18]

필립스 프로젝트의 다른 부분은 가상의 사회적인 감촉을 형성하는 것이었다. 필립스는 나 외에도 다른 학자 한 명에게 연락했는데, 그는 인터넷으로 촉감을 전하는 것의 심리적인 영향을 철저하게 탐구하고 있었다. 그는 내 동료이자 친구인 비난 이젤스타인Wijnand IJsselsteijn 에인트호번기술대학 교수이다. 비난은 햅틱 기기를 만들어 한쪽에서는 신체 움직임을 센서로 감지하고 다른 쪽에서는 그 촉감을 재생하는 분야의 전문가이다. 촉감 재생은 스마트폰에도 들어 있는 가속도계와 진동 모터 등을 통해 한다. 그는 또 촉감 재생 심리적인 친밀함을 끌어내는 데 효과적인지 알아보는 테스트 분야의 전문가이다.

촉감은 사회생활에서 강력한 특성이 될 수 있다. 몇몇 연구에 따르면 손님의 어깨를 터치하는 여자 종업원은 그렇게 하지 않는 사람에 비해 손님이 술을 더 주문하게끔 하며 팁도 더 많이 받는다(실험은 터치가 추파 던지기가 아니도록 진행했다. 또한 그 테이블에 있는 다른 손님의 질투를 자극하지 않도록 했다). 이른바 '미다스 터치Midas Touch'라는 이 효과는 1970년대로 거슬러 올라가는 심리학 문헌에 잘 기록돼 있다. 비난과 나는 가상 터치도 같은 방식으로 작용할지 궁금했다. 이 효과는 비난에게 특별한 관심사이다. 그는 거의 10년 동안 이 질문에 답하기 위해 작업했다. 사실 그는 이 분야에 정말 많은 시간을 쏟아부었고, 막내아들 이름도 미다스라고 지을 정도였다. 가상 공간에서 미다스 터치를 살펴보는 첫 연구에서 비난은 두 사람이 인스턴트 메시지를 통해 온라인에서 채팅을 하도록 했다. 한 사람은 실험 참가자였고 다른 사람은 진행자였는데, 진행자는 자신도 참가자인 척했다. 참가자는 팔에 전자 토시를 끼었는데, 그 토시에는 팔을 톡톡 치는 것을 시뮬레이션한 진동 장치가 여섯 군데 내장됐다. 진행자는 연결된 컴퓨터를 통해 가상 터치를 만들어냈다. 그는 채팅 도중에 어떤 참가자에게는 가상 터치를 했고 다른 참가자에겐 하지 않았다. 실험이 끝난 뒤 진행자는 참가자 앞의 컴퓨터에서 동전 열여덟 개를 바닥에 떨어뜨렸다. 비난은 참가자들이 동전 줍기를 얼마나 도와주는지 살펴봤다. 터치를 받은 참가자들이 그렇지 않은 사람들에 비해 돕기에 더 잘 나서리라고 예상했다. 예상대로 터치를 받은 사람들은 다수가 도운 반면 터치되지 않은 사람들은 돕더라도 그 시간이 절반이 되지 않았다. 다른 말로 하면, 미디스 터치는 가상현실에서도 통했다.[19]

비난의 작업은 중요한 재현이라는 의미가 있다. 즉, 가상 터치가 물리적인 터치와 동일한 효과가 있음을 보여줬고 그 발견을 전 세계 학자들 상당수가 인정하는 방식으로 재현했다. 내 연구실에서는 다르게 접근해, 가상 세계에서만 일어날 수 있는 터치의 효과를 알아봤다. 우리는 흉내를 살펴봤다. 비언어적인 흉내가 영향력을 행사함은 오래전부터 알려진 사실이다. 단지 다른 사람의 몸짓을 미묘하게 따라 하는 것만으로도 그가 당신을 좋아하게 만들 수 있다. 타냐 차트란드는 뉴욕대학 교수 시절 아마 세계 최초로 이 '카멜레온 효과'에 대한 철저한 데이터를 제시했다. 그녀는 사람들에게 취업 면접에 가서 면접관의 다리 꼬기 같은 비언어적인 몸짓을 따라 하게 했다. 그렇게 따라한 지원자들은 그렇게 하지 않은 사람들보다 자신이 따라한 면접관에게서 더 높은 평가를 받는 경향이 나타났다. 면접관은 자신을 따라 하고 있는지 아닌지 의식하지 못했는데도 그런 결과가 나왔다.[20]

당신은 자신의 손을 잡고 흔들어본 적이 있는가? 터치를 통한 흉내 역시 영향력을 행사한다. 이를 테스트하기 위해 우리는 핼러윈 분장 가게에서 고무 손을 구입해 '포스 피드백 조이스틱force feedback joystick'이라는 기구에 부착했다. 이 기구는 비슷한 다른 조이스틱에 의해 기록된 움직임을 모터를 통해 재생한다. 우리는 로즈데일의 가설적인 이야깃거리를 실제 기기로 만들었다. 가상 악수 기기 말이다. 한 사람이 고무 손을 잡고 흔들면 그 움직임이 조이스틱과 다른 조이스틱을 거쳐 상대편 고무 손에 재생된다. 실험실에서 두 사람이 만나지만 서로 접촉하지는 않는다.

우리는 두 사람이 가상 악수 기기를 활용해 악수하도록 한다. 실제로 한 사람에게는 다른 사람이 손 흔드는 움직임이 전해지지 않는다. 그가 받는 움직임은 전에 저장된 자신의 손 움직임이다. 그는 자신의 손을 흔드는 것이다. 그러나 그는 가상 기기로 악수하는 상대방은 다른 사람이라고 듣는다.

자신이 흔든 손의 움직임을 받은 사람들은 상대방을 더 좋아했다. 그들은 자기네의 '디지털 카멜레온들'을 협상 과제에서 더 부드럽게 대했고 더 호감이 가는 대상으로 평가했다. 다른 사람의 실제 손 움직임을 전달받은 사람들에 비해서 말이다. 그들은 자기네 움직임이 모방됐음을 전혀 알지 못했지만, 익숙한 터치는 미묘한 효과를 냈다.

청중 1,000명에게 연설해 그들에게 어떤 엉뚱한 생각에 대한 확신을 심어주려고 한다고 상상해보자. 예를 들어 신체적으로가 아니라 가상현실 속에서 여행해야 하는 이유를 설명하는 것이다. 나는 가끔 그렇게 한다. 만약 내가 청중 각자에게 내 미다스 터치를 전한다면 아마 그들은 내 메시지에 대해 더 수용적이 될 것이다. 불운하게도 내가 모든 사람과 직접 악수하는 데에는 여러 시간이 걸릴 것이다. 그러나 만일 필립스가 개발하고 있는 기기를 청중이 빠짐없이 갖고 있다면 나는 그들 모두와 한 번에 악수할 수 있다. 비난의 실험적인 발견을 증폭하는 것이다. 더 좋은 방법으로는 흉내 내는 능력의 규모를 키워 상대방에 따라 각각 악수의 다른 버전을 보내는 것이 있다. 그건 정치인의 꿈일 것이다.

●●

사람의 얼굴은 40개가 넘는 근육으로 이뤄져 있고 표현 가능한 범위가 놀랍다. 최근까지 아바타가 표시할 수 있는 감정은 얼마 안 됐다. 휴대전화 메시지 앱에 있는 이모티콘보다 많지 않았다. 그러나 2015년에 작은 스위스 과학자 그룹으로 이뤄진 페이스시프트Faceshift라는 회사가 얼굴 트래킹과 렌더링을 둘러싼 '암호'를 창의적인 방법으로 풀어낸 듯하다.

그들은 실시간 시스템을 개발해 얼굴 움직임을 트래킹할 수 있게 됐다. 초당 60회씩 적외선 카메라가 얼굴을 스캔한다. 카메라의 빛이 얼굴에 반사돼 다시 돌아오기까지 걸리는 시간을 바탕으로 얼굴의 입체 지도를 그릴 수 있다. 이 부분은 새롭지 않다. 마이크로소프트의 키넥트는 몇 년 전부터 이 작업을 해왔다. 페이스시프트가 새로운 부분은 제스처와 감정을 읽는 능력이다. 그들은 얼굴을 51개 범주로 묶기로 했다. 예를 들어 왼쪽 눈이 몇 퍼센트 열린 상태인가? 웃음은 얼마나 큰가? 어떤 움직임의 한 세트가 표정을 형성했을 때, 그 변화를 측정하고 특정한 감정 범주에 넣을 수 있다. 그래서 적외선 카메라가 얼굴을 스캔할 때마다 51개 변화 상태에 값을 올린다. 이 책을 읽는 당신의 얼굴은 모든 상태에서 그 값이 낮을 것이다. 아마 내용에 집중하느라 미간에 주름을 잡고 있을 것이다. 지금 당신은 친구와 웃고 얘기하는 것에 비해 얼굴 움직임이 별로 없을 것이다.

암호 해독의 다음 단계는 변화 상태를 아바타에 그리는 것이다. 페이스시프트 팀은 변화 상태에 따라 빠르고 효과적으로 애니메이션을 보여주도록 아바타를 설계했다. 내가 본 이전 기술들은 접근법이 달랐다. 미세한 움직임부터 그리기 시작하는 상향식을 기본으로 했다. 페이스시프트는 하향식으로 감정 상태의 범주를 만들었다. 둘의 차이는 입이 딱 벌어질 정도였다.

이 기술이 작동하는 것을 처음으로 체험한 순간을 나는 결코 잊지 못할 것이다. 한 동료가 책상 앞에 앉아서 컴퓨터를 보고 있었다. 컴퓨터 모니터에는 그의 얼굴 이미지가 거의 사진과 같은 3D로 표현돼 있었다. 그 이미지는 페이스시프트의 프로그램으로 불과 몇 분 만에 스캔된 것이었다. 실제 인물과 똑같아 보였다. 사진이나 비디오만큼 실제 같았다. 더 중요한 것은 그 이미지가 실제 인물처럼, 실시간으로 움직였다는 사실이다. 그가 한쪽 눈썹을 올리면 아바타도 그렇게 했다. 그가 웃으면 아바타도 **그의** 웃음을 실행했다. 그저 여느 복제된 웃음이 아니라 내가 어디서나 알아볼 수 있는 웃음이었다. 아바타는 또 그의 몸짓을 그대로 흉내 냈다. 그래서 설령 아바타의 얼굴이 그와 똑같지 않았더라도 다른 아바타들을 줄지어 세워놓았을 경우 나는 그의 아바타를 바로 구분해냈을 것이었다.

내가 그와 기술에 대해 얘기하는 동안 이상한 일이 일어났다. 그래서 나는 그에게 말하기를 멈췄다. 대화 도중에 내 몸이 서서히 그의 물리적 신체에서 스크린에 있는 그의 아바타로 돌아서고 있었다. 나는 내 동료에게 완전히 무례를 범한 것이다. 나는 그를 보지 않았고, 그에게 등을 돌리는 바람에 사적인 공간의 불문율을 어겼다. 한편 나는 아바타한테는 참말로 예의 발랐다. 대화 중 어느 시점에 우리는 어떤 상황인지 깨달았다. 우리는 사진을 촬영해 축하하는 성격의 이메일을 다른 동료들에게 보냈다. 아바타가 실제가 됐다.

다음 수개월 동안 나는 이 기술이 데스크톱 컴퓨터에서 태블릿으로,

그다음엔 스마트폰으로 옮겨가는 과정을 볼 수 있었다. 스마트폰으로 스카이프나 페이스타임으로 친구의 아바타에게 전화를 거는 상황을 상상해보라. 당신은 영상 자료를 보는 대신 실시간으로 친구의 표정을 따라 하는 친구 아바타를 본다. '폰 아바타phone avatar' 시스템에 대한 내 첫 기대는 미지근했다. 그러나 그 시스템이 얼마나 사교적인지 보고 나선 넋이 나갈 정도였다. 애플도 나처럼 놀랐음이 분명하다. 애플은 2015년에 페이스시프트를 인수했다.

우리가 아바타를 비디오보다 선호할 한 가지 이유는 덜 지체된다는 점이다. 비디오카메라는 피사체의 이미지를 구분하지 않는다. 모든 걸 기록하고 무엇이 중요한지 아닌지 따지지 않는다. 예를 들어 당신이 기존의 화상회의에 참여하면 모든 프레임의 모든 픽셀이 네트워크 너머로 전송된다. 상대편 스크린이 업데이트될 때마다 책상 뒤의 전등이 네트워크를 타고 이동한다. 설령 압축 알고리즘이 뛰어나다고 해도 이 방식은 끔찍하리만큼 비효율적이다. 대화할 때 우리는 상대방의 제스처에 관심을 기울여야 한다. 그는 어디를 보는지, 웃는지, 마음을 드러내는 입 씰룩임을 보이는지에 신경을 써야 한다. 그러나 화상회의는 본질적으로 카메라가 보는 모든 것을, 각각이 대화에서 얼마나 중요한지를 고려하지 않고, 네트워크 저편에 보내도록 설계됐다.

가상현실이 깔끔한 것은 모든 픽셀을 반복해서 네트워크 너머로 보낼 필요가 없다는 점이다. 세컨드 라이프의 방식은, 그리고 하이 피델리티와 사회적 가상현실의 새로운 버전의 방식은 3D 모형을 전부 각 이용자의 기기에 저장한다. 당신이 이 책을 어디서 읽든지 간에, 주위를 둘러보라. 당신 방이라면 의자와 책상이 있을 것이다. 당신은 기차를 타고 있을지도 모른다. 가상현실에서는 이 모든 사물이, 당신을 포함해 3D 모형 안에 담긴다. 그 모형은, 또는 당신이 다른 사람한테 보이려고 택하는 모형은, 가상현실 채팅을 하는 모든 이의 컴퓨터에 담긴다.

가상현실은 순환하면서 작동한다. 컴퓨터는 대상 인물의 동작을 파악해 그의 아바타에 재생한다. 예를 들어 미국 클리블랜드의 어떤 사람이 고개를 움직이고 웃으면서 손가락으로 무언가를 가리키면, 예컨대 페이스시프트의 트래킹 기술이 그런 행동을 측정한다. 그 사람이 움직이면 앨라배마주의 터스컬루사에 있는 그의 친구의 컴퓨터는 그 정보를 인터넷으로 받아서 아바타도 움직이게 한다. 그 친구의 컴퓨터에는 사전에 그 사람의 사진 같은 아바타를 저장하고 있었음은 물론이다.

채팅하는 두 사람의 동작을 트래킹해 온라인으로 전송한 뒤 각자의 아바타에 적용하는 작업이 매끄럽게 진행된다면, 두 사람은 모두 하나의 가상의 방에 같이 있는 것처럼 느끼고 같은 영화 속에 있다고 여길 것이다. 사회적 가상현실에서 트래킹 장비는 이용자의 동작을 감지하고 다른 사람의 컴퓨터가 이용자의 아바타가 그 동작을 하도록 지시한다. 각자의 컴퓨터는 저마다 이용자의 현재 상태를 요약한 정보의 흐름을 다른 컴퓨터에 보낸다.

트레킹 데이터의 정보량은 고해상도 이미지에 비해 대역폭의 관점에서 거의 무시할 정도이다. 모든 픽셀은 이미 각 컴퓨터에 저장돼 있다. 페이스시프트 사례를 생각해보면, 매우 고밀도의 사진 같은 모형이 이미 기기에 저장돼 있다. 그 정보량은 아바타의 변형 상태를 나타내는 텍스트인 51가지 일련의 숫자에 비해 대략 수천 배에 이른다. 어마어마한 사진 대신 작은 텍스트 패킷을 인터넷으로 보내기 때문에 지체가 줄어든다. 그 결과 당신은 친구의 제스처를 몇 분의 1초 뒤에가 아니라 발생과 동시에 볼 수 있게 된다. 가상현실에서 그 시차는 소중하다.

2016년 6월에 미국연방통신위원회의 톰 휠러Tom Wheeler 의장은 연구소를 90분간 방문했다. 그는 망 중립성을 둘러싼 큰 소송에서 막 승리한 다음이었다. 가상현실로 대두된 프라이버시 이슈를 논의한 다음 우리는 대역폭 주제로 넘어갔다. 가장 효율적인 데이터 전송 기술로도 수억 명이 가상현실에서 많은 시간 동안 작업하고 교류하는 상황은 커뮤니케이션 기반시설이 감당하지 못할 정도가 된다. 휠러는 사이버 우주가 돌아가도록 하려면 정부가 무엇을 해야 하는지 궁금해했다. 내가 그에게 제시 가능한 최상의 비유는 출퇴근 러시아워의 통신 버전이었다. 가상현실이 널리 활용되면 사람들이 거실이나 다른 공간에서 아바타나 3D 모형을 보내면서 파일 전송이 거대한 폭발처럼 일어나는 일이 자주 발생할 것이다. 그러나 그런 러시아워 폭발은 상대적으로 짧게 지속됐다가 끝난다. 그다음에 대화가 진행되면서는 트레킹 데이터라는 가벼운 통신량만 오간다. 러시아워는 주중 아침과 저녁이라고 예상이 가능하다. 문제는, 가상현실 활용은 구조화가 덜 된다는 것이다. 물론 가상현실과 관련해서는 아직 정책이나 규정이 없다. 그러나 휠러는 대역폭에서 집중적인 폭발에 이은 오랜 시간 가벼운 통신량을 유발하는 시스템을 이해할 필요가 있음을 알게 됐다.

수십 년 동안 나는 아바타가 어떻게 비디오보다 더 효율적이고 결국 대역폭(과 지체)을 줄일 것인가 하는 주장을 들어왔다. 그러나 내가 이 주장을 정말 인정하게 된 것은 페이스시프트 시스템을 스마트폰 디스플레이에서 처음 본 때였다. 각 기기에 저장된 아바타는 네트워크를 타고 오갈 필요가 없기 때문에, 이미지는 해상도가 높을 수 있다. 아바타는 만화처럼 보이지 않고 초고해상도 모델로 그늘과 반사의 빛 효과를 완벽하게 표현할 것이다. 아바타는 재생 충실도에서 스카이프, 페이스타임, 또는 어느 화상회의 시스템이 무색하게 할 것이다. 이들 시스템은 지체를 막기 위해 실제 같은 수준을 억누를 수밖에 없다. 네트워크로 전해진 페이스시프트 아바타의 시각적인 수준은 그야말로 내 혼을 빼놓았다. 네트워크에서 본 얼굴 중 가장 '사실적'이었다.

시스템을 활용하는 미세한 부분에서도 예상하지 못한 이점이 나타났다. 나는 종종 미국 반대편에 거주하는 어머니와 스카이프로 통화한다. 어머니는 통화 내내 태블릿을 들고 계신다. 얼굴을 프레임 가운데 유지한 가운데 태블릿을 들고 있기란 어머니에게 매우 버거운 일이다. 사실 내 아이들은 저희 할머니와 오랜 시간 동안 화상통화를 했는데, 할머니 얼굴을 코에서부터만 위로 봤다. 어머니가 그 아래는 프레임에 담지 못해서였다. 가상현실에서 아바타 얼굴은 언제나 완벽하게 중심에 맞춰져 보인다. 이는 상대편에게 보기 좋을 뿐 아니라 자신에게도 편리한 일이다. 자신을 프레임 중앙에 맞추기 위해 기기를 불편한 각도로 들고 있지 않아도 되기 때문이다. 이는 작아 보이지만 실제로는 늘 경험하게 되는 특징이다. 이를 체험한 뒤에는 비디오로 돌아가기가 정말 힘들다.

아바타가 화상 채팅의 눈 맞춤 문제도 해결함은 물론이다. 스카이프 같은 프로그램을 활용하면, 우리 시선은 자연스레 대화하는 사람의 얼굴에 이끌린다. 문제는 카메라가 대개 스크린의 가운데가 아니라 모니터의 윗부분에 설치돼 있다는 데서 비롯된다. 그래서 상대편은 당신이 자신의 눈을 보는 게 아니라 눈을 내리깔고 있는 모습을 본다. 당신이 상대편과 눈을 맞추려면 화면 가운데가 아니라 카메라를 봐야 한다.* 이른바 눈 맞춤 문제에 화상회의 시스템 분야는 수십 년 동안 골머리를 싸맸다. 카메라를 스크린의 가운데에 설치하는 것과 같은 간단해 보이는 해결책이 여러 건 실행됐지만, 지금까지 하나도 성공하지 못했다. 아바타 방식으로 눈 맞춤이 완전히 해결됐다. 3D 모형인 아바타를 우리는 간단한 삼각함수를 통해 원하는 어떤 방향도 향하게 할 수 있다.

그러나 화상회의보다 아바타를 앞세운 통화가 더 선호될 최고의 이유는 아마도 우리 자신의 허영일 듯하다. 화상통화 기술은 실제로는 반세기 넘게 존재해왔지만, 인터넷이 비용을 사실상 제로로 낮춘 최근에야 널리 활용되고 있다. 상대방의 얼굴을 보면서 얘기하는 편리함을 고려할 때 화상통화는 더 조기에 인기를 끌었어야 했다고 생각할 수 있다. 또는 지금보다 더 인기가 있어야 말이 된다고 생각할 수 있다. 그러나 우리는 화상통화를 위해서 우리 상태를 보여줄 만하게 매만지는 노력을 기울이기보다는 언제 어디서나 통화하는 편리함을 택한다. 작가 데이비드 포스트 월러스는 소설 『무한한 재미Infinite Jest』에서 이 아이디어를 패러디했다. 소설 속 미래에서 사람들은 화상 전화기로 전화기를 대체했다가, 보기와 듣기를 동시에 하는 일이 얼마나 스트레스가 쌓이는지 깨닫게 된다. 월러스의 설명을 직접 들어보자. "전통적으로 전화기는 통화 상대방이 당신에게 완전 집중하고 있다고 가정하게 한다. 동시에 당신은 상대방한테 하나도 관심을 기울이지 않을 수 있다. …방을 둘러볼 수 있고 뭔

* 그러나 그렇게 하면 이번에는 당신은 상대편의 눈을 보지 못한다.

가를 끄적일 수도 있으며 몸단장을 하고 각질을 떼어낼 수도 있다. 전화기 받침대에 적을 하이쿠(일본 전통 정형시)를 짓거나 화로를 뒤적일 수도 있다. 심지어 같은 방에 있는 사람과 수화와 과장된 표정을 통해 완전 별개의 대화를 진행할 수도 있다. 수화기의 목소리에 세심하게 주의를 기울이는 것처럼 보이면서 말이다."

월러스가 풍자한 세상에서 사람들은 화상 전화기를 쓰는 동안 자신이 더 매력적으로 보이게끔 하기 위해 가면을 쓴다. 자신의 실제 외모보다 더 멋진 가면을 쓰면서 가상과 실제의 괴리가 점점 벌어진다. 그 결과 화상 전화기 이용자들은 집 밖으로 나가서 사람들과 접촉하기를 꺼리게 됐다. 자신보다 훨씬 멋진 가면을 화상 전화기를 통해 보아온 그들에게 노출되고 싶지 않았던 것이다."[21]

『무한한 재미』는 인터넷이 아직 초기이던 1996년에 출간됐고 손쉽게 다룰 수 있는 디지털 아바타의 세계를 예상하지 못했다. 그러나 인간의 자기표현과 허영에 대한 그의 통찰은 핵심을 짚었다. 우리는 이를 이미 사람들이 소셜 미디어와 데이트 사이트에서 앞세우는, 잘 꾸며놓은 외적 인격에서 본다. 그런 현상을 아바타의 세계에서도 보게 될 것이다. 살아 있는 듯한 당신의 아바타를 살짝만 바꿔도 다른 사람들에게 인식되는 모습에 변화를 줄 수 있다. 이와 관련해 우리는 2016년에 웃음을 가지고 실험해봤다. 웃음과 사회적인 교류의 긍정적인 관계에 대한 발견은 탄탄하게 이뤄졌다. 우리가 궁금해한 부분은 만약 아바타의 재량권, 즉 실제 인물의 동작과 달리 아바타에 변화를 주면 어떨까 하는 것이었다. 구체적으로는 가상현실에서 대화하는 동안 아바타가 실제 인물보다 자주 웃게 하면 어떤 일이 나타날까?

실험에서 우리는 가상현실에서 실시간으로 이뤄지는 대화 동안 한 참가자의 표정을 트래킹하고 매핑했다. 대화 도중 우리는 그의 웃음 수준을 높이거나 더 진심인 것처럼 표현했다. 그러고 나서 언어로 심리를 분석하는 소프트웨어인 LIWCLinguistic Inquiry Word Count를 돌려본 결과, 더 높은 웃음을 표현한 아바타와 얘기한 참가자들이 사람의 실제 웃음만 보여준 정직한 아바타와 얘기한 사람들에 비해 대화에 대해 더 긍정적인 단어를 선택했다. 게다가 '향상된 웃음' 상황에서 대화한 참가자들은 더 긍정적인 느낌을 받았고 사회적인 현존감을 더 느꼈다고 답했다. 그들은 열 중 아홉은 웃음 조작을 알아차리지 못했는데도 그런 반응을 보였고, 이 사실이 훨씬 더 놀라웠다.[22] 아바타는 대화자들을 재현하는 데 그치지 않았다. 그들을 바꿨다. 행복한 아바타가 사람들을 행복하게 만들었다.

이런 종류의 변형된 사회적 교류에는 더 미묘하고 눈에 덜 뜨이는 측면이 있다. 이 책의 다른 부분에서 그런 측면을 일부 쓴 바 있는데, 간단히 말하면 우리는 자기 자신처럼 보이고 말하는 사람을 더 좋아한다는 것이다. 이는 실험에서 참가자의 실제 모습이나 목소리를 더 닮게 표현한 아바타를 그 참가자가 더 매력적이고 영향력이 있다고 느낀다는 사실로 확인됐다. 우리는 가상 세계에서 아바타로 매개되는 커뮤니케이션에서 이런 조작을 많이 보리라고 예상해야 한다. 우리가 이미 사회적인 만남에서 무엇을 하는지를 생각해보면, 이는 논리적인 추론이다. 우리는 상황에 따라 옷을 갈아입고 말투와 보디랭귀지와 자기표현의 다른 양상을 바꾼다. 일례로 면접 갈 때에는 친구들과 나이트클럽에서 시간을 보낼 때와 다르게 차려입고 진중하게 행동한다.

또 사람들이 가상 환경에서 어떻게 행동할지 주시할 필요가 있다. 초기 인터넷 이용자들의 유토피아적인 희망은 지난 수십 년 동안 서서히 무너져내렸다. 그 희망이란 온라인에 만들어진 사회적 공간이 정보가 풍부한 디지털 아고라의 역할을 해, 그곳에서는 아이디어가 자유롭게 오가고 지적인 대화가 흐르리라는 것이었다. 사람들의 언론의 자유와 신원을 보호해주리라고 여겨졌던 익명성은 인터넷 심술쟁이들의 하위문화를 강력하게 하는 토대가 됐다. 그들은 다른 사람들을 불행하게 만드는 데서 재미를 찾았다. 어떤 사람을 표적으로 삼은 이유는 그 사람의 발언이 맘에 안 든다는 것도 있었다. 그러나 이유가 없을 때도 있었고, 그럴 때 그들은 그저 오락으로 즐겼다. 마크 저커버그나 필립 로즈데일 같은 혁신가들의 말이 맞아 대중 토론이 가상 공간으로 옮겨져 이뤄진다면, 그 양상이 어떨지 예단하기 어렵다. 아바타는 당신의 몸을 해치지는 못한다. 그러나 아바타는 신체적으로 인식되고 음성을 전한다는 점에서 기사에 대한 댓글이나 트위터보다 큰 타격을 가할 수 있다. 실제로 이미 초기 가상 환경에서는 성희롱과 심술궂은 아바타에 괴롭힘을 당했다는 주장이 나오고 있다. 좋은 소식은 심술쟁이 아바타는 공간에 들어서지 못하게 금지되거나 이용자에 의해 차단되는 방식으로 멀리할 수 있다는 것이다. 나는 그런 심술쟁이의 신랄한 공격에 상처받은 경험이 있고, 미래에 대해 전적으로 낙관적이지는 않다.

그러나 좋은 사회적 가상현실은 실제로 상황을 개선할 수 있다는 낙관적 희망을 나는 견지한다. 짧은 문자 메시지를 통해서만 누군가를 알게 된다면, 당신은 그에게 합당한 기본적인 인간성과 존중을 부여하지 않을 위험이 커진다. 만약 온라인에서도 사람들을 인간으로 여기게 되고, 새로운 방식으로 우리를 다른 사람과 묶는 것을 돕는 동조의 요소를 얻게 된다면, 그것을 통해 온라인 대화를 발전시키고 더 생산적이고 문명적인 대중 공간을 열 수 있을 것이다.

| 제8장 |

뉴스의 현장 속으로 뛰어들다

물이 솟구친다. 바람은 으르렁대며 귓전을 때린다. 당신이 서 있는 옥상 바닥이 흔들린다. 바라보는 곳마다 홍수가 서서히 차오른다. 퍼붓는 빗속에서 이웃들도 당신처럼 집 지붕에 서서 구조를 애타게 기다리면서 절망 속에서 소리치고 있다. 물에 휩쓸린 한 사람이 떠내려간다. 옥상이 있을 정도로 운이 있지 않은 사람인가 보다. 당신은 헬리콥터 소리를 듣고 헬리콥터가 날아가는 것을 본다. 당신은 손을 흔들고 흔들어보지만 헬리콥터는 그냥 가버린다. 홍수는 언제 멈출까? 아무도 도우러 오지 않으면 어떻게 하나?

이 참혹한 가상현실 경험은 NPR 저널리스트 바바라 앨런Barbara Allen과 함께 기획됐다. 앨런은 2012년에 나를 찾아와 저널리즘의 이야기를 전하는 힘을 가상현실을 통해 어떻게 더 강하게 할 수 있을지 살펴보고자 했다. 우리 연구소는 앞서 여러 해 동안 몰입 저널리즘의 가능성을 생각해왔다. 그러나 바버라가 방문하기 전에는 시간도 없었지만 시뮬레이션을 만들 만한 동기나 언론 경험이 부족했다. 바버라와 우리는 한동안 적절한 시나리오를 놓고 논의했다. 우리는 몇 가지 후보를 거론했다. 마침내 바버라가 허리케인 카트리나의 여파를 시뮬레이션하자는 훌륭한 아이디어를 제시했다. 그렇게 하면 이용자들로 하여금 폭풍우에 처한 공포와 고통을 더 생생하게 받아들이게 할 수 있다는 아이디어였다. 기존 미디어는 허리케인의 체험을 멀리서 촬영하거나 활자 기사로만 전할 수 있다. 바버라가 폭풍우 부분을 맡아 활자 및 영상 자료를 많이 챙겨 왔다. 그러면서 그는 공포의 시나리오를 생생하게 재현하는 데 필요한 세부 상황을 잘 알게 됐다. 마침 스탠퍼드대학 연구소의 트래킹 공간이 실제 옥상 크기만 했다. 우리는 그다음 서로 손발을 맞춰가며 작업했다. 우리는 바버라의 메모와 비디오를 활용해 장면과 상호작용을 프로그램했다. 그다음에는 작업한 중간 결과물을 바버라를 비롯한 저널리스트들에게 보여주고 피드백을 받아 수정하는 과정을 반복했다. 이 프로젝트는 대규모 '개막 행사'에서 정점에 이르렀다. 그 행사에는 몇몇 저명한 인사들이 카트리나를 체험할 수 있었다. 사실 《BBC 뉴스》의 제임스 하딩 보도국장과 《워싱턴 포스트》의 마티 배런 에디터가 가상현실에 대해 배우려고 우리 연구소에 왔을 때, 이 콘텐츠가 핵심 교재였다.

카트리나 경험을 작업할 당시 우리는 실제로 불과 몇 년 뒤에 가상현실 뉴스가 만들어져 보도되리라고 상상하지 못했다. 소비자 가상현실이 가능해지자마자 기자들, 언론매체들, 그리고 독립 프로듀서들은 기회를 놓치지 않고 독창적인 뉴스 콘텐츠를 만들기 시작했다. 《뉴욕타임스》가 가장 적극적이어서, 신문 구독자들에게 간이식 가상현실 체험 기기인 카드보드 뷰어를 100만 개 넘게 배포했다. 그리고 자사가 만든 가상현실 체험을 재생할, 가상현실에 특화된 고급 스마트폰 애플리케이션을 만들었다. 다른 언론매체들, 예를 들어 《VICE》, 《월스트리트 저널Wall Street Journal》, 《PBS 프론트라인PBS Frontline》, 《가디언Guardian》 등도 가상현실이라는 매체로 실험을 했다. 뉴스 수용자를 이야기의 실체에 더욱 가까이 끌어오는 것은 언제나 저널리스트들의 관심사였다. 이제 가상현실이 그런 이상적인 멀티미디어가 될 가능성으로 주목받고 있다. 가상현실 뉴스에 대한 언론계의 낙관주의에는 급박한 상황에서 강권된 해법이라는 측면이 있다. 전통적인 저널리즘 회사들은 어떻게 해야 뉴스 이용자들을 돌아오게 할 수 있을지 방법을 모색하고 있다. 점점 더 파편화되는 미디어 세계에서 기존 언론매체들은 뉴스 이용자들을 우후죽순처럼 생겨나는 매체들한테 빼앗겨왔다. 브라우저나 페이스북에서 무료인 뉴스를 누가 돈 내고 볼까. 《뉴욕타임스》처럼 독자적인 가상현실 콘텐츠를 기존 서비스에 추가하는 것은 오랫동안 뉴스 비즈니스를 괴롭혀온 재무적 손상을 복구하는 방법이 될 수도 있다.

결국 새로운 미디어 기술은 늘 저널리즘과 손잡고 발전했다. 사실 저널리즘의 정의 자체가 기술 발달에 따라 진화해왔다. 신문은 17세기에 처음 나왔는데, 초기 신문에는 활자만 있었다. 인쇄기술이 발달하면서 새겨진 삽화와 도표가 활자에 추가됐다. 19세기 후반에 이르자 사진이나 사진을 바탕으로 한 판화가 기사와 함께 편집됐다. 사진은 세계를 아주 상세하게 재현해 '실제'처럼 느껴지도록 했다. 이전에는 상상하지 못했던 진짜라는 느낌을 당시 이용자들에게 약속했다.

물론 당시 사진이 실제로 얼마나 사실에 충실했는지는 의문이다. 사진이 특정한 관점에서만 진실을 포착한다는 사실을 차치하더라도, 초기 사진기자들은 연출해서 촬영하는 일이 잦았다. 촬영 전에 만반의 준비를 갖춰 완벽한 사진을 얻고자 한 것이다. 왜냐하면 당시에 사진 촬영은 시간이 걸리고, 돈이 많이 들고, 번거로운 과정이었기 때문이다. 예를 들어 남북전쟁 때 사진작가 매튜 브래디Mathew Brady는 구도를 좋게 하려고 전쟁터에서 군인 시신의 위치를 옮겼다.[01] 브래디가 이 눈속임을 정당화한 논리는 시신 사진의 시각적인 충격을 증폭함으로써 전쟁의 끔찍한 참상을 더 잘 전할 수 있다는 것이었음이 분명하다. 그러나 그런 조작은 오늘날 사진 저널리스트들의 직업윤리 지침을 심각하게 위반하는 것이다. 오늘날에는 이미지의 밝기를 조정하기 위해 디지털 필터를 추가하는 일조차도 용납되지 않는다.

20세기의 라디오, 뉴스, 영화, 텔레비전, 그리고 이후의 인터넷은 모두 뉴스 비즈니스를 새로운 멀티미디어와 상호작용하는 특성을 통해 변모시켜왔다. 각 혁신은 그러면서 20세기 중반부터 형성된 저널리즘의 이상인 객관성, 독립성, 진실성을 어떻게 유지할 것인가라는 의문을 제기했다. 인터넷만큼 이들 원칙을 위험에 처하게 한 것은 없다. 인터넷은 뉴스 배포 방식을 돌이킬 수 없게 바꿔놓았다. 좋은 영향도 있고 나쁜 영향도 있다. 인터넷은 뉴스 이용자에게 더 선택권을 주면서 동시에 기존 뉴스 회사의 권위를 손상시켰다. 객관성이라는 바로 그 개념이 미디어의 파편화와 현실 묘사의 발산發散에 의해 의심을 받고 있다. 자신의 믿음을 확인해주는 뉴스 출처에 끌리는 뉴스 소비자가 점점 더 많아지고 있다. 저널리즘의 이상을 추구하려는 언론매체가 줄어들면서, 심층 보도 뉴스는 파당적인 시각에서 제시된 이야기나 심지어 관심을 끌고 분노를 자극하려고 만든 가짜 뉴스의 홍수 속에 묻힐 수 있다. 게다가 대중은 전보다 더 뉴스를 믿지 못하고 냉소적이어서 저널리즘에 충실한 보도와 선전을 분간하지 못한다. 이래저래 상황은 해악이 활개를 치기 좋게 무르익었다.

이처럼 빠르게 바뀌는 뉴스 지형에서 가상현실 같은 미디어를 경계해야 할 큰 이유가 두 가지 있다. 첫째, 가상현실은 우리의 감정에 큰 영향을 준다. 이는 행동유도성 측면에서 볼 때 많은 경우 이성적인 의사결정에 꼭 도움이 되지는 않는다. 예컨대 가상현실에서 가혹행위를 체험한 사람은 그 사건을 직접 목격한 것처럼 느끼고 그런 수준으로 분노한다. 그 분노는 어디로 향할까? 이런 감정을 부추기고 위협으로 인식한 것에 대해 반격하고자 하는 본능적 충동을 이용하는 것은 독재자, 테러리스트, 정치인들의 오래된 수법이다. 가상현실이 선전을 퍼뜨리는 작업에서 뛰어난 도구로 활용되리라는 전망에 대해 거의 의심하지 않는다.

가상현실을 둘러싼 두 번째 걱정은 디지털 속성의 특성상 쉽게 내용을 바꾸고 조작할 수 있다는 점이다. 물론 다른 매체도 그런 속성이 있었다. 사진과 비디오도 조작 대상이 될 수 있다. 서술된 글도 특정한 이데올로기에 편향될 수 있다. 그러나 다른 미디어의 콘텐츠도 수용자를 속이기 위해 전략적으로 조작되는 경우가 흔하다는 사실 덕분에 우리가 가상현실과 관련해서도 안심하게 되지는 않는다. 가상현실은 "진짜처럼 느껴지기" 때문에 거짓 정보와 감정적인 조작의 위험 가능성이 기하급수적으로 더 크다. 가상현실 디자이너는 기술에 대해서도 결정해야 한다. 화면에서 이용자의 눈높이, 즉 카메라의 높이는 그의 실제 눈높이로 해야 할까, 아니면 평균 신장의 눈높이에 맞춰야 할까? TV를 볼 때 우리의 시선은 카메라의 높이에 맞춰진다. 가상현실에서도 그렇게 해야 하나? 입체적인 시야도 생각할 거리이다. 어떤 장면이 이용자의 눈에 완벽하게 입체적으로 보이게 하는 작업은 정말 어렵다. 그렇게 하려면 온갖 세세한 결정을 내려야 한다. 왜냐하면 사람들은 두 눈에서 받아들인 이미지를 종합하는 능력이 제각각이기 때문이다. 심지어 '입체맹'인 사람들도 있다. 또 사람마다 두 눈 사이의 거리, 이른바 동공 사이 거리가 다르다. 그 차이에 맞춰 하드웨어를 조정하기는 쉽지 않다. 이런 측면은 가상현실 인식에서 아주 중요하고, 이런 값을 어떻게 정하는지에 따라 이용자의 뉴스 해석이 달라질 것이 분명하다. 가상현실로 허위의 사건을 보고 그것을 믿게 된 사람들과 논쟁하기는 어려울 것이다. 결국 그들은 자기네 눈으로 직접 목격했으니 말이다.

윤리적인 기자들은 가상현실 저널리즘의 정확성과 객관성을 보장하기 위해 가다듬어져 온 규준을 존중할 것이다. 그러나 특정 이데올로기나 선정주의를 위해 가상현실의 가변적인 속성을 악용하는 논픽션 이야기 공급자가 있으리라고 보는 게 타당하다. 이런 가상현실 기술 악용은 처음에는 컴퓨터로 제작하는 몰입 가상현실 경험에서 발생할 것이다. 그런 콘텐츠는 제작자가 전적으로 통제하는 가운데 하나하나 쌓아올리는 방식으로 만들어진다. 그런 콘텐츠는 사람들이 진짜라고 믿기에는 세부 묘사와 사진 같은 느낌이 떨어진다. 그러나 이런 제약은 '빛 영역light field' 기술의 발달로 머지않아 해소될 것이다. 이 기술은 3차원 공간 속에 사진 같고 입체적인 아바타를 만들 것이다. 이는 디지털 카메라와 강력한 컴퓨터가 받아들이는 빛으로부터 충분한 정보를 추정함으로써 가능해진다.[02] 잡지의 사진 에디터들이 표지에서 모델을 날씬하게 변신시키는 것처럼, 언젠가 미래에 가상현실의 비디오 같은 동영상도 쉽게 기록되고 편집될 것이다. 이게 가능해지면 부도덕한 가상현실 뉴스 제작자가 영상을 제 목적에 따라 조작하는 일이 발생하지 말라는 법이 없다. 과거에 사진이 조작 대상이었던 것처럼 말이다. 소련 지도자들은 불신임된 기관원을 역사적인 사진에서 사라지게 할 수 있었다. 미국에서는 정치 유세 때 군중이 많이 모인 것처럼 보이게 하려고 집회 이미지를 손질했다.[03] 사실 빛 영역 기술을 선도하는 업체인 라이트로Lytro가 만든 데모비디오는 바로 이런 조작의 가능성에 비꼬는 투로 동의한다. 데모 비디오를 보면 한 우주비행사가 달 표면을 걷는다. 조명기기는 아직 켜지지 않았다. 카메라가 뒤를 비추자 스탠리 큐브릭 감독 같은 사람이 감독석에 앉아 모든 장면을 연출하고 있다.[04] 이 영상은 시대를 통틀어 가장 손꼽히는 음모론 중 하나를 떠올리게 한다. 즉, 미국이 달 착륙을 조작하기 위해 감독을 고용했다는 것이다.

저널리즘 영역에서 컴퓨터로 입체적인 가상현실을 만든 선구자는 노니 데 라 페냐Nonny de la Peña이다. 그는 실제 사건을 바탕으로 한 몰입 가상현실 다큐멘터리를 제작해왔다. 예를 들어 트레이본 마틴Trayvon Martin이 사살된 논란의 사건과 사우스캐롤라이나에서 발생한 비극적인 가정 살인 사건을 다뤘다.[05]

숙련된 언론인으로 가상현실의 즉각성과 공감 유도 특성에 끌린 데 라 페냐는 자신의 가상현실 다큐멘터리를 최대한 사실을 바탕으로 제작하기 위해 최선을 다한다. 실제 사건에 대해 치밀하게 조사하는데, 여기에는 증인의 발언, 범죄 현장 사진, 건물 도면, 오디오 녹음이 포함된다. 데 라 페냐의 장면에 들어간 것 중에 상상으로 채워진 것은 거의 없다. 예를 들어 트레이본 마틴 이야기는 발사 장면을 보여주지 않는다. 그 장면에 대한 믿을 만한 설명이 없기 때문이다. 데 라 페냐는 대신 우리를 가까운 증인의 집으로 데려가, 그 집 사람들이 총성을 듣고 911에 전화한 그 순간에 우리가 그들과 함께 그 방에 서 있도록 한다.

데 라 페냐는 내가 방금 전한 조작 우려를 누그러뜨리려면 갈 길이 멀다는 사실을 잘 안다. 나와 얘기를 나눌 때 그녀는 나이트 재단과 함께 프로젝트를 진행하고 있었다. 가상현실 저널리즘의 모범 사례가 무엇인지 정의하는 프로젝트였다. 그녀 또한 최근 다큐멘터리들이 조작 우려의 대상임을 바로 지적했다. 그녀는 모든 미디어는 인위적이며 독자나 시청자를 확 끌어들이기 위해 수사적인 트릭과 기술을 활용한다고 말했다. 이와 관련해 그녀는 한 인터뷰에서 다음과 같이 말했다. "다큐멘터리 필름을 만들 때 당신은 들에서 일하는 사람들로 장면을 바꿨다가 소를 보여줬다가 차에 반사된 모습으로 전환해야 한다. 사람들이 이야기하는 바에 따라 일어나는 일들을 보여주는 것이 아니다. 사람들은 가상현실 방식 작업이 덜 윤리적일 수 있다고 느낀다. 그렇지 않다. 다른 접근일 뿐이다."[06] 그녀는 같은 인터뷰에서 에롤 모리스Errol Morris의 작업을 인용하며 이런 논란이 달아오른 게 불과 수십 년 전이라고 지적했다. 모리스는 1976년 텍사스 경찰관 피살 사건을 다룬 재연 다큐멘터리 〈가늘고 푸른 선The Thin Blue Line〉을 1988년에 내놓아 오스카상을 받았다. 오늘날 우리는 그런 재연 다큐멘터리를 자주 본다. 데 라 페냐는 재연 다큐멘터리를 제작할 때에는 충실한 자료 조사와 장면 묘사의 투명성에 깊은 주의를 기울여야 한다고 주장한다. 그러나 가상현실의 이로움이 너무 중요하기 때문에, 악용될 가능성을 걱정해 가상현실 다큐멘터리를 밀쳐놔서는 안 된다고 강조한다.

가상현실이 감정을 움직이는 힘은 5분짜리 가상현실 체험인 〈키야Kiya〉에서 뚜렷하게 드러난다. 이 체험은 가정 내 살인과 자살로 치달은 장면들을 보여준다. 체험자는 피살된 여인의 집 안에 서 있게 된다. 그녀의 전 남자친구는 그녀를 인질로 붙잡고 총을 휘두른다. 그녀의 두 자매는 그녀를 놓아달라고 애원한다. 비록 아바타들이 상용 등급인 컴퓨터 그래픽 탓에 조금 만화 속 인물 같지만, 911에 들어온 두 전화를 녹취한 음향은 우리가 목격하는 광경의 바탕이 된 사건의 리얼리티를 의심하지 못하게 한다. 체험자는 광경이 끔찍한 클라이맥스로 이를 때면 얼어붙게 된다. 그 순간 데 라 페냐는 체험자를 집 밖으로 끌어내, 경찰들이 이 상황에서 위험을 제거하기 위해 피의자에게 다가가는 장면을 보게 한다. 총성이 들리고 체험이 끝난다. 살인 장면을 묘사하지 않은 결정은 적절한 자제이자 묘사된 사건의 사실성에 대한 존중이다. 모리스도 〈가늘고 푸른 선〉에서 살인 장면을 보여주지 않았다. 그러나 "피를 보이면 앞서간다"라는 말이 먹히는, 점점 경쟁이 치열해지는 이 바닥에서 자제와 존중이 늘 통할지에 대해 나는 낙관하지 못한다. 이런 실제 폭력을 가상현실 저널리즘에서 어떻게 다룰 것인가? 또 가상현실 속 폭력과 죽음에 노출되는 것이 체험자에게 무엇을 의미하는가. 이는 미래에 가상현실 분야 규준과 관행을 만들면서 논의할 문제이다.

스탠퍼드대학의 저널리즘 학부는 2016년에 이런 이슈를 몰입 저널리즘 과목에서 연구하고자 했다. 이는 내가 알기로는 대학 최초의 시도였다. 10주 과정에서 12명의 대학생 및 대학원생은 《뉴욕타임스》, 《월스트리트 저널》, 《ABC 뉴스》 등에 보도된 일련의 가상현실 체험을 평가했다. 그들은 다음 질문에 초점을 맞췄다. 왜 스토리텔링에 가상현실을 활용하나? 어떤 상황에서 가상현실은 언론보도의 서술에 도움을 주나? 결론은 현재 가상현실은 특정한 경우에만 기사에 가치를 부가한다는 것이었다. 또 기존의 보도 방식을 보완하는 역할로만 기여한다는 것이었다. 가상현실 뉴스는 대부분 몰입 비디오를 통해 이뤄지는데, 이 비디오를 언론보도의 틀에서 촬영하기는 복잡할 수 있다. 그렇게 하는 요인 중 하나가 카메라가 이미지를 360도로 촬영한다는 사실이다. 카메라 촬영 기사는 자신이 촬영하는 장면의 등장인물과 혼동되는 일을 원하지 않는다면, 장비를 맞춰놓은 다음에 전방위 카메라의 시야에서 벗어나야 한다. 그렇게 할 경우 카메라에 담기는 사건이 촬영 기사의 통제 밖에서 일어나게 된다. 그가 알지 못하는 가운데 일어날 수도 있다. 그렇게 되면 시선을 고정하는 영상이 나오기 불리해진다. 카메라의 눈이 한곳에 방치될 경우 방향 설정과 취사선택의 활동인 이야기 들려주기가 어려울 수 있다.

초기 가상현실 저널리스트들은 어떤 측면에서는 19세기에 야외 촬영을 하던 사진기자들이 처한 상황 속에 있다. 그들은 무겁고 민감한 장비를 현장으로 끌고 가야 했고 설치하고 사진을 촬영하는 데 오랜 시간이 걸렸다. 그래서 좋은 사진이 나올 가능성을 높이는 최상의 방법은 장면을 연출하는 것이었다. 마찬가지로 가상현실 저널리즘의 초기 실험은 시위, 농성, 정치 집회 등 조직 활동을 정적으로 담는다거나 묘사되는 사람들의 삶을 극화하는 다큐멘터리를 연출해 촬영한다. 가상현실 저널리스트들이 뉴스 속보 영역에 치고 들어가 충돌의 현장에서 효과적인 영상을 담기까지는 시일이 걸릴 것이다.

주위 환경이 이야기의 중요한 부분인 상황이 가상현실 뉴스를 제작하기에 가장 유리하다. 이는 초기의 최고 제작자들이 깨닫기 시작하는 사실이다. 나와 얘기할 때 데 라 페냐는 가상현실 방식으로 제작할 논평에 대해 설명했다. 주제는 왜 기내 난동이 전보다 증가했는가였다. 그의 가상현실 프로그램에서 체험자는 먼저 수십 년 전 여객기 좌석에 앉게 된다. 체험자는 그 다음 여객기 안이 더 많은 좌석과 사람으로 채워지면서 자기 주위의 편안했던 공간이 점점 좁혀 들어오는 것을 느낀다. 왜 기내 난동이 잦아지나? 정어리가 깡통에 쟁여지는 것처럼 우리가 비행기에 빽빽하게 채워지기 때문이다. 이를 체험자는 가상현실 속에서 생생하게 느낄 수 있다. 이런 식으로 이야기를 서술하는 다른 좋은 사례가 《가디언》이 제작한 가상현실 체험 프로그램 〈6x9〉이다. 체험자는 감옥의 독방에 수감된다. 폐소공포 체험은 가상현실이 발휘할 수 있음이 확인된 여러 숨은 재주 중 하나이다.

이들 프로그램이 가상현실을 잘 활용한 사례가 된 것은 체험자를 둘러싼 환경 전체가 이야기에서 중요하다는 사실 덕분이다. 체험자는 고개나 몸을 돌려서 주위 환경을 경험할 수 있다. 모든 동작이 앞과 가운데에서 벌어지면(정치 토론에서 그렇다) 전방위 비디오가 필요하지 않다. 당신이 경험하는 이야기가 한 방향만 보게끔 한다면, 그 이야기를 가상현실로 제작할 이유가 거의 없다.

가상 저널리즘 분야의 이들 초기 실험은 시급한 질문을 던진다. 만약 언론매체가 가상현실 프로그램을 만든다면 관객이 모일까? 가상현실이 자리를 잡을까, 아니면 3D TV의 전철을 밟을까? 가상현실과 3D TV는 둘 다 고가의 기술이고 별나고 불편하며 둘러쓰는 안경을 착용해야 한다는 공통점이 있다. 그러나 가상현실에서 현재 너무 많은 투자와 개발이 진행되고 있다. 가상현실은 이미 대마불사 상황으로 갔다. 가상현실이

3D TV와 어떻게 다른가? 3D TV는 콘텐츠 측면에서 투자할 뚜렷한 이유가 하나도 없었다. 그 분야에서는 '킬러' 체험이 나오지 않았고, 그래서 제작자들은 시장이 형성되는 데 중요한 임계량에 이르지 못했다. 반면 가상현실은 지금까지 만들어진 흥미로운 콘텐츠를 고려할 때 이미 기반을 갖추었다. 체험자는 한 번 '아하' 하고 체험하는 순간, 다음 콘텐츠를 바로 찾으려 하기 마련이다.

제작 방법론을 둘러싼 논의가 앞으로 몇 년 동안 가상현실 발전의 중심에서 이뤄질 것이다. 그러나 가상현실에서 이야기를 **어떻게** 풀어내고 무슨 기술로 시청자에게 최대의 감정적인 효과를 줄 것인가 하는 논의는 뉴스 비즈니스에서는 많이 논의되지는 않을 듯하다. 이는 다큐멘터리를 생각하면 추론할 수 있다. 다큐멘터리가 대개 직설적인 서술 양식을 택하는 것처럼, 논픽션 장르는 일반적으로 정보 전달에 초점을 맞춘다. 시청자들을 정서적으로 움직이는 것은, 저널리스트들의 목적이 될 수는 있지만 그들 작품의 초점이 되지는 못한다. 저널리즘은 객관성을 무엇보다 중시하기 때문에 너무 감정적인 보도에 반대한다.

기사 작성의 지침에 얽매이지 않는, 원래 감정적인 반응을 끌어내기 위해 만들어지는 서사 작품은 어떤가? 가상현실을 픽션 서사로 활용하려는 산업이 벌써 할리우드와 실리콘밸리에서 성장하고 있다. 그 속에서 할리우드와 게임 업계의 스토리텔러들이 기술 업체로부터 지원을 받아가면서 가상 서사의 문법을 정의하는 시험적인 초기 단계를 밟기 시작하고 있다.

● ●

젊은 영화 제작자 브렛 레오나드Brett Leonard가 고향 오하이오주 톨레도에서 당시 막 산타크루즈에 발을 디뎠을 때는 최초의 가상현실 붐이 1979년에 일어나기 직전이었다. 그곳에서 그는 스티브 워즈니악, 스티브 잡스, 재런 러니어 같은 실리콘밸리의 아이콘 같은 인물들을 만났다. 재런은 기술과 기술이 인간의 상거래와 문화에 미칠 영향에 대해 가장 앞선 통찰력과 비전이 있는 사고를 제시한 인물 중 한 명이다. 지금도 그렇지만 당시에 그는 가상현실 분야에서 매우 널리 알려진 인물이었다. 가상현실이라는 용어도 그가 만들어 퍼뜨렸다. 레오나드는 기술과 과학소설을 무척 좋아했다. 미래를 만들어나가는 작업에서 이미 중요한 역할을 하고 있던 사람들 사이에서 지내게 된 그에게 실리콘밸리는 세계에서 가장 흥미로운 곳이었을 것이다. 이런 낙관적이고 흥분되는 환경에서 그는 러니어의 회사 VPL에서 초기 가상현실 원형을 시험해보기 시작했다. 아울러 가상현실을 예술과 표현의 매체로 활용할 가능성에 대해 재런과 오랫동안 얘기를 나눴다.

레오나드의 가상현실 입문에서 처음 감독한 장편 극영화까지는 직항로처럼 연결됐다. 그 영화는 〈론모우어맨Lawnmower Man〉이었다. 1992년에 제작된 독립 영화로 성공을 거둔 이 작품은 많은 가상현실 팬 사이에서 컬트 고전의 반열에 올랐다. 스티븐 킹의 동명 단편소설을 명목상으로만 바탕으로 하고 레오나드가 공동으로 시나리오를 쓴 이 영화는 한 과학자가 정신이 손상된 사람의 사고력을 향상시키는 데 가상현실을 활용했는데 뜻하지 않게 그 사람을 악마적이고 폭력적인 천재로 변신시키게 됐다는 줄거리이다. 레오나드의 비유에 따르면 이 영화는 "매리 셸리Mary Shelly의 『프랑켄슈타인Frankenstein』을 핵으로 삼고 대니얼 키이스의 『앨저넌에게 꽃을Flowers for Algernon』을 조금 추가하고 『제3의 눈Outer Limits』의 「여섯째 손가락The Sixth Finger」 에피소드 더했다". 이 영화에는 주요 가상현실 주제가 담겨 있다. 행동 교정에 대한 공포, 중독, 디지털 세계 속 몰입이 실제 생활 속 관계에 미치는 영향 등이다. 이 영화는 가상현실 기술을 긍정적으로 활용할 가능성도 제시한다. 현명하게 활용된다면 가상현실이 인지 기술을 훈련시키고 창의성을 키워주는 도구가 될 수 있다는 것이다. 영화가 경고하는 바는 가상현실이 "인류 역사상 가장 변혁적인 매체"가 되거나 "고안된 것 중에서 가장 강력한 마인드 컨트롤 수단"이 될 수 있다는 것이다. 4반세기 전에 이렇게 표현된 이 아이디어는 여전히 오늘날 가상현실에 대한 레오나드의 사고를 정의한다.

레오나드는 수십 년 동안 영화와 드라마를 감독한 뒤 가상현실 분야로 돌아왔다. 그는 버추오시티Virtuosity라고 불리는 다양한 분야 창작자 집단과 함께 콘텐츠 스튜디오를 차렸다. 그는 2016년에 우리 연구에 대해 배우겠다며 내 연구소에 들렀다. 우리는 가상현실 스토리텔링의 미래를 놓고 이야기를 많이 나눴다. 그는 이 주제에 대해 몇 년 동안 생각해왔다고 들려줬다. 가상현실의 미래를 생각하는 데 영화의 발달을 길잡이 삼는다고 말했다. 가상현실이 창작 서사 분야에서 어떻게 통할지 짐작하고자 하는 다른 많은 스토리텔러들도 그렇게 한다. 영화의 역사에서 분명하게 드러나는 교훈은 여러 분야를 망라한 예술 매체가 새롭게 등장할 경우 그 가능성을 전부 끌어내는 데에는 오랜 시간이, 여러 세대가 걸린다는 것이다. 그리고 그런 예술적인 가능성은 개념적인 혁신뿐 아니라 사업과 기술적인 발달에 영향을 받는다는 것이다.

마셜 매클루언Marshall McLuhan의 가장 중요한 통찰 중 하나를 인용하면, 새로운 매체를 활용하는 사람들은 이전 것들과 관련된 사고에서 벗어나기 어려워하는 시기를 거친다. 할리우드 영화제작사에서 이를 확인할 수 있다. 할리우드 초기에 시나리오 작가는 다수가 연극판에서 왔다. 카메라 앵글은 무대와 객석 사이의 아치 앞에 하나 있었고, 컷은 전혀 없거나 거의 없었다. 감독뿐 아니라 배우들도 연극계에서 넘어왔다. 배우들은 영화의 독특한 친밀함에 익숙해지지 않은 채로, 5피트 떨어진 카메라가 아니라 객석 뒷줄 관객에게 연기를 보여주려는 듯, 큰 동작을 만들어 보였다. 초기 단계를 거치면서 감독과 배우들은 영상매체에 대한 접근 방법을 빠르게 혁신했다. 감독들은 편집과 카메라 효과를 도입했는데, 그러면서 이 새로운 서사 양식이 얼마나 특이하고 초현실적일 수 있는지 드러나기 시작했다. 1920년대가 되자 카메라는 더 움직였고 숏 사이에 컷이 더 자주 들어가게 됐다. 숏도 이제 다양한 앵글과 포커스 수준에서 잡혔다. 이런 기법을 버스터 키튼Buster Keaton과 찰리 채플린Charlie Chaplin의 부산한 슬랩스틱 코미디에서도 볼 수 있고 극영화에서도 볼 수 있다. 독일 표현주의 공포 영화 〈노스페라투Nosferatu〉는 영화의 시각적 특성을 강조하는 조명 및 편집 기술을 활용했다. 이들 작품은 무성영화였다. 1920년대 말에 음향이 도입되면서 영화는 더 서사적이고 이야기에 바탕을 둔 매체가 됐고, 그와 함께 콘텐츠에도 변화가 나타났다.**07** 영화계의 초기 변화에 대한 이 간략한 설명에서도 드러난 것처럼, 단선적인 발달이나 주어진 예술 형태가 이르게 되는 논리적인 '종말'이 필연적이지는 않다. 대신 돌연변이가 끊이지 않는데, 그것에 영향을 미치는 것은 기술적인 가능성이 무엇을 허용하는가, 창작자들이 무엇을 원하는가, 그리고 관객이 지갑을 열고 싶어 하는 것이 무엇인가 등이다.

무엇이 만들어지는지에 대해 시장이 미치는 영향은 과장될 수 없다. 가상현실이 형성되는 요즘 시기에 어떤 일이 펼쳐질 것인가와 관련해서도 시장의 힘은 중요한 변수이다. 콘텐츠 창조자들이 사람들이 무엇을 원하는가를 궁리해내면서 많은 실험과 중요한 변화가 나타나리라고 예상할 수 있다. 레오나드는 초기 상업영화는 5센트짜리 짧은 무성 영화로 사람들이 많이 다니는 산책로 같은 곳에 설치된 기계에서 볼 수 있었다. 관객들은 잔돈을 바꿔 신기술이 주는 오락을 몇 분 동안 즐길 수 있었다. 전에는 극장에 가서야 볼 수 있었던 공연을 바로 볼 수 있었다. 5센트짜리 영화 다음에는 '원 릴러'가 등장했다. 1릴로 이뤄져 10~12분 동안 영사하는 영화였다. 더 긴 영화는 D. W. 그리피스D. W. Griffith가 1915년에 〈국가의 탄생Birth of a Nation〉을 만들기까지는 나오지 않았다.* "사람들은 그를 조롱했고 멍청이라고 불렀다"라고 레오나드는 내게 들려줬다. "당시 사람들은 영화를 보겠다고 20분 넘게 가만히 앉아 있을 관객은 아무도 없을 것이라고 생각했다. 지금 사람들이 가상현실을 놓고 이러쿵저러쿵 하는 말들도 장편 극영화가 실제 상품이 되던 시기에 나온 말들과 다르지 않다." 이 말이 나를 웃게 했다. 내 연구소에서 정한, HMD 착용 시간이 20분을 넘으면 안 된다는 규칙을 떠오르게 해서이다.

이는 가상현실 서사가 앞으로 50~100년 동안 어떻게 보일지 전망하

---

* 이 영화는 상영시간이 158분으로, 남북전쟁을 북과 남의 두 백인가문에 미친 영향을 중심으로 사실적으로 보여준다. 다만 오늘날의 기준에서는 당시의 인종차별적 시각도 드러나 있다.

는 데 있어서 중요한 포인트이다. '영화'라고 부르는 매체는 탄생한 이래 계속해서 변모해왔다. 그 요인은 시장의 힘, 예술적인 천재 개개인, 새롭고 더 스릴 있는 경험을 관객에게 주기 위한 제작사들의 기술 투자 등이다. 영화제작자들이 작품 창조에 선택할 수 있게 된 기술을 몇 가지만 들면, 음향, 색채, 스테디캠*, 서라운드 음향, 3D, 아이맥스, 시네라마**, 디지털 녹음 등이 있다.

가상현실의 발달 단계에서 우리는 어느 지점에 있나? 뤼미에르 형제 같은 영화 장르 개척자들의 19세기 실험과 오슨 웰스Orson Welles의 1941년 작 〈시민 케인Citizen Kane〉 사이의 어느 지점에 있을까? 이 영역에서 일하는 콘텐츠 창조자 중 가장 낙관적인 사람들조차 우리는 전자에 가깝다고 말한다. 레오나드는 구글의 카드보드 같은 초기 시도가 오히려 가상현실의 가능성을 훼손했다고 지적한다. 카드보드는 잠재적인 이용자를 늘리기는 했지만 사람들을 흥분하게 하지 못하는, 가상현실의 뒤떨어진 버전을 보여줬기 때문이라고 설명한다. 레오나드는 "새로운 미디어가 시작되고 있다"라면서 다음과 같은 과제를 제시했다. "우리는 R&D와 제품을 동시에 만드는 과정을 돌려야 한다. 우리는 R&D·제품 제작의 원형을 만드는 시기에 있다. 이 시기의 가장 큰 부분은 실제로 시장을 만드는 것이라고 말하겠다."

레오나드 생각에 '시장을 만드는 것'은 재능과 기술에 대해 상당한 투자가 이뤄져야 가능하다. 그는 MGM이 〈오즈의 마법사TheWizard of Oz〉

---

* 스테디캠: 촬영기사의 몸에 부착하는 특수 받침대. 카메라를 삼각대에 고정시키지 않고 들고 찍기로 촬영할 때 카메라가 흔들리는 것을 방지해준다.

** 시네라마: 시네마와 파노라마의 합성어. 대형 만곡형 스크린에 상영된다.

(1939년 작)에 큰 위험을 무릅쓰고 투자한 사례를 들었다. 이 영화가 오늘날 미국과 글로벌 영화 시장을 장악한 현대적인 특수효과의 스펙터클한 영화의 전신이라는 데엔 반론이 없다. "MGM은 '우리는 대형 크레인들을 만들고 짐수레들도 만들고, 영화 제작을 도울 기술자들을 훈련하는 장인 과정을 만들 것'이라고 말했다. 그들은 스펙터클 영화라는 아이디어를 창조했다. 그런 접근은 정말 중요하지만 실행하기 어렵다. 다른 분야들을 모두 한데 끌어들여 한 지붕 아래 구성한 것이다." 그런 접근은 현재 비즈니스가 무엇인가 하는 질문에 대해 여전히 핵심 답을 제시한다.

● ●

큰 위험을 떠안았고 패러다임을 바꾼 할리우드 영화의 최근 사례는 제임스 카메론James Cameron 감독의 〈아바타Avatar〉일 것이다. 이 장편 서사 영화는 디지털 효과와 3D 영화 제작에서 새로운 진전을 이뤄냈다. 두 기술은 알다시피 영화가 만들어지는 방식을 바꿔놓았다. 이 영화의 미술감독 로버트 스트롬버그Robert Stromberg는 이 영화가 제작되던 2006년에 가상현실을 처음 맛보게 됐다. 비록 헤드셋을 끼지는 않았지만 말이다. 스트롬버그는 내게 "우리는 무언가 독특한 작업을 하고 있다"라면서 이렇게 설명했다. "우리는 컴퓨터 그래픽으로 만든 세계 속에 360도 세상들을 만들고 있다. 또 가상현실 카메라로 매우 실제같이 그 세상들을 촬영한다. 영화가 이 방식으로 만들어지거나 시도되기는 처음이다. 나는 그 영화 제작에 지난 4년 반 동안 참여해왔다. 이 영화는 내가 무언가에 눈을 뜨게 해줬고, 그 무언가란 자신을 가상 공간에 옮기는 능력이다."

스트롬버그는 이후에 영화 〈이상한 나라의 앨리스Alice in Wonderland〉와 〈오즈 더 그레이트 앤드 파워풀Oz The Great and Powerful〉, 〈BFG〉의 제작 디자인을 맡았다. 그다음엔 감독으로 변신해 〈말레피센트Maleficent〉로 데뷔했다. 할리우드에서 커리어를 잘 쌓아가면서 가상현실 기술 발달에 대한 관심을 놓지 않았다.

그러던 그는 2014년에 오큘러스를 페이스북이 인수한다는 기사를 읽게 된다. "기사가 보도된 바로 그날 아무런 사전 접촉 없이 오큘러스에 전화를 걸었다. 놀랍게도 그들은 좋다고 답했다. 오큘러스는 당시 캘리포니아 어바인에 있는 작은 회사였다. 간단히 말하면 기술자로 가득한 사무실 하나였고 상대적으로 인상적이지 않았다." 그는 그날 데모를 두 건 살펴봤다. 그중 하나는 크기가 저마다 다른 로봇들이 있는 방을 체험하는 것이었다. 이 데모는 머리를 돌려 주위 사물을 보도록 함으로써 그곳에 있다는 느낌이 만들어질 수 있음을 보여줬다.

두 번째 체험은 작은 방에서 시작됐다. 그런데 벽이 뒤로 물러나면서 방이 점점 커졌다. 그러자 그는 마치 자신이 이 변하는 금속성 세상에서 떠다니는 것처럼 느꼈다. "그 순간 불현듯 깨닫게 됐다. 평생을 이런 세상을 창조하면서 보냈는데, 내가 실제로 그 세계에 발을 들여놓을 수 있음을 처음으로 깨닫게 된 것이었다." 그날 스트롬버그는 친구 몇 명에게 전화를 걸어 회사 버추얼 리얼리티 컴퍼니를 차렸다. 가상현실 체험을 대중 시장에서 이용 가능하게끔 만들 수단이 마침내 확보됐음을 그는 알았다. 그러나 여전히 콘텐츠를 만드는 사람이 아무도 없었다.

스트롬버그의 첫 가상현실 체험 콘텐츠는 '거기There'라고 불렸다. 4분짜리인 이 영상은 일련의 섬이 물리 세계의 법칙에서 풀려나 공간을 떠다니는 꿈속 같은 광경을 보여준다. 이 초현실적인 영역에서 영화음악이 배경에 흐르는 가운데 한 젊은 여성이 체험자를 안내한다. 스트롬버그는 반응을 알고 싶었다. 그래서 스티븐 스필버그Stephen Spielberg를 그의 롱아일랜드 집으로 찾아갔다. 이 영상을 체험한 스필버그는 넋이 나간 듯했다. 스필버그는 이를 자신의 손자손녀 및 영화배우 출신인 부인 케이트 캡쇼Kate Capshow와 공유했다. "아내는 관람한 뒤 정말 눈물을 흘렸다." 스필버그는 VRC 이사회에 고문으로 참여했고, 스필버그의 열띤 반응에 고무된 스트롬버그는 훨씬 더 확신하게 됐다. 스토리텔러들이 찾아다닌 매체, 즉 마술과 감정을 전할 수 있는 매체를 자신이 다루고 있다고 더 굳게 믿게 됐다. "나는 앞에 펼쳐진 길을 볼 수 있었다."

그사이 수년간은 스트롬버그와 그의 VRC 동료들에게 계속된 실험의 과정이었다. 그들은 많은 장애물을 처리해 가상현실이 스토리텔러에게 열어준 특별한 기회를 이용하고자 했다. 전에 영화를 제작해본 사람에게 가장 큰 어려움은 두 극단 사이에서 절충점을 찾는 것이다. 하나는 스토리텔러의 독재자적인 전개를 통해 예술적인 비전을 관객한테 부과하는 것이고, 다른 하나는 가상현실의 상호작용하는 특성이다. 가상현실 이용자는 내키는 어디나 바라보고 잠재적으로는 장면 속에서 돌아다닐 수 있다. 반면 영화 관객은 주어진 시점에서 세상의 작은 부분만 볼 수 있다. 카메라의 시야 속에 있는 작은 창을 통해서만 볼 수 있다. 고개를 돌려 카메라 뒤를 보지는 못한다. 또는 고개 들어 하늘을 보지도 못한다. 등장인물의 얼굴에 초점을 맞춘 고전 영화의 장면을 아무거나 떠올려보라. 그 시점에 그가 무엇을 바라보고 있는지 보려고 고개를 돌려도 소용이 없다. 그 순간 계산에 따른 감독의 선택은 당신에게 그 영웅의 얼굴을 보여주는 것이었다. 그 프레임이 서사의 핵심적인 포인트였다. 만약 고개를 돌리게 됐다면 우리 영웅의 눈에서, 그 장면을 아주 특별하게 만드는 미묘한 광휘를 놓쳤을 것이다.

가상현실은 민주주의이다. 당신은 원하면 언제나 원하는 어디든지 볼 수 있다. 반면 영화에서는 감독이 독재자이다. 그는 당신의 감각을 통제하고 내키는 대로 자신이 원하는 장면을 당신이 보게 한다. 감독들이 이 작업을 잘하기 때문에 영화가 매체로서 성공한다.

스토리텔링에서 가장 기본적인 개념 중 하나는 '뿌려놓은 뒤 보상하기'이다. 즉, 한 장면에서 작가나 감독이 나중에 발생할 예상 밖 전개의 씨앗을 뿌려놓는다. 그것은 곁눈질일 수도 있고 탁자 위 지갑일 수도 있다. 어떤 때는 대화로 들려주고 어떤 때는 등장인물의 상상을 통해 보여준다. 씨앗은 대개 미묘하다. 고전이 된 영화 〈쇼생크 탈출The Shawshank Redemption〉에서 예를 들면, 별 의미 없어 보이는 돌 쪼는 도구와 여배우 리타 헤이워드 포스터의 이미지가 그런 씨앗이다. 이들 이미지는 영화에서 자주 나타나지만, 우리 시야의 매우 작은 부분일 뿐이다. 알고 보니 주인공이 그 도구로 터널을 팠고 그 포스터로 감방의 터널 입구를 가렸다는 설정이고, 이는 영화의 가장 재미난 대목이다. 씨앗은 기억될 만큼 충분히 눈에 띄어야 하지만 나중에 발생할 국면 전환을 관객이 다들 예상할 정도로 분명해서는 안 된다. 이런 일반적인 원칙은 가상현실에서는 잘 통하지 않는다. 미세한 씨앗은 눈에 띄지 않기 쉽다. 암석을 쪼는 작은 도구를 보는 대신 관객은 멀리 다른 감방을 볼 수 있다. 또는 조명 효과가 대단하다면서 천장을 볼지도 모른다. 가상현실은 대개 꽤 흥미롭고 관심은 이리저리 움직인다.

가상현실은 탐험이고 스토리텔링은 통제라고 할 수 있다. 가상현실에서 이 갈등에 대처하는 전략은 두 갈래이다. 하나는 기본적으로 모든 액션을 한 지점에 두는 것이다. 이는 《뉴욕타임스》의 가상현실 애플리케이션과 다른 저널리즘 가상현실 이야기 같은 360도 비디오에서 자주 보인다. 그 방법은 당신이 바라봐야 하는 어떤 사람이 이야기하도록 하는 것일 수 있다. 또는 신scene의 주요 장면일 수도 있다. 그래서 사람들이 가끔 둘러보지만 대부분 시간에는 정면을 보도록 하는 것이다. 이는 물론 다음 물음을 불러일으킨다. "그렇게 할 거라면 왜 가상현실을 만드나?" 한 방향을 본다면 TV 화면을 보는 편이 나을 것이다. 어떤 가상현실 체험이 이런 전략을 택했는지 알아채는 확실한 방법은 고글을 낀 사람들을 바라보는 것이다. 만약 그들이 내내 정면만 향하고 있다면, 그들은 아마 전통적인 영화와 닮았는데 구球 안에 들어 있는 콘텐츠를 볼 것이다.

두 번째 전략은 360도 구 안의 모든 공간을 활용한다. 또 모든 곳에 핵심적인 액션이 있다. 만약 그게 '방 규모' 가상현실이라면, 사람들은 걸어 다니고 둘러보면서 가상현실의 무엇이 특별한지를 절감할 것이다. 그러나 많은 경우 그들은 체험에 몰두한 나머지 감독이 말하고자 하는 이야기를 듣지 않게 된다.

가상현실 영화제작자들은 탐험과 스토리텔링 사이에서 균형을 잡기 위해 다양한 기술을 시도하고 있다. 이런 측면에서 여러 초기 가상현실 스토리 작업을 한 창의적인 인재들이 영화판과 비디오게임 업계에서 왔다는 사실은 시사하는 바가 있다. 비디오게임은 특히 상호작용과 탐험을 특징으로 한다. 한 가지 전략은 소리, 움직임, 빛을 신호 삼아 시청자의 시선을 감독이 원하는 쪽으로 돌리는 것이다(훈련 비디오처럼 엔터테인먼트 애플리케이션이 아닌 경우 화살표로 그 작업을 할 수 있다. 그러나 이 방법은 시청자가 불신을 내려놓고 콘텐츠에 빠져들도록 해야 하는 상황에서는 적당하지 않다).

가장 일반적인 해법은 '공간적인 음향'을 활용하는 것이다. 기본적으로 헤드셋이 양쪽 귀에 크기가 다르게 소리를 들려주면 소리가 마치 여러 곳에서 나오는 것처럼 느끼게 된다. 서라운드 음향을 전하도록 설계된 극장에서 영화를 본 사람은 대부분 비슷한 경험을 했으리라. 이 전략을 화살표와 비교해보자. 우선 스토리텔링에서는 화살표에 비해 덜 명시적이고 그래서 효과가 떨어진다. 그러나 소리가 서사의 주제 속에 녹아들었다는 점에서는 화살표에 비해 현존감이라는 느낌을 덜 깬다.

가능한 다른 해법으로 어느 장면에서 시청자가 머리를 바로 그 지점으로 돌릴 때까지 액션을 멎게 하는 방법이 있다. 머리를 돌리면 중요한 액션이 이어지게 하는 것이다. '씨앗'은 시청자가 바라볼 때까지 기다리고, 그가 바라보면 나중에 보상이 이뤄지도록 하기 위해 자신을 실행하는 셈이다. 예를 들어 영화 〈쇼생크 탈출〉에 이 전략을 적용하면, 영화는 당신의 시선이 록 해머에 닿을 때까지 정지된다. 영화는 그 도구를 봤음을 확실히 하기 위해 몇 초 기다린 다음 다시 상영된다. 이런 설정의 영화는 정해진 상영 시간이 없다는 점을 깨닫게 된다. 어떤 사람들에게는 90분이지만 핫스팟을 찾는 데 시간이 더 걸리는 사람들한테는 180분이 될 수 있다.

다른 문제는 내레이션이다. 가상현실 스토리텔링은 내레이션에 크게 의존한다. 문제는 사람들은 누가 혼자 하는 말을 듣고 싶어 하지 않는다는 점이다. 특히 가상현실에서는 내레이션보다는 지각 측면에서 풍부하고 매혹적인 체험을 하고 싶어 한다. 그러나 대다수 미디어에 존재하는 스토리텔링에는 말하기가 들어 있고, 가상현실에는 더구나 내레이션이 길다. 그래서 시청자에게는 대개 두 갈래 선택이 주어진다. 하나는 말에 귀 기울이는 데 관심을 집중하면서 주위에서 벌어지는 많은 행동을 놓치는 것이다. 다른 하나는 주위의 모든 놀라운 광경을 둘러보지만 내레이션은 감독이 원하는 정도로는 듣지 않는 것이다. 스탠퍼드대학의 내 연구소는 이 난제에 맞닥뜨린 적이 있다. '스탠퍼드 해양 산성화 체험'의 초기 버전은 해양 과학을 알려주기 위해 바다 바닥으로 떠나는 현장학습이다. 이 버전에는 내레이션과 시각적인 행동이 계속 흘러 지나갔다. 사람들은 시각을 선택했다. 그들은 색색의 물고기에 손을 뻗었고 주위의 산호에 환호했으며 바닷속 장면에 매우 빠져들었다. 유감스럽게도 이 버전에서 내레이션으로 전해진 과학은 귓등으로 흘려보내졌다. 체험은 큰 호응을 받았지만 이야기는 뒷전이었다. 이후 버전에서 우리는 내레이션과 시각적인 행동이 번갈아 나오게 하는 데 신경을 썼다. 서로 경쟁하지 않게 한 셈이다.

이쯤 되면 해법의 그림이 나올 법도 하다. 가상현실은 경험을 전하기에 크게 유리하다. 경험을 유기적으로 조합했고 이용자가 주도하며 저마다 나름대로 체험할 수 있다. 영상과 서술은 모두 이야기를 들려주는 데 효과적이다. 당신은 감독이나 작가에 의해 논스톱으로 안내된다. 이 다른 두 장르를 어떻게 통합할 것인가. 그렇게 할 경우 우리의 전통적인 스토리텔링에 의미하는 바는 무엇인가. 우리는 이런 점을 지켜봐야 한다.

스트롬버그는 내게 "규정집은 아직도 쓰이고 있다"라며 이렇게 말했다. "절대 나는 가상현실을 영화와 비교하지 않는다. 또 나는 절대로 가상현실을 무대 연기와 비교하지도 않는다. 가상현실은 많은 장르의 혼종이라고 생각한다. 편집과 구성이라는 전통적인 관념은 쓸데없어졌다." 스트롬버그는 오큘러스 사무실에 들렀을 때 받은 가상현실의 공간·거리감에 대한 강한 인상으로 화제를 되돌렸다. 그는 가상현실에서 어떤 장면을 보면 "마치 거기 서 있는 것처럼 느낀다"라고 말했다. 가상현실에서 관점 이동이 체화되지 않은 채 새로운 시각에서 보는 것으로 여겨지지 않는다. 대신 몸이 바뀐 것처럼 느낀다. 예컨대 전통적인 영화에서 영화제작자가 클로즈업을 하면, 그걸 보는 당신은 배우의 개인적인 공간에 들어섰다고 느끼지 않는다. 그러나 가상현실에서는 그렇게 여긴다. 스트롬버그는 "감독으로서 영화를 제작할 때보다 더 공간과 거리를 의식해야 한다"라면서 "이야기를 풀어내는 방식이 다르다"라고 말했다.

아마도 가상현실 스토리텔링의 더 근본적인 물음은 사람들이 이야기를 어떻게 보기를 원하느냐일 것이다. 유령 같은, 신에서 돌아다니지만 상황에 관여하지 않는 존재가 설명하기를 원할까? 아니면 내레이터가 연기자 모습으로 등장해 줄거리에 참여하고 체험자의 행동에도 반응하는 방식을 선호할까? 현재 가상현실 영화의 가장 창의적인 인재들은 할리우드와 비디오게임 업계에서 온다. 할리우드파는 전자를, 비디오게임파는 후자를 택하는 경향이 있다. 새로 등장한 스토리텔링 방식의 강점은 대화, 탐험, 반복 이용 등을 통한 참여이다. 그러나 가장 모범적인 것을 제외한 거의 모든 게임의 이야기 서술에 결여된 요소는 진정한 감정과 효과적인 서술 구조이다. 예를 들어 전통적인 서사 형태가 잘 실행된 사례를 보면 작가나 감독이 완급을 조절해가면서 경험을 안내한다. 이야기 중간중간에 플레이어가 돌아다니면서 환경을 탐색하도록 하는 게임은 일반적으로 스토리텔링이 경제적이지 않다. 둘 다 가까운 미래에 더 발달할 여지가 분명히 있을 것이다. 그러나 레오나드는 몰입 엔터테인먼트의 미래와 관련해서 대규모로 사회적으로 공유된 서사라는 가능성에 흥미를 갖고 있다.

그러니까 레오나드는 가상현실 스토리텔링이 어떻게 되리라고 보는 것인가? 이 분야에서 일하는 누구나와 마찬가지로 그 역시 구체적인 아이디어는 없다고 답한다. 그러나 영화와 크게 다르리라는 점은 확신한다고 말한다. 그는 영화는 지난 수년간을 보면 새로운 아이디어가 바닥난 듯하다면서 할리우드의 대규모 예산 제안 건을 하나의 근거로 제시했다. "이는 내가 가상현실 분야에서 활동하는 주요 이유이다. 여기엔 다시 상상력을 탐색해나갈 큰 기회가 있다. 여기서는 스판덱스 정장에 망토를 두른 작자에게 굽히고 가서 무언가를 받아오지 않아도 된다."

레오나드는 가상현실이 게임과 선을 따라가는 서사 사이의 미개척지를 찾아내리라고 믿는다. "영화 스토리텔링에는 이야기, 인물, 감정이 있고 여행은 선을 따라간다. 플롯과 이야기가 매우 구조적이고 당신을 끌어들인다. 영화 시나리오는 거기에 굉장히 초점을 맞춘다." 그러나 그는 가상현실은 감정과 캐릭터가 주도하는 가운데 이야기의 발견이 주도할 것이라고 본다. 가상현실 체험은 스토리텔링이 아니라 자신이 '스토리월딩storyworlding'이라고 이름 지은 과정일 것이라고 믿는다.

"그것에 대해 생각하고 기초적인 요소로부터 세계를 쌓아 올리기 시작하면, 서사를 발견함을 깨닫기 시작한다. 발견된 서사는 집단이 그것을 창조하는 과정 속에 내장됨으로써 참여자들이 체험하는 과정과 고유하고 유기적인 방식으로 엮여야 한다." 레오나드는 이야기가 풍부한 미래의 놀이 공간을 상상한다. 그곳에서 사람들은 그가 말하는 '서술의 자석'

을 통해 이야기를 시작한다. 비디오게임에서 지도의 특정한 지점으로 걸어가면 미션이 시작되는 방식이다. 좋은 인공지능AI을 통해 서사와 이야기는 개인의 상호작용을 거치면서 생겨날 것이다.

레오나드는 이야기 세계 속의 친구 집단을 상상한다. 각각은 드라마에서 저마다 배역을 맡는다. 화려한 카지노의 바카라 테이블 둘레에서 펼쳐지는 스파이 이야기라고 하자. 누군가는 웨이터를 맡고, 다른 사람은 스파이, 또 다른 사람은 딜러라고 하자. 모두 자리를 잡으면 액션이 시작된다. AI를 지닌 가상 인간으로 묘사되는 제임스 본드의 강적 같은 존재가 테이블로 걸어와 큰 돈을 건다. 그런 다음 액션이 펼쳐진다. 각 캐릭터는 저마다 다른 시점에서 사건을 목격하고 적합하다고 생각하는 방식으로 연기한다. 아마 당신의 캐릭터인 호텔 투숙 관광객은 꼬임에 빠져 스파이를 위한 탈출 계획에 가담하게 된다. 스파이는 당신 손을 잡고 뒷방으로 이끈다. 이제 당신은 악당들과의 추격 신에 말려들게 된다. 그런 신은 당신 캐릭터를 위해 준비된 더 긴 스토리 라인의 부수 임무 정도가 될 것이다.

"나는 선을 따라가는 서사는 옷걸이대 같다고 생각한다. 옷걸이대에는 옷이 줄줄이 걸렸다. 옷을 벗을 수도 있고, 옷걸이대에서 옷을 택할 수도 있다." 주요 스토리 라인에서 벗어나 이 무모한 장난을 벌인 다음 다시 돌아올 수 있다. 레오나드는 결정은 스토리텔링의 중요한 부분이라고 믿는다. 또 더 긴 스토리 아크*는 캐릭터 독자적일 것이라고 본다. 그러나 스토리텔러가 설계한 세상 속에서 모든 즐길 가능성이 제공될 수 있다고

---

* 스토리 아크: story arc. TV 시리즈에서 여러 회에 걸쳐 이어지면서 펼쳐지는 스토리라인.

도 생각한다.

물론 가상현실 엔터테인먼트는 한 가지가 아닐 것이다. 영상 엔터테인먼트가 하나가 아니라 뮤직 비디오, 다큐멘터리, 장편 극영화, 애니메이션 단편, 3D 아이맥스 등 다양한 것처럼 말이다. 가상현실도 폭넓은 엔터테인먼트를 제공하리라고 볼 이유가 많다. 집에서뿐 아니라 아케이드에서도 즐길 수 있을 것이다. 이미 미국 유타에는 '더 보이드'라는 가상현실 체험 공간이 있다. 현실 세계의 공간을 걷던 사람들이 여기로 들어와 사회적인 가상현실 시나리오를 체험할 수 있다. 여기에는 다양한 햅틱 피드백이 설치돼 가상의 게임 세계의 움직임에 호응한다. 계획된 시나리오에는 고대 무덤 탐험, SF 외계인과의 전투, 유령 사냥꾼으로서 불가사의한 적을 무찌르는 것 등이 있다.

흥미로운 점은 가상현실 초기를 되돌아보면 많은 사람이 가상현실을 통해 이야기를 들으리라고는 예상하지 못했다는 사실이다. 내가 전에 공저한 책 『무한한 현실』에는 가상현실 적용을 다룬 장이 있다. 그런데 우리는 손을 대지도 못했다고 할 정도로 이 주제에 들어가지 못했다. 내가 존경하는 공저자 짐 블라스코비치Jim Blascovich를 대변할 수는 없지만 말이다. 나는 당시 영화나 뉴스를 다루는 장 하나를 넣는다는 생각은 전혀 하지 못했다. 재런 러니어, 이반 서덜랜드, 톰 퍼니스 등 수십 년 전에 가상현실을 개척한 선구자들을 생각해보면 아무도 스토리텔링을 말하지 않았다. 말했더라도 그것은 그들의 비전 중 가장 중요한 부분은 아니었다. 스토리텔링은 뚜렷한 활용 케이스로 여겨지지 않았다. 아마도 앞서 언급한 제약 때문이었으리라. 그러나 영화 및 뉴스 산업은 여전히 가상현실 매체가 미래라는 데 돈을 크게 걸고 있다. 이에 대해서는 나는 회의

적이다.

서술 문제가 해결된다고 하더라도 보는 것과 하는 것의 차이가 있다. 나는 TV에서 좀비를 보는 것을 즐긴다. 조지 로메오의 영화 《워킹 데드Walking Dead》 시리즈는 다 좋다. 그건 내게 죄책감을 주지만 즐거운 오락이다. 그러나 나는 가상현실에서 좀비를 죽이고 싶지는 않다. 내가 좀비가 돼 썩은 이빨로 내 팔의 살점을 물어뜯어내는 짓을 하고 싶지도 않다. 1인칭 시점, 햅틱 효과, 가상 냄새를 떠올려보라. 나는 어떤 좀비 가상현실 콘텐츠의 예비 시연회를 간접적으로 봤다. 고글을 끼지 않고 본 것이다. 영화 정도가 몰입하기에 적당해 보인다. 관객들은 영화에 사로잡히고 좋은 영화는 관객이 주인공의 관점을 받아들인다. 그러나 그건 심리적인 측면에서이지 지각적인 측면에서는 아니다.

그렇더라도 가끔 영화가 악몽을 일으킨다. 영화 〈사이코Psycho〉를 본 사람들이 샤워 커튼 너머를 두 번 본 것은 확실하다. 영화 〈조스〉는 상어와 바다에 대한 일종의 공포를 일으켰다. 그러나 보는 것과 하는 것의 차이는 막대하다. 내가 이 책의 각 장을 쓴 것은 우리 뇌가 가상현실 경험을 실제 경험처럼 다룬다는 주장을 뒷받침하기 위해서였다. 당신이 좋아하는 영화들을 떠올려보라. 그리고 그 장면들이 실제로 당신에게 일어난다고 생각해보라. 쿠엔틴 타란티노Quentin Tarantino는 이 바닥에서 퇴출될 것이다.

| 제9장 |

가상현실로 현장학습을

ExperienceOnDemand

내가 어린아이였던 1970년대에 아이들을 위한 방송프로그램이 많지 않았다. 있다고 해도 대부분 뭔가 풍요롭게 하는 수준이 아니었다. 사실 우리 집의 'TV 편성표'는 미식축구 경기, 〈올 인 더 패밀리All in the Family〉, 〈바니 밀러Barney Miller〉, 그리고 가끔 영화로 채워졌다.* 예외 하나는 〈세서미 스트리트Sesame Street〉였다. 나는 세 살 때 이 프로그램에 걸려들었다. 그 프로그램의 캐릭터들이 맘에 들었고 도시적인 세팅도 좋았다. 나는 뉴욕에서 멀지 않은 곳에서 살았는데도 그 프로그램에 묘사된 도시의 거리는 마치 다른 행성의 것인 듯 이색적이었다. 시청하는 동안 나는 흥분한 나머지 그 쇼가 무언가를 가르친다는 것을 전혀 깨닫지 못했다.

---

* 〈올 인 더 패밀리〉: 1971~1979년 CBS에서 방송된 시트콤. 〈바니 밀러〉: 1975~1982년 ABC에서 방송된 경찰 드라마.

그 프로그램을 보는 동안 내가 대단한 사회적 실험에 참여하고 있음도 알지 못했다. 당시에 TV를 오락이자 교육 수단으로 활용한다는 아이디어는 상당히 새로웠고 논란거리였다. 그 아이디어의 뿌리는 20세기 중반 아동심리학과 아동발달 이론이었다. 그 아이디어가 TV로 넘어온 것은 시일이 한참 흘러 〈세서미 스트리트〉가 처음 전파를 탄 1960년대 말에 이르러서였다. 앞서 말한 것처럼 당시 TV에는 어린이를 위한 프로그램이 적었다. 아이들 소비시장이란 게 별로 없었고, 솔직히 당시 부모들은 아이들이 새 장난감을 사달라고 졸라도 여간해서는 들어주지 않았다(이는 **그들의** 부모들이 대공황기에 성장했다는 사실을 고려하면 이해가 된다). 어쨌거나 당시 TV 프로그램은 여전히 익숙한 장르인 연속극, 시트콤, 서부영화, 스포츠 생중계 등으로 편성됐다. 대중 소비 시장에 맞춰진 광고 매체라는 측면에서 TV는 특별히 영양가가 있다고 평가되지는 않았다. 게다가 진지한 평론가들은 "바보 상자"나 "바보 튜브"라고 부르면서 TV를 비방했다. 그러나 1960년대의 선구적인 텔레비전 프로듀서 조안 쿠니가 몰입하게 하는 이 매체의 특성에서 기회를 생각해냈다. 아이들에게 학교에서 필요한 기술들을 가르쳐주는 기회였다. 쿠니는 1968년에 칠드런스 텔레비전 워크숍CTW(2000년 이후엔 세서미 워크숍)을 설립해 아동발달 심리학자들을 영입했다. 그들은 아이들의 관심을 끌어 지식을 전하는 데 있어서 TV의 효과를 철저하게 연구했다.[01]

초기 연구자 중에는 루이스 번스타인Luwis Bernstein이 있었다. 그가 〈세서미 스트리트〉를 처음 본 때는 1970년이었고, 그때 그는 이스라엘 헤브루대학에서 심리학 석사 과정을 밟고 있었다. 그는 이스라엘의 이론에 초점을 맞춘 커리큘럼에 점차 환멸을 느끼게 됐고 자신의 연구를 통해 여건이 불리한 아이들이 잠재력을 한껏 발휘하도록 돕고 싶었다. 〈세서미 스트리트〉를 처음 접한 그는 아이들에게 인지 기술을 가르친다는 이 프로그램의 야심 찬 노력을 보고 감동했다. 아울러 사회적, 도덕적, 정서적인 교훈을 주기 위한 헌신에도 감명을 받았다.[02]

이 쇼에서 색이 다른 괴물들이 대부분 잘 어울려 살았고, 그들과 함께 지내는 사람들은 미국 사회의 스펙트럼 전체를 대표했다. 모든 인종에 걸쳐 어른과 어린이가 있었고 부자와 빈자, 도시와 농촌이 있었다. 번스타인은 "그들이 만든 지역사회는 사람들이 서로 돕고 양육하고 즐겁게 배우는 공동체였어요"라고 내게 말했다. 그는 공부를 마치고 고향 뉴욕으로 돌아와 CTW에 인턴으로 일할 수 있을지 문을 두드렸다. 아무 자리도 없었지만, CTW의 에드워드 파머Edward Palmer 수석 연구원과 인터뷰한 다음에 상황이 달라졌다. 파머는 번스타인이 이스라엘에서 받은 철저한 교육으로 아동 발달 주제의 모든 논문을 이미 읽었음을 알게 됐고, 바로 그에게 정규직 자리를 제안했다. 번스타인은 이후 40여 년을 CTW에서 근무하면서 연구원부터 제작책임자에 이르기까지 다양한 역할을 수행했다.

이 쇼는 모든 아이들을 대상으로 설계됐지만, 제작자들이 특히 염두에 둔 대상은 도심 빈민가 아이들과 저소득층 가구였다. 제작자들은 또 학습에 적합하다면 새로운 매체를 어느 것이나 활용해 여건이 불리한 아이들한테 학습 기회를 충분히 제공하기로 했다. 번스타인이 2013년에 내게 함께 일할 특별한 기회를 준 것은 이런 맥락에서였다. 번스타인은 가상현실을 〈세서미 스트리트〉의 플랫폼으로 활용할 수 있을지 탐색하고 있었다. 당시 그는 부사장으로 교육, 연구, 봉사활동을 담당하고 있었다.

우리는 아이들의 가상현실 이용에 대한 일련의 실험을 공동으로 하기 시작했다. 그러면서 나는 그 쇼의 놀라운 역사 이야기를 많이 듣게 됐다. 2014년에 우리는 연구 계획을 논의하면서 점심을 들면서 연구 계획을 논의했다. 나는 그에게 〈세서미 스트리트〉를 시청한 좋은 기억, 특히 내가 좋아한 부분이 무엇인지 열을 올리면서 얘기하기 시작했다.

아이들은 대다수가 〈세서미 스트리트〉의 카리스마 있는 괴물인 빅버드, 그로버, 오스카에 푹 빠졌다(내가 아이일 때는 엘모는 없었다). 그러나 내가 정말 좋아한 건 현장학습이었다. 그 시간이면 나는 쇼에 등장하는 다른 아이들을 따라 내가 가보지 못한 곳으로 따라갔다. 박물관, 과학 실험실, 농장 내부, 공장, 댄스 스튜디오에 가봤다. 번스타인은 내 추억을 듣고 기뻐했다. 아이들은 쇼의 촌극을 좋아했지만 자신은 현장학습이 종종 간과된다고 느꼈다고 그는 들려줬다. 현장학습은 진짜이고 환상적이지 않아서 인기는 없었지만, 〈세서미 스트리트〉의 교육 비전에서 매우 중요한 부분이었다. CTW는 아이들에게 1, 2, 3과 X, Y, Z를 가르칠 뿐 아니라 세상의 크기와 다양함에 대한 느낌을 주고자 했다. 예를 들어 시골에 사는 아이에게는 뉴욕의 고층 건물을 보는 것이었고 도시 아이들이 브루클린에서 스틱볼을 하고 노는 모습을 보는 것이었다. 도시 아이들에게는 낙농장을 보거나 주 박람회를 구경하는 것이었다. 이런 현장학습에 급할 것은 없었다. 행사는 천천히 진행됐고 현장의 구석구석이 전해졌다. 이렇게 이색적인 장소를 경험하게 하는 것은 아이들에게, 특히 자주 여행하지 못하는 저소득층 아이들에게 상상하는 새로운 가능성을 열어줬다. 아울러 다른 지역사회 사람들의 다양한 생활에 대한 이해를 넓혀줌으로써 시청하는 모든 이의 공감하는 상상력을 확장했다.

오늘날 텔레비전에는 만화를 하루 24시간, 일주일에 7일 보여주는 채널이 여럿이다. 주문형 스트리밍 서비스와 버튼 하나만 누르면 무제한으로 공급되는 어린이 영화는 말할 것도 없다. 콘텐츠 중 다수는 훌륭하고 거의 모두는 내 어린 시절 프로그램과 비교하면 매끈하고 윤이 나게 만들어졌다. 그러나 요즘 콘텐츠의 속도에는 걱정스러울 정도로 부산한 무언가가 있다. 오늘날 미디어 시장에는 전과 종류가 다른 콘텐츠와 어조가 휩쓸고 있다. 그런 가운데 〈세서미 스트리트〉는 고전하고 있다. 이 회사 내에서의 주요 대화 중 하나는 쇼를 어떻게 하면 더 경쟁적으로 만들까이다. 안타깝게도 한 가지 답은 현장학습 빈도를 줄이는 것이다. 아이들은 만화영화를 좋아한다. 과학 실험실이나 공장에 가는 것은 덜 좋아한다. 엘모 같은 사랑스러운 캐릭터를 등장시켜도 별수 없다. 만화를 이기는 것은 없다. 이는 번스타인이 자신의 이 회사 내 40여 년 경력이 서서히 줄어가는 동안 유감스러워하며 관찰해온 트렌드였다. 그는 현장학습을 유지해달라는 간곡한 부탁과 함께 회사를 떠났다. 아이들, 특히 여행을 자주 하지 못하는 아이들에게 다른 아이들이 특별한 곳에 가는 비디오가, 학습 그리고 그들을 학교와 그 이후에 대해 준비하도록 하는 데 필수적이라는 부탁이었다.

● ●

현장학습은 가상현실 학습에 대한 완벽한 비유이다. 현장학습에서 당신은 어딘가 특별한 곳으로 간다. 특별한 곳은 신체적으로 거기에 있음이 중요한 장소이다. 예를 들어 뉴욕주 북부에서 성장한 우리는 피아노

산으로 자연관찰 산책을 가곤 했다. 동식물연구가가 우리를 안내하면서 나무, 새, 도마뱀을 가리켰다. 교실을 벗어나 그곳에 가보는 데에는 특별한 무언가가 있었다. 그건 정말 가르치는 보람이 있는 순간이었다.

물론 현장학습은 매일 가는 것은 아니다. 현장학습 기획은 교실 수업을 보강하기 위해서이지 대체하기 위해서가 아니다. 가상현실도 마찬가지이다. 인지심리학자로 현재 스탠퍼드대학 교육대학원장인 내 동료 댄 슈워츠Dan Schwartz는 이렇게 즐겨 말한다. 비록 실행해봄으로써 배우는 방식, 이른바 실험적 학습이 많이 강조되지만 말로 가르치는 방식이 여전히 상당히 잘 작동한다.[03] 대다수 학생에게 대학 교육의 대부분은 여전히 교수 강의를 듣는 것을 포함한다. 구두 강의는 기본적인 틀로, 교수는 그 바탕에서 체험적인 학습을 촉진한다. 그러나 진실은 우리가 단순히 청취만으로도 많이 배운다는 것이다.

여러분이 사회적 가상현실을 다룬 장에서 배운 것처럼, 가상현실이 교실에서 배우는 이점을 효율적으로 모방하기에 앞서 넘어야 할 여러 장벽이 있다. 나는 그 단계에 이르기까지 몇 년 걸린다고 생각한다. 그러나 사람을 다른 환경에 빠져들게 하는 역량은 강력한 수단이다. 그렇게 함으로써 학생에게 지식을 전하고, 학생이 자신이 가지 못하는 지역사회나 자연현상의 풍부함과 다양함에 눈을 뜨게 할 수 있다. 그리고 그렇게 하는 일은 이미 가능하다. 가상현실 현장학습을 시작할 준비가 된 것이다.

크리스 디드Chris Dede 하버드대학 교수는 이 분야를 개척해온 연구자로 가상현실 학습 시나리오를 15년 넘게 만들어왔다. 2009년 《사이언스》에 실린 이정표적인 논문에서 디드 교수는 가상현실 현장학습의 교육적인 장점을 망라했다.[04] 가상현실 현장학습에는 실제 현장학습의 자산이 모두 있는데, 그건 가르칠 시간을 위해 특별히 선택된 특별한 장소에 간다는 것이다. 여기에 가상현실 현장학습은 불가능한 일도 체험하게 한다는 이점도 있다. 고대 유적지에 가서 시간을 거슬러 올라가 그 유적이 파괴되기 전 모습을 본다고 상상해보자. 또는 학습에 중요한 순간에 여러 가지 선택을 각각 내림으로써 달라지는 결과를 경험할 수도 있다. 이 밖에 역사에서 전환점이 되는 순간을 다른 관점에서 경험할 수도 있다.

다년간 연구를 통해 디드의 연구팀은 가상현실이 학습을 돕는다는 사실을 보여줬다. 그는 여러 이용자 가상 환경MUVE인 '리버 시티 프로젝트River City Project'를 만들었다. 19세기 도시를 시뮬레이션한 뒤 그 속에서 중학생들이 현대 의학지식과 기술을 그 도시의 주요 의료 문제에 적용하도록 했다. 체험 결과 MUVE에서 질병의 발병 같은 의학의 딜레마를 경험하게 된 학생들은 기존 방식으로 교실에서만 배운 학생들에 비해 전염병학과 예방에 대해 더 학습한 것으로 나타났다. 특히 몰입 체험은 학생들이 더 오래 공부하도록 고무했다. 학생들은 또 공부를 더 열심히 했다. 대개 교실에서는 강의를 잘 따라오지 않던 학생들이 그랬다. 디드의 실험은 가상현실이 학습이 쉽지 않은 학생들에게 특히 효과적임을 보여준다. 예컨대 자신이 과학자 역할을 하는 것을 전혀 상상하지 못하는 학생들에게 그렇다. 그들은 가상 세계에서 과학자의 역할을 맡아 자기효능감을 얻는다. 자신이 실제로 과학을 **할 수 있다**는 믿음을 갖게 되는 것이다. 디드와 연구진의 설명을 들어보자.

"미국과 캐나다의 학생 수천 명과 교사 수백 명이 '리버 시티'를 활용했다. 그 결과 MUVE가 학생들이 가상 세계에 빠져들게 함으로써 학습 참여도를 높였다. 리버 시티가 동기를 부여하는 데 특히 효과적를 본 대상은 평상시에 학습 참여도가 낮고 학업 성취도가 낮던 학생들이다. 통제된 연구들은 과학 콘텐츠, 세부적인 질문 기술, 과학을 배우려고 하는 동기, 자기효능감에서 교육적인 진전을 보여줬다."[05]

나는 디드와 몇 가지 프로젝트를 함께했다. 우리 협업을 통해 분명해진 한 가지는 그의 가상현실 현장학습을 만드는 데 얼마나 많은 시간, 노력, 돈이 들어가는가였다. 인적인 측면에서는 엔지니어, 프로그래머, 3D 아티스트, 교육 전문가, 스토리보드 작성자, 연기자들의 몇 년에 걸친 피와 땀과 눈물이 투입돼야 한다. 빠져들게 하고 상호작용이 가능하며, 가장 중요하게는 과학적으로 충실한 현장학습을 만드는 건 녹록한 일이 아니다. 교사의 승인은 차치하고서라도 말이다. 오늘날 활동하는 가상현실 설계자들은 이용자를 기껏해야 몇 분 동안 사로잡는 콘텐츠를 만든다. 그 분량도 제작 비용이 만만치 않다. 예를 들어《뉴욕타임스》같은 언론사에서 만드는 360도 비디오를 제작하는 비용은 수십만 달러에 이른다. 상호작용형이 아닌데도 말이다. 디드가 만든 것 중 가장 야심 찬 두 체험인 리버 시티와 에코 무브Eco-Muve는 학습자를 몇 시간 동안 참여시킬 수 있다. 길게는 며칠도 가능하다. 가상현실 분야에서 20년 동안 활동한 내가 보기에 교육적인 현장학습은 찾기 힘든 유니콘이다. 누구나 그것이 가상현실을 아주 잘 활용하는 방법이라고 말하지만, 좋은 사례를 제시하는 사람은 거의 없다. 기업 세계에서 가상현실의 활용에 대해 조언하는 동료의 말을 인용하면, 그것은 고등학교 재학 중의 섹스와 비슷하다. 누구나 말하지만 실제로 한 사람은 아무도 없다는 말이다.

따라서 나쁜 소식은, 가상현실 현장학습은 제대로 만들기에 엄청난 일이라는 것이다.

그러나 좋은 뉴스는, 가상현실 현장학습은 일단 만들어지면 대량으로 배포돼 인터넷에 연결되고 HMD가 있는 사람이면 누구나 교육 기회를 공유하게 할 수 있다는 것이다. 유튜브에 올려진 학습 비디오가 지구 전역의 사람들에게 무료 강의를 제공하는 것처럼, 머지않은 미래에 가상현실 이용자들은 언제나 어디서나 교육적인 몰입 환경에 접속할 수 있을 것이다. 온라인 공개 수업Massive Open Online Course·MOOCs이 비슷한 파괴의 가능성을 보여줬다. 일단 강의가 게재되면 세계 전역의 사람들이 본다. 예를 들어 앤드루 응Andrew Ng 스탠퍼드대학 교수 겸 중국의 대규모 기술 회사 바이두Baidu의 최고과학책임자는 이제 고전으로 여겨지는 MOOC인 '머신 러닝'을 올렸다. 온라인 교육 혁명을 시작한 것은 어느 정도는 이 MOOC라고 할 수 있다. 이 강의는 전 세계에서 100만 명 넘는 학생이 수강했다.

학위 논문을 내 연구소에서 작업한 대학원생 브라이언 페로니Braian Perone는 최초인 듯한 몰입 가상현실 학습을 고교 교실에서 실행했다. 그는 팔로 알토의 한 고등학교로부터 방에 풀 가상현실 시스템을 설치하도록 허가를 받아, 그 시스템을 통해 이 책의 제4장에 소개된 해양 산성화 주제 가상현실 현장학습을 학생들과 공유했다. 학생들은 스쿠버 다이버가 되어 바다의 바닥에 갔고, 이산화탄소 흡수로 인해 해양 생태계가 어떻게 파괴되는지 살펴봤다. 페로니의 연구에 놀라운 점이 있는데 완벽하게 조건을 통제할 수 있었다는 것이다. 즉, 학생들은 실제 몬트레이만灣 현장학습 때 스쿠버 다이빙을 했다.

그가 연구한 결과는 나중에 논의하기로 하고, 여기서는 잠시 이들 학생이 얼마나 놀라운 기회를 누렸는지에 초점을 맞추겠다. 어떻게 고등학생이 스쿠버 다이빙을 배우는지 막연하게라도 이해하는 독자는 거의 없을 것이다. 스쿠버 다이빙은 터무니없이 비싸고, 많은 고교는 교과서와 스카치테이프 값을 감당하기도 버거워한다. 팔로 알토의 이들 고교생은, 경제적으로 유복한 환경에서 태어나 세계에서 1%에 훨씬 못 미치는 학생들에게만 가능한 경험을 누릴 수 있다.

그러나 디지털 현장학습은 무료로 복사해서 붙일 수 있다. 일단 하나를 만들면 10억 개라도 만들 수 있다. 따라서 앤드루 응이 100만 명에게 어떻게 신경망과 서포트 벡터 머신*을 만드는지 가르친 것처럼, 미래의 학생들은 어떤 강의라도 들을 수 있을 뿐 아니라, 가장 비싸고 희소하고 위험하고 심지어 불가능한 여행도 떠날 수 있을 것이다. 가상 스쿠버 다이빙은 자격 증명, 보험, 장비, 연료비가 하나도 필요 없다.

그러나 여기에 100만 달러짜리 질문이 있다. 가상현실 속 현장학습은 어떻게 교육적으로 효과를 낼까? 이런 종류의 경험을 설계할 때 길잡이가 될 원칙은 무엇인가?

앞에서 살펴본 것처럼 가상현실은 매우 특정된 기술을 훈련하는 일은 상당히 잘한다. 스트라이버를 이용하는 운동선수, 복강경 수술을 하는 외과 의사, 비행 시뮬레이터로 훈련하는 군인 등을 예로 들 수 있다. 가상현실 훈련이 큰 선박의 엔진을 점검하는 데 효과적임이 보여졌다. 이는 가장 유명한 훈련 작업 중 하나로 서던캘리포니아대학USC의 엔지니어 제프 리켈이 1990년에 수행했다. 그러나 그건 학생들에게 과학과 수학을 비롯해 이른바 STEMScience, Technology, Engineering, and Mathematics을 가르

* 서포트 벡터 머신: 널리 사용되는 강력한 머신 러닝 알고리즘.

치는 것과 매우 다른 활용 사례이다. STEM 교육은 덜 절차적이고 더 인지적인 노력을 요구한다. 앞에서 논의한 것처럼 과학 교육에 있어서 디드는 수년간 리버 시티와 에코 무브를 통해 과학 시험 점수를 높이는 성과를 거둬왔다. 그러나 디드의 시스템은 '데스크톱' 가상현실이고 헤드셋을 쓰는 몰입 가상현실이 아니다. 즉, 우리가 이 책에서 묘사하는 진정한 가상현실이 아니라 상호작용형 비디오게임에 가깝다.

몰입 가상현실에서 사람들은 교육적인 장면 속에서 온전히 실재한다. 우리는 가상현실 현장 체험이 학습을 촉진함을 보여주는 몇몇 연구를 살펴봤다. 예를 들어 브라이언 페로니가 고교와 대학에서 가상현실 현장 체험의 효과를 살펴본 결과 그 후의 시험 점수가 전보다 높게 나타났다.

그러나 100만 달러짜리 질문은 남는다. 훌륭한 가상현실 시뮬레이션을 제작하는 비용을 고려할 때에도 이 방식이 효과적일까? 즉, 비디오 시청으로도 충분하지 않을까? 또는 옛날 방식대로 단지 교과서만 읽는 것은 어떤가? 이 주제를 논의하기에는 아직 데이터가 충분이 쌓이지 않았다.

몰입 가상현실 학습과 전통적인 컴퓨터 화면 학습을 철저하게 비교한 첫 연구는 2001년에 UCSB에서 진행됐다. 나는 당시 거기에서 박사후 과정을 밟고 있었다. 내 동료들인 리처드 메이어와 록산나 모레노는 교육에서 몰입의 효과를 분석했다. 대상 과목은 식물학이었다. 그들은 식물학을 가르칠 가상현실 체험을 만들었다. 그리고 학생들을 두 그룹으로 나눠 하나는 헤드셋을 끼고 가상현실 속에서 배우도록 했고, 다른 그룹은 컴퓨터 스크린에서 학습하게 했다.

학습 평가는 두 갈래로 이뤄졌다. 하나는 학습 내용을 얼마나 유지하는가였고, 다른 하나는 학습 전이였다. 이는 배운 것을 새로운 상황에 적용하는 능력을 지칭하는 용어이다. 유지는 식물이 어떻게 살고 성장하는지에 대해 제시된 사실들을 얼마나 잘 기억하는지 보는 간단한 기억 측정이다. 학습 전이는 예를 들어 학생들에게 이렇게 물어보는 것이다. “온도가 낮고 강수량이 많은 환경에는 어떤 식물을 심을지 궁리해보라.” 가상 세계에서 배운 사실은 이 물음에 대한 답을 추론하는 데에는 도움을 주지만, 직접 답을 주지는 않는다. 교육학자들은 대개 유지보다 학습 전이를 더 중시한다. 메이어와 모레노가 밝혀낸 사실은 가상현실은 학생들을 더 몰입하게 했지만, 평가점수를 높이지는 못했다는 것이다.[06] 몰입이 학습 효과를 높이지 못한 것이다.

내 연구소에서 비슷한 연구를 몇 건 진행했다. 과학에 기초를 둔 내용을 가르치는 데 있어서 몰입 가상현실을 데스크톱과 비디오와 비교한 것이다. 거의 모든 연구에서 몰입 가상현실 교육을 통해 지식 습득이 증가함이 나타났다. 학생들은 가상현실에서 과학을 배우는 것은 분명하다. 이는 가상현실 교육의 전과 후에 치른 시험의 점수로 측정했다. 그러나 몰입 가상현실 속 학습을 덜 몰입하는 시스템과 비교하면 이야기가 복잡해진다. 대개 가상현실 방식은 학습 태도를 바꾼다. 학생들은 교육 주제에 더 관심을 갖고 제시되는 관점에 더 동의하는 경향을 보인다. 그러나 사실 유지에서는 변화가 작았다. 이는 늘 의아해한 부분이다.

디드는 가상현실은 다른 매체에 비해 학습 전이를 더 도와줘야 한다고 주장하고 이는 설득력이 있다. 우선 가상현실에서 학생들은 한 장면을 여러 관점에서 볼 수 있다. 또 학생들은 실제 세계처럼 느껴지는 맥락에서 배울 수 있다. 가르치는 활동이 예컨대 앞에서 언급한 리버 시티 프로젝트에서처럼 복합적이고 상호작용하는 방식으로 이뤄짐을 고려할 때, 정보를 새로운 맥락에 적용하는 능력이 분명히 향상될 것이다. 그렇다면 가상현실이 다른 매체에 비해 학습 효과가 좋다는 데이터가 그렇게 적은 이유는 뭘까? 큰 난제는 가상현실 엔터테인먼트 제작자들이 직면한 문제와 비슷하다. 학생이 스스로 재미를 찾아가는 활동과 선생의 이야기 사이의 균형을 찾아내는 것이다. 효과적인 교습이 되려면 강사가 일종의 이야기 들려주기를 해야 한다. 그럼으로써 제시되는 사실의 맥락을 제시할 수 있다. 일례로 해양과학 가상현실 수업을 생각해보자. 내레이터의 목소리가 시간 흐름에 따라 산호초가 어떤 변화를 겪는지 말하는 동안 가상현실에 빠진 학생은 산호초를 보는 데 정신이 팔릴 수 있다. 산호초는 가상현실에서 정말 멋져 보인다. 그래서 학생의 관심은 강의를 듣기보다는 디지털 환경에 쏠리게 될 것이다. 되돌아보면서 하는 말은 쉽지만, 빠져들게 하는 체험을 학습 내용 제시와 분리하는 게 핵심이라고 믿는다. 디드는 가상현실이 학습 동기를 부여한다고 본다. 문제는 그렇게 하면 가상현실 학습의 목적이 무위로 돌아간다는 것이다. 가상현실 체험에서 학습 내용이 빠지게 되기 때문이다.

내 생각에 해결책은 설명이나 사실 제시가 전혀 필요하지 않은 가상현실 체험을 만드는 것이다. 가상현실 학습의 잠재력을 십분 풀어내고 싶다면 교습 내용이 능동적인 발견 과정으로 경험을 통해 나타나도록 해야 한다. 또는 가상현실 체험에서 하기와 듣기를 번갈아 제공해야 한다. 스스로 발견하는 시간에 이어 발견을 요약하는 설명이 뒤따르도록 하는 것이다.

가상현실이 비디오에 비해서 교습에 더 효과적이지 않다고 잠시 가정해보자. 참가자 절반은 비디오에, 절반은 가상현실에 노출되도록 통제한 실험에서 측정된 것처럼 말이다. 그러나 동기부여 측면은 여전히 남는다. 가상현실은 공부를 재미있게 만든다.

우리는 2016년에 트라이베카 영화제에 완전 몰입형 가상현실 시스템 두 기를 설치했다. 그리고 이를 통해 제공할 해양과학 현장학습을 가상현실 엔터테인먼트 체험인 것처럼 솜씨 좋게 홍보했다. 이 영화제를 공동 발족한 할리우드 프로듀서 제인 로젠탈Jane Rosenthal은 가상현실 엔터테인먼트 분야의 공동창립자이기도 하다. 제인과 그의 동료들은 뉴욕 사람들과 영화제 관객들을 위해 가상현실을 체험할 아케이드를 만들었다. 넓은 공간에 가상현실 데모 시스템이 줄지어 설치됐다. 영화제는 하루 12시간, 엿새 내리 펼쳐졌다. 우리가 두 부스에서 제공한 것은 해양 산성화 현장학습이었다. 전부 2,000명이 그 현장학습을 체험했다. 줄이 끊이지 않았다. 그들은 해양과학을 배우려고 몇 시간이고 기다렸다. 게다가 돈을 치르기까지 했다. 그 광경을 보고 이런 생각이 들었다. '대기하는 시간을 놓고 말다툼을 벌이는 저런 모습은 전에 한 번도 본 적이 없는데.' 물론 당시 사람들이 보인 흥분은 그들이 전혀 경험해보지 못한 가상현실에 대한 호기심 때문이었다. 그러나 나는 그게 차이를 만든다고 확신하지 않는다. 기술이 나아지고 콘텐츠가 더 복잡해지면서 잘 실행된 가상현실 체험이 지루하게 여겨질까? 지난 20년 동안 내게는 그러지 않았다. 가상현실에는 제약이 없다. 유일한 한계는 상상이다. 배우기를 즐기는 사람한테 미래는 스릴 있는 학습 체험으로 넘쳐날 것이라고 나는 확신한다.

우리를 교육적으로 풍요로운 환경에 데려다주는 것 외에도 가상현실에는 교육적 이점이 있다. 사람들이 가상현실을 활용하는 동안 움직이고 말하고 보는 것에 대한 데이터를 컴퓨터가 모아서 방대하게 축적하고 분석하는 작업을 교육적으로 활용하는 가능성이다. 이 장의 나머지 부분에서 이 매체의 흥미롭고 잠재적으로 사악한 행동유도성에 대해 말하고자 한다.

● ●

이제 고전이 된 《뉴요커》 만평이 있다. 개 두 마리가 웹을 서핑하고 있다. 설명은 "인터넷에서는 아무도 당신이 개인 줄 모른다"라는 것이었다. 가상현실에서 우리는 당신이 개라는 것뿐 아니라 어느 견종이고 목띠는 무슨 색이며 아침으로 무엇을 먹었는지도 안다. 이는 내가 학생들에게 종종 하는 말이다. 매체 활용의 역사에서 그리고 사회과학 연구에서 인간의 몸짓을 몰입 가상현실만큼 자주, 정확하게, 간섭하지 않는 가운데 측정하는 수단은 없었다. 그리고 그것이 수집하는 데이터는 사적이고 사실을 드러낸다. 말과 달리 비언어 행동은 자동적이고 우리의 정신 상태, 감정, 정체성에 직결된 관로이다. 우리는 우리가 말하는 바에 유의할 수 있지만, 미묘한 움직임과 제스처를 지속적으로 통제할 수 있는 사람은 극소수이다. 나는 이 '디지털 발자국'을 10년 가까이 연구해왔다. 그 과정에서 사람들이 몸을 움직이고 시선을 두는 방식과 관련한 방대한 데이터를 축적했다. 그동안 내 연구소와 다른 학자들은 비언어 정보를 이해하는 방법을 정교하게 하는 노력을 계속했다. 데브라 에스트린Debra Estrin 코넬대학 교수가 '스몰 데이터 분석'이라고 부르는 노력이다. 이 작업을 통해 우리는 공장에서 발생할 수 있는 실수를 예측하는 데 활용할 행동 조짐을 들여다봤고 나쁜 운전습관을 살펴봤다. 또 어떤 사람이 온라인쇼핑을 하는 동안 어떤 상품에 관심을 갖게 됐는지도 관찰했다. 이 기술을 응용할 분야는 아주 많다. 어떤 것은 긍정적이고, 어떤 것은 숨김없는 두려움을 준다. 내 생각에 디지털 발자국을 가장 잘 활용하는 방법에는 학습 행동 평가가 있다.[07]

학교에서 학기 중에 학생들은 (이상적으로는) 학과 과정의 자료를 공부하느라 강의실 안팎에서 많은 시간을 보냈을 것이다. 학생들이 얼마나 배웠는지 평가하는 작업에서 살펴볼 수단은 많지 않다. 몇 달 공부한 뒤 학생의 학점은 몇몇 측정점으로 결정된다. 중간고사, 기말고사, 출석, 과제물 한두 건이다. 매우 적은 입력에 따라 학점이 결정되는데, 그 학점은 대학원 진학, 취업, 또는 높은 급여를 좌우할 수 있다. 학점은 그 학생이 나중에 사회에서 얼마나 잘할지 예측하는 가늠자로 간주된다. 또 잠재적인 고용자에게 학점은 그 학생이 얼마나 규율에 따르고 성실하며 열심히 공부했는지와 관련해 무언가를 알려준다고 여겨진다.

몰입 가상현실로 수업을 한다고 하자. 짧은 현장학습이어도 좋고 가상 교사가 하는 긴 강의여도 좋다. 가상현실 수업에서 우리는 방대한 양의 몸짓 데이터를 수집해서 그로부터 학생의 관심과 성과에 대해 많이 알 수 있다. 예를 들어 2014년에 발표한 연구에서 가상현실 트래킹 시스템을 통해 학생과 선생 간 일대일 상호작용에서 오간 비언어 데이터를 수집했다. 강의 중 교사와 학생 사이의 보디랭귀지를 분석한 것이다. 이후 그 데이터를 활용해 학생들의 시험 점수를 예측했다.[08] 예측치는 실제 시험 점수와 정확히 일치했다. 가상현실 시스템은 수업 중에 이미 그 학생이 치를 시험의 점수가 높을지 낮을지를 알 수 있었다. 이런 유형의 실험이 강력한 것은 연구의 '상향식' 속성 덕분이다. 고개를 끄덕이거나 무언가를 가리키는 것처럼 명확하고 알려진 제스처를 찾는 대신, 사람은 눈치채지 못할 미세한 움직임 양상을 수학적으로 발견했다. 점수 예측 행동 지표 중 하나는 학생의 '머리와 몸통의 종합 기울임'이었다. 이 수학적인 분포가 어떻게 보이는지를 시각적으로 나타내기는 아주 어렵다. 그러나 이 기울임을 만들어내는 신체 움직임 하나는 예를 들 수 있다. 목을 다소 꼿꼿하게 세우고 있던 사람이 때때로 고개를 끄덕이는 동작이다.

매년 나는 버추얼 피플 강의의 수강생들에게 한 가지를 묻는다. 내가 학점을 내는 방식을 둘로 제시하면 그들은 무엇을 선택할 것인가이다. 하나는 전통적인 방식으로 몇 시간 동안 높은 압박을 받으면서 치르는 학기말시험이다. 다른 하나는 디지털 발자국을 분석하는 방식이다. 이는 학습과 참여를 지속적으로 측정하는 것인데, 몇 달 동안 일주일에 몇 시간에 걸쳐 말 그대로 수백만 건의 데이터를 분석해서 학점을 낸다. 지금까지는 새로운 방식을 택하겠다는 학생은 극소수였다. 대다수 학생이 디지털 발자국이 학생의 학업 성취도를 측정하는 더 나은 방법이라는 데 동의했지만 정작 그들은 기말시험에 투표했다. 디지털 발자국이 더 정확했지만 학생들은 시험을 치르는 시스템 속에서 공부하는 데 익숙해졌다. 아마 그들은 학기 중 일부 시간에만 열심히 공부하는 방식이 더 편한 듯하다.

그러나 실시간으로 모든 움직임을 알아차리는 능력은 평가의 범위를 넘어선다. 가상 교수는 그때그때 봐가면서 변신하고 맞춰갈 수 있다.

전부 가상현실로 진행되는 수업에서 내 아바타는 대면 교수로서 나를 언제라도 능가할 수 있다. 내 아바타는 수강생 200여 명 각각에게 관심을 나타낼 수 있다. 또 평정심을 잃고 하는 실수를 감추고 교사로서 가장 적절한 행동을 한다. 아울러 각 학생의 아주 작은 움직임, 헷갈려 하는 기미, 학업 성취도 향상 등을 동시에 알아차린다.

교육에서 통용되는 지혜는 대면 접촉이 이를테면 금본위제로 모든 중개된 상호작용을 능가한다는 것이다. 이는 사회적 상호작용의 모든 형태에도 통한다. 그러나 내가 아바타와 학습을 연구한 결과 교사의 아바타는 물리적 공간에 존재하지 않는 힘이 있음이 드러났다.

가상현실은 순환하며 작동한다. 컴퓨터는 대상 인물이 무엇을 하는지 파악한다. 그리고 그의 아바타를 다시 그려 변화를 표현한다. 예를 들어 필라델피아의 학생이 머리를 움직여 교사를 보고 손을 들면 이런 행동 모두는 센서 기술로 측정될 수 있다. 학생이 움직이면 산타페에 있는, 학생의 얼굴과 체형을 본뜬 아바타를 내장한 교사의 컴퓨터는 그 정보를 인터넷을 통해 받아 아바타를 변화시키는 데 활용한다. 수업 참가자가 마치 같은 가상 교실에 있는 것처럼 느끼도록 하는 것은 교사와 학생의 동작 트래킹, 온라인 전송, 이음매 없는 각 아바타 적용 등이다. 각 이용자의 컴퓨터는 상대방의 컴퓨터에 그 이용자의 현재 상태에 대한 정보의 흐름을 보낸다.

그러나 이용자들은 전략적인 목적에 따라 자신의 정보 흐름을 바꿈으로써 현실을 왜곡할 수 있다. 예를 들어 교사는 자신의 아바타가 화난 표정을 절대 표시하지 않고 늘 평온한 얼굴만 나타내도록 선택할 수 있다. 또는 그는 연필로 책상을 두드리거나 휴대전화로 문자를 주고받는 등 정신을 산만하게 하는 학생들의 행동을 걸러낼 수도 있다.

벤저민 S. 블룸Benjamin S. Bloom의 1980년대 연구와 후속 연구에 따르면 일대일 교습을 받은 학생들이 전통적인 학급에서 배운 학생들보다 상당히 더 잘 배우는 것으로 나타났다. 가상현실에서는 한 교사가 동시에 많은 학생에게 일대일 교습을 할 수 있다. 교사 한 명이 100명 학급을 가르치는데, 비언어적인 측면에서는 학생 100명이 각각 일대일 강의를 받는 것처럼 느낄 수 있다.

한 학급의 학생들은, 다른 큰 집단 대부분처럼 구성원 성격 유형의 폭이 넓다. 성격 유형을 가르는 기준에는 내향성과 외향성이 있다. 어떤 학생들은 비언어적인 실마리, 즉 제스처나 웃음을 곁들인 의사소통을 더 좋아할 수 있고, 다른 학생들은 자신을 덜 표현하면서 말하는 사람을 더 좋아할 수 있다. 몇몇 심리학 연구는 이른바 '카멜레온 효과'를 밝혀냈다. 한 사람은 비언어적으로 다른 사람을 흉내 냄으로써 자신의 사회적인 영향력을 극대화할 수 있다. 따라쟁이는 그렇지 않은 사람보다 더 호감을 사고 설득력이 있다고 여겨진다.

만약 교사가 가상현실 속에서 비언어적으로 흉내 내기를 할 경우 세 가지 결과가 나타난다. 흉내내기는 교사가 학생들의 비언어적인 행동에 대한 정보를 받아 그것을 따라 하는 방식으로 이뤄졌다. 이는 내 동료들과 내가 가상현실 속 머리 움직임과 악수를 포함한 행동 연구들을 통해 확인했다.

첫째, 학생들은 교사가 자신들을 따라 한다는 사실을 눈치채지 못했다.

둘째, 그런데도 학생들은 교사에게 더 관심을 기울였다. 평소대로 행동하는 교사에 비해 자기네를 따라 하는 교사에게 더 시선을 줬다.

셋째, 학생들은 흉내 내는 교사에게서 더 영향을 받았다. 교사의 지시에 따르고 수업에서 말하는 내용에 동의하는 경향을 더 보였다.[09]

내가 수강생이 100명인 학급을 대면해서 가르칠 경우 비언어적인 행동을 학생 한 명에게 맞추려고 노력한다. 그렇게 하는 데에는 인지적인 노력이 많이 든다. 그러나 가상현실 교실에서는 내 아바타가 학생 100명마다 100가지 버전으로 매끄럽게 자동으로 대응하고 따라 한다. 나는 내 동작에 신경을 쓰지 않아도 된다. 키보드로 명령을 입력할 필요도 없다. 컴퓨터가 각 학생의 제스처와 행동을 흉내 내 나의 아바타에 변화를 주는 일을 한다. 그 결과 내게 심리적인 학급의 크기가 줄어드는 효과가 나타난다.

● ●

역사적으로 가장 성공적인 가상현실의 활용에는 실제 세계에서 보지 못하는 요인을 보이게 한 사례가 있다. 이반 서덜랜드는 이정표가 된 1965년 논문 「궁극의 디스플레이」에서 선구적으로 이런 가상현실 활용을 주장한다. 서덜랜드는 우선 우리는 물리적 세계에 대한 경험을 바탕으로 그 특성을 예측하는 지식체계를 형성한다고 설명한다. 즉, 물체가 중력을 받아 어떻게 움직이고 두 물체가 어떻게 상호작용하며 다른 시각에 따라 어떻게 달리 보이는지를 감각과 경험으로 예측할 수 있다. 이들 예측은 일상적인 물리적인 생활에서는 매우 유용하지만, 더 미묘하거나 감춰진 물리학을 이해하는 데에는 오히려 혼선을 준다. 서덜랜드는 그에 합당한 이해도가 우리한테 없는 그런 힘이나 요인으로, 하전 입자에 가해지는 힘, 불평등계non-uniform field의 힘, 비사영적인 기하학적 변환, 고高관성 저低마찰 움직임 등을 들고 이렇게 말했다. "디지털 컴퓨터에 연결된 디스플레이는 우리가 물리적인 세계에서 깨닫지 못하는 개념과 친숙해질 기회를 준다. 그것은 수학적으로 경이로운 세계를 보여주는 거울이다."[10]

'수학적으로 경이로운 세계를 보여주는 거울'이라는 말은 1960년대에 가상현실 연구계가 형성된 이래 많은 사람을 이끌어온 아이디어이다.

가상현실을 과학 학습 시각화에 활용하는 시도와 가장 관련이 있는 학자 중에는 앤드리스 반 담Andries Van Dam 브라운대학 교수가 있다. 그는 컴퓨터 시각화 기술을 활용해 '감춰진' 과학적 관계를 보여주는 기술을 수십 년 동안 개발해왔다. 출중한 이력 내내 그는 의학, 인류학, 지리학 등의 분야와 함께 학제 간 연구를 수행했다. 학습 효과를 높이고 새로운 과학적 통찰을 촉진하는 수단을 만들기 위해서였다. 그의 시뮬레이션은 정보를 숫자 형태로 표시할 수 있다. 2차원 표현으로 나타냈다가 그것을 역동적이고 거주할 만한 환경으로 바꿔놓기도 한다. 이런 작업은 다양한 영역에 적용될 수 있다. 우주비행사가 화성 표면에서 주행하고 규모를 이해하는 경험을 하도록 할 수 있다. 생물학자는 세포 크기로 줄어들어 혈액 흐름의 구조와 작용을 새로운 시각에서 보게 된다. 고고학자는 유적을 현재 상태가 아니라 당시의 모습으로 탐사한다. 즉, 옛 영화를 짐작하게만 하는 부서져 내리는 모습이 아니라 구조가 온전하고 부속 공예품이 다 갖춰진 상태를 본다.

역사학에 시각화 연구 분야가 있고, 논문이 수백 건 발표됐다. 이 분야에는 과학자들이 데이터 속을 거닐면서 얻게 되는 '아하 모먼트aha moments(발견의 순간)' 같은 역사학 장면으로 가득하다.

초기 사례인 아케이브ARCHAVE 시스템을 생각해보자. 이것은 요르단 페트라 대신전의 발굴 도랑 속에서 나온 램프와 동전을 분석하기 위해 구축됐다. 고고학자들은 이 가상현실 시스템 속에서 복원된 현장을 걸어 다닐 수 있다. 더 중요하게는 데이터베이스에서 발굴된 공예품과 관련 정보를 살펴볼 수 있다. 다시 말해 학자들은 가상현실로 들어가 실제 크기로 재현된 신전 속에서 자료를 검토하게 됐다. 컴퓨터 과학자들이 이 시스템 개발을 마치고 고고학자들을 불러 모았을 때, 고고학자들은 이 시스템 덕분에 몇 달 걸릴 일을 짧은 시간에 알아내게 됐다. 예를 들어 한 전문가는 서쪽 통로의 참호에서 숨겨졌던 비잔틴 시대 램프들이 발굴됐다는 사실을 알게 됐다. 이런 연관 지식은 시각화가 아니었다면 분명해지지 않았을 것이었다. 이는 비잔틴 점령기에 누가 그곳에서 거주했는지에 대한 중요한 증거로 간주됐다.[11]

가상현실이 하룻밤에 교실을 바꾸지는 못할 것이다. 그래서도 안 된다. 내가 보기를 기대하고 그렇게 되도록 노력할 변화는 이 새롭고 강력한 기술이 교실과 서서히, 조심스럽게, 그러나 꾸준하게 시행착오를 거치면서 결합하는 것이다.

| 제 10 장 |

좋은 가상현실 콘텐츠를 어떻게 만들까

이 마지막 장을 쓰는 지금은 2016년 크리스마스가 막 지나고 유대교 축제 하누카가 진행 중이다.* 이번 하누카는 이례적으로 늦은 시기에 돌아왔다. 하누카는 유대인들이 서로 선물을 주는 주요 시기이고 많은 업계 사람들이 예상한 것처럼 수백만 대의 가상현실 기기가 친구나 가족에게 선사됐다. 바이브, 리프트, 플레이스테이션 VR, 그리고 다른 형태의 가상현실 기기가 선물로 주어졌다. 내 상상에 그 선물을 받은 사람들 중 다수가 이 색다르고 기묘한 기계를 보고서는, 2014년 내 할아버지처럼 반응했을 듯하다. 그때 나는 할아버지에게 첫 가상현실 경험을 선사했다. 할아버지는 "내가 뭘 해야 하는 거지?"라고 물어보셨다. 이 추측에는 다음과 같은 정황 데이터가 있다. 선물을 받은 그들이 한 일은 우리가 뭘 궁

---

* 하누카는 11월이나 12월에 8일간 이어진다.

금해할 때 하는 바로 그 행동이었다. 그들은 구글에 물어봤다. 구글 트렌드에 따르면 '가상현실 콘텐츠' 검색어 활용은 그해 12월 23일에서 26일까지 3배로 급증했다. 우연이 아니었다. '가상현실 포르노' 검색도 크게 늘었다.[01] 다시 추측으로 돌아오면, 고글을 선물받은 사람들은 기기와 함께 온 몇몇 데모를 시험해본 뒤 성인 엔터테인먼트 산업의 콘텐츠를 찾아나섰으리라. VCR에서 인터넷 비디오 스트리밍에 이르기까지, 새롭게 개발되는 미디어 기술의 전위대가 그랬던 것처럼 말이다. 빌 게이츠의 말처럼 "콘텐츠가 왕"이고, 가상현실이 소비자 기술로서 어떻게 자리 잡아갈지 관건은 소비자들이 그 기기를 활용해 즐길 다른 콘텐츠를 얼마나 빨리 입수하게 되는가라고 본다.

내가 1990년대 말에 가상현실 분야에서 한 첫 연구는 소비재라는 측면에 관심을 맞춘 게 아니었다. 나는 심리학부에서 연구하고 있었고, 가상현실을 소수 과학자들이 이용하는 수단으로 여겼지 TV 옆에 놓을 기기로는 보지 않았다. 요즘엔 이렇게 말하면 이상하게 들리겠지만, 당시 UCSB의 내 연구소는 가상현실 시스템을 fMRI 장치에 비유했다. 예산, 물류, 일반적인 활용을 고려한 비유였다. fMRI는 우스꽝스러울 정도로 비싸고 덩치가 큰 데다 계속 관리해야 되며 훈련된 전문가만 조작할 수 있는 장치였다. 우리 작업이 일반 대중에게 흘러들어 갈 가능성은 없었고, 그래서 당시 가상현실 시스템을 우리가 궁금해한 어떤 문제에도 활용할 수 있었다. 내 멘토이자 나와 함께 『무한한 현실』을 쓴 짐 블라스코비치는 순응을 테스트하기 위해 라스베이거스 같은 카지노를 설계했다. 그는 심지어 '아바타 죽음'을 체험하는 효과까지 테스트했다. 그리고 앞서 언급한 것처럼 스킵 리조는 군인들의 PTSD를 치료하기 위한 시스템을 만들었고 조앤 디피데는 9·11 테러 생존자들을 치료했다. 헌터 호프먼은 임상 환경 속 통증 완화를 알아보기 위해 고사양 시스템을 만들었다. 이들 노력은 순수 과학이었고 중요한 작업이었으며 일반인들이 크리스마스 날 아침에 가상현실 기기를 선물로 받으리라는 기대에 따라 수행되지 않았다. 우리는 가상현실 시스템이 fMRI 장치처럼 가시적인 미래에 전문가가 조작하는 가운데 현장에 적용되리라고만 예상했다.

그 다음에 나는 스탠퍼드대학으로 옮겼고 소속도 심리학부에서 커뮤니케이션학부로 바꿨다. 심리학부는 가상현실을 기본적인 뇌과학을 이해하는 도구로 여긴 데 비해 커뮤니케이션학부는 미디어로 활용하는 것을 궁리한다. 내 사고가 진화했고, 아바타와 가상현실이 어디에나 존재하는 세계를 상상하기 시작했다. 나는 스탠퍼드대학에서 정년보장을 받기 위한 과정에 있었고 가상현실 연구에 전환을 가져오기로 결심했다. 즉, 가상현실을 '미디어 효과' 측면에서 연구하기로 했다. 미디어 효과는 커뮤니케이션의 주요 분야로, 미디어 활용이 사람들을 어떻게 바꾸는가를 가리킨다. 나는 윌리엄 깁슨이나 닐 스티븐슨이 묘사한 미래 세계를 상상하기도 했다. 즉, 가상현실이 일상적이 되면 세계에 어떻게 영향을 미칠지 연구하기 시작했다. 정치인들은 아바타로 선거를 조작할까? 가상현실 홍보는 더 설득력이 클까? 당신 아바타의 체중 변화가 당신이 실제 세계에서 먹는 방식을 바꿀까? 이런 연구를 진행하면서도 걱정이 없었다. 가상현실은 소비시장에 관한 한 여전히 몽상이었기 때문이다. 다시 말해 가상현실 시스템은 감독 아래 작동됐고, 일반 대중이 아니라 100만 달러 이상의 예산을 활용 가능한 사람들과 시스템을 돌리는 엔지니어들에 의해서만 활용됐기 때문이다.

내 생각이 바뀌기 시작한 것은 2010년 무렵이었다. 돌아보면 여러 요인이 작용한 전환인 것 같다. 우선 나는 가정을 꾸렸고 내 첫 아이가 2011년에 태어났다. 또 마이크로소프트가 키넥트를 만들면서 가상현실 소비자 기술이 뻗어나가는 첫 물결을 목격하고 있었다. 아울러 재런 러니어와 필립 로즈데일 같은 새 멘토들에게서 영향을 받고 있었다. 가상현실에 대한 러니어의 비전은 히피 문화에서 영감을 받은 자기변화의 개념이었다. 로즈데일은 네트워크로 연결된 아바타들의 친사회적인 세계에 대해 열정을 내뿜었는데, 그 열정은 제약되지 않았고 전염성이 있었다. 이 밖에 아마도 나는 '세상을 더 좋은 곳으로 만든다'라는 실리콘밸리 문화를 마침내 받아들인 것 같다. 여하간 나는 결정을 내렸다. 가상현실은 이전에 도래한 다른 매체들에 비해 강력한 미디어였다. 가상현실 체험은 미디어 체험이 아니라 그냥 체험이었다. 버튼 하나만 누르면 겪을 수 있는 '주문형'이었다. 우리는 현실 세계에서 원하지 않는 경험은 가상현실에서도 만들지 말아야 한다.

그럼 우리가 만들 수 있는 가상현실 체험은 무엇인가? 또 그걸 만들기 위해 어떻게 해나가야 하나? 전 세계 사람들이 내 연구소를 찾아와 이들 질문에 대한 답을 듣고 싶어 한다. 가상현실 공간에 진입하고자 하는 업체들한테서 내가 가장 많이 받는 질문에는 "우리가 무엇을 해야 하나"가 있다. 내 대답이 상황에 따라 달라짐은 물론이다. 가상현실이 주류가 되기 시작한 2014년 이후 이런 대화를 수백 차례 해왔다. 수많은 대화를 거치며 나오고 다듬어진 느슨한 지침은 다음과 같다.

1) 이것이 가상현실에 있을 필요가 있나 자문해보라

모든 미디어가 그렇듯 가상현실은 좋지도 나쁘지도 않으며 수단일 뿐이다. 가상현실은 또 비용편익 측면에서도 고려해야 한다. 가상현실로 공유될 놀라운 경험과 가상현실이 열어놓고 풀어놓을 사회적 가능성과 창의성에 대해 나는 매료됐고 낙관적이다. 그러나 거기에는 비용이 들어간다는 사실을 빠뜨리면 안 된다.

앞서 언급한 것처럼, 가상현실 속 현존감은 실제 세계에서의 부재감으로 이어진다. 당신의 마음은 동시에 두 군데에 있지 못한다. 가상현실을 부주의하게 이용할 경우 우리는 개 꼬리를 밟거나 벽에 부딪히거나 지하철에서 털릴 것이다. 둘째로, 하드웨어가 불편하다. 요즘 활용 가능한 가장 상업적인 시스템을 쓴 뒤에는 이마에 자국이 줄로 남고 약간 진이 빠진다. 셋째로, 상상 가능한 최상의 경험을 버튼 하나 눌러서 할 수 있게 될 경우, 가상현실은 이용자가 눈을 떼지 못하게 하고 중독되게 할 수도 있다. 이에 대해서도 앞서 논의한 바 있다.

올바른 가상현실 이용에 대해 내가 어떻게 생각하는지에 대해 몇 가지 경험 법칙에 도달하게 됐다. 첫째, 가상현실은 실제 세계에서 하지 못하는 것에 대해 완벽하다. 그러나 실제 세계라면 하지 않을 일을 하기 위한 것은 아니다. 슈퍼맨처럼 달로 날아가는 일은 좋다. 가상의 대량학살에 참여하는 일은, 특히 사실적으로 설계된다면, 그렇지 않다. 이는 중요한 문제이다. 이 미디어는 미래의 태도와 행동에 믿기 어려울 정도로 큰 영향을 미친다. 가상현실 훈련에 대해 알게 된 모든 사실이 이 결론을 가리킨다. 우리는 가상현실로 미래의 테러리스트를 훈련하기를 원하지 않는다. 또는 사람들을 폭력적인 행위에 대해 둔감해지도록 훈련하는 것도 바라지 않는다.

둘째, 이 미디어를 일상적인 일에 낭비하면 안 된다. 가상현실 경험 참여는 주의 깊게 이뤄져야 한다. 만약 앞으로 5년 뒤 사람들이 가상현실에 들어가 단지 이메일을 읽는다면, 이 책은 실패한 것이다. 가상현실 체험에는 산만해짐과 중독됨이라는 우려가 있는 만큼, 이 기술을 정말 특별한 순간을 위해 아껴서 써야 한다.

가장 쉬운 기준은 불가능한 일을 한다는 것이다. 실제 세계에서는 할 수 없는 일이라면 그 일을 가상현실에서 해보는 것은 성공할 가능성이 크다. 시간 여행은 할리우드 밖에서는 선택지가 아니다. 따라서 당신이 시간을 거슬러 올라가 5대조 할아버지를 만나고 싶다면, 또는 소가 돼서 걸어 다니는 것을 경험하고 싶다면, 또는 일상적인 업무에서 더 생산적이 되기 위해 셋째 팔을 기르고자 한다면, 가상현실로 들어가야 한다.

가상현실을 통해 위험한 행동을 경험하는 것은 다른 좋은 활용 방법이다. 앞에서 살펴본 것처럼 가상현실 기술의 원시적인 버전은 1920년대 말에 비행 시뮬레이션을 위해 만들어졌다. 왜 비행 시뮬레이터를 만들었나? 가상현실에서는 실수에 비용이 들지 않아서이다. 실제 훈련에서 잃을 수 있는 인명은 값을 매길 수 없고, 비행기는 값비싸다. 따라서 만일 시뮬레이터를 통해 전형적인 실수를 하지 않게 된다면 큰 성과를 거두는 것이다. 이 방식을 군대 훈련, 소방수, 간호사, 경찰관 등에도 확장할 때이다. 최근 나는 오클랜드 경찰서에서 형사로 20년 근무한 이웃을 내 연구소로 초청했다. 그는 이 책 제1장에 설명된 미식축구 훈련 시뮬레이터를 체험하더니 바로 폭동 대응 훈련을 떠올렸다. 법률 집행에서 군중 통제는 반복적으로 발생하는 힘든 업무이다. 그러나 제멋대로인 군중을 다루는 방법을 경찰이 훈련하도록 하기 위해 '장애물 코스'를 만들 수는 없다. 그는 최초에 장비를 다 착용하고 분노한 폭도를 맞닥뜨렸을 때의 경험을 들려줬다. 비록 모두의 안전을 위해 출동했는데도 경찰관이 된 이후 가장 낯설고 버거운 상황에 처했다. 그와 그의 동료들이 가상현실에서 10여 차례 훈련을 했다면 그들이 얼마나 더 잘 상황을 통제한다고 느꼈을지 상상해보자. 나는 경찰관들에게서 꽤 규칙적으로 전화와 이메일을 받는다. 그들은 이 기술이 큰 변화를 가져올 요인이라고 여긴다.

비용과 이용 가능성도 가상현실 이용의 지침이 돼야 한다. 킬리만자로산 등산은 우리 중 일부한테는 불가능하지도 위험하지도 않다. 그러나 시간과 돈이 많이 드는 일이다. 신체적으로는 가능한 사람도 대부분 그렇게 할 금전적인 여유가 없다. 가상현실은 산 정상의 놀라운 전망을 실제의 일부에 불과한 비용과 노력에 제공할 뿐 아니라 귀중한 시간도 절약해줄 것이다. 나는 전에 남아프리카공화국에서 45분간 얘기하기 위해, 1주일 노동시간인 40시간을 오간 적이 있다. 만일 아바타를 이용해 얘기했다면 내게는 연간 53주가 주어지는 셈이 됐을 것이었다.

이런 비용 측면의 고려는 의료 훈련에 적용될 것이 분명하다. 의료 분야는 사례로 가득하다. 외과 의사 훈련을 생각해보자. 의료실습용 시신은 값비싸고 드물며 각 내장 기관은 한 번만 절개될 수 있다. 가상현실 시스템은 처음에 만드는 데 비용이 들지만, 일단 구축되면 여느 디지털 시스템처럼 수십억 차례 복제될 수 있고 버튼 터치 한 번으로 세상 어디에나 보낼 수 있으며 상태가 나빠지지 않으면서 영원히 유지될 수 있다.

일부 경험은 더 나은 행동을 유도할 수 있다. 그러나 단기적으로 나쁜 결과가 나타날지도 모른다. 나는 자라면서 어린이가 담배 피우다 걸리면

받은 벌에 대해 들어본 적이 있다. 교훈을 알려주기 위해 한 갑을 다 태우게 하는 것이다. 베이비 부머 스타일의 거친 사랑이다. 이 방식은 효과가 있을지 모르지만 어린이의 폐에 손상을 주게 될 것이 분명하다. 가상현실에서는 두 세계의 최상을 택할 수 있다. 독성 연기를 대량으로 흡입하는 고통은 시뮬레이션하지 못한다. 그러나 아바타로 흡연의 장기 효과를 보여줄 수 있다. 또는 손상된 폐 속으로 어린이를 안내해 둘러보도록 할 수도 있다. 제4장에서 보여진 것처럼, 실제 나무를 잘라내지 않고도 환경을 파괴하는 행동의 비용을 묘사할 수 있다. 그것은 실제처럼 느껴지고 뇌는 가상현실 경험을 체험으로 처리한다. 그러나 환경 파괴는 일어나지 않는다.

결론은 이것이다. 체험이 불가능하거나 위험하거나 비용이 많이 들거나 역효과를 내지 않는다면 가상현실이 아닌 다른 미디어를 활용하는 방안을 진지하게 고려해야 한다. 또는 현실에서 직접 경험하는 것을 고려해야 한다. 가상현실은 특별한 순간을 위해 아껴두자.

2) 사람들을 아프게 하지 말라

무언가를 가상현실로 만들기로 결정했다면, 당신은 그것에 관심을 주로 기울여야 한다. 훌륭한 가상현실은 대단하게 느껴진다. 흥미롭고 매력적이고 흥분하게 하며 변화시킬 잠재력이 있고, 다방면의 긍정적인 경험이 될 수 있다. 그렇다면 사람들이 시뮬레이터 멀미를 하게 한다면 일을 망치게 된다. 시뮬레이터 멀미를 대중이 눈에 띄게 경험하게 되는 사건이 몇 건만 발생해도 그 가상현실 경험을 실패하게 하는 데 충분할 것이라고 나는 우려한다. 영향이 거기서 그치는 게 아니라 전체 가상현실의 진전 속도를 실제로 떨어뜨리는 결과까지 초래될지도 모른다.

내가 처음 이 분야에서 일하기 시작했을 때, UCSB에서 사건이 하나 발생했다. 가상현실 체험에 참가한 40대 여성이 시뮬레이터 멀미 증상을 약간 보였다. 당시엔 한바탕 멀미가 상당히 흔했다. 우리는 고작 초당 30프레임의 속도로(지금 속도는 90) 업데이트하고 있었다. 또 지체 정도가 아주 심했다. 지체란 머리와 몸 움직임에 따라 가상현실 세계가 바로 업데이트되지 않고 뒤처지는 현상을 뜻한다. 지체는 세상이 늘 조금 뒤처지는 불편한 시차를 줬다. 그런 사건에 대한 대응이 마련돼 UCSB의 생명윤리위원회로부터 철저히 검증되고 승인받았는데, 참가자를 앉히고 진저 에일*을 마시게 한 다음 좀 나아졌는지 물어보는 것이었다. 당시 40대 여성을 이 절차에 따라 응급 조치했다. 잠시 후 이 여성은 괜찮다고 말했다. 우리는 그에게 잘 가라고 했고, 그는 연구소를 떠났다.

다음 날 전화를 받았다. 그 여성은 운전해서 집에 도착해 주차한 뒤 차에서 집 계단으로 가는 길에 현기증을 느꼈다. 그리고 넘어지면서 울타리 기둥에 머리를 부딪혔다. 나와 내 동료들에게 정말 안 좋은 날이었다. 결국 그 여성은 큰 부상 없이 회복됐고 법적인 결과도 따르지 않았다. 그러나 그 사건은 계속해서 이 지침을 떠올리게 했다. 무슨 일이 있더라도 시뮬레이터 멀미를 피하라.

설계자는 또한 시야를 움직이지 않도록 유의해야 한다. 이용자가 시야를 움직이도록 해야 한다. 나는 최근에 들른 전시회에서 손꼽히는 자동차 회사의 가상현실을 체험하는 CEO들이 연달아 시뮬레이터 멀미에

---

* 진저 에일: 생강 맛을 첨가한 탄산음료.

빠지는 광경을 봤다. 그들은 경영자들로 하여금 HMD를 착용하게 하고 가상주행을 통해 급회전과 급가속, 급감속을 경험하게 했다. 그 결과 경영자들의 전정계*가 호된 고생을 하게 됐다.

가상 주행이 왜 감각에 무리를 가하나? 지난 수십만 년 동안 사람이 움직이면 세 가지 일이 발생해왔다. 첫째, 광학적 흐름이 바뀐다. 이는 바위 가까이로 가면 바위가 더 크게 보이는 현상을 그럴듯하게 표현한 말이다. 둘째, 전정계가 반응한다. 내이 등에 있는 감각기관들이 움직임에 따라 진동하면서 동작의 신호를 제공한다. 셋째로, 몸의 피부나 근육으로 자기수용성 감각을 받는다. 예를 들어 걷는 동안 발바닥은 바닥에 닿을 때마다 압력을 느낀다.

가상현실 주행은 이 시스템에 무리를 줬다. 전시회 주행 체험자들은 길이 휙 지나가면서 광학적 흐름이 바뀌는 것을 봤다. 그러나 전정계는 움직임의 신호를 받지 못했다. 가상주행에서 차가 방향을 휙 바꿔도 몸이 따라서 돌지 않기 때문이었다. 또 자기수용성 신호도 받지 못했다. 예컨대 차가 갑자기 급가속하면 좌석 등받이에 닿은 등 근육에 압력을 느껴야 했는데, 가상현실 주행에는 그게 없었다.

이 가상주행 일화는 가상현실 공간 속 움직임을 둘러싼 더 크고 근본적인 이슈를 가리킨다. 사람들은 아주 큰 가상 공간을 탐험하고 싶어 한다. 예를 들어 달 표면을 걸어 다니는 것이다. 그런데 집에 '달 풍경 moonscape 넓이'의 방이 있는 사람은 거의 없다. 이런 상황에서 솔루션 대

---

* 전경계: 내이의 음 감지 기관인 와우(달팽이관)를 이루고 있는 3개의 방(전정계, 중간계, 고실계) 중 하나. 전정계는 평형감각을 감지해 수용하는 기능을 하는 전정과 가까이 있다.

다수는 사람의 지각 시스템에 별 재미를 주지 못한다. 가상현실 기기는 우리한테 광학적 흐름을 제공해 실제 같은 시야 변화를 보게 하지만, 아주 넓은 공간을 실제로 걸어 다니는 게 아니라서 우리가 받는 전정계 및 자기수용성 신호가 광학적 흐름과 일치하지 않기 때문이다. 따라서 과제는 가상현실 하드웨어와 이용자가 있는 물리적 공간보다 넓은 가상 공간을 이용자가 돌아다니게 하는 것이다.

지난 수십 년 동안 이 문제를 풀기 위해서 몇몇 매혹적인 방법이 시도됐다. 최상의 해법은 거대한 방을 만드는 것이다. UCSB의 내 전 동료인 데이브 월러는 오하이오주 마이애미대학에 가상현실 연구소를 차렸다. 그는 쓰이지 않게 된 체육관을 제공받아 이름을 HIVEHuge Immersive Virtual Environment라고 붙였다. 이는 지각 시스템을 위한 최상의 솔루션인 듯하지만, 체육관 크기의 가상현실 공간은 우리 연구자들 다수에게는 사치재이다.

가장 재미난 솔루션은 인간 햄스터 공이다. 초기 군대의 몇몇 원형은 이 방식을 많이 보급했다. 햄스터가 공 속을 달리는 것처럼 사람이 매우 큰 구 속을 달리게 하는 것이다. 구는 사람 발걸음에 따라 회전해 공간이 무한히 넓다는 지각을 준다. 물론 걸을 때 바닥이 곡면이라고 여겨지지 않을 만큼 큰 구가 설치되려면 공간도 아주 높고 넓어야 한다. 이는 소비자용 솔루션으로는 실행 불가능할 듯하다.

최근 전방위 트레드밀에 많은 진전이 있었다. 바닥이 직사각형 모양이고 한 방향으로만 움직이는 일반 트레드밀과 달리 전방위 트레드밀은 바닥이 원형이거나 팔각형 등이고, 이용자가 어느 방향으로 걸어도 그를 바닥의 가운데로 되돌려놓는다. 지난 10년간 이 시스템의 기술은 크게 발달했다. 그러나 전정계와 자기수용성 신호는 실감 나게 근접시키지 못하고 있다. 이는 이용자가 걷는 스타일을 이 기기에 맞게 조정해야 하기 때문이다. 아울러 안전이 큰 이슈이어서 상업적인 시스템은 대부분 안전벨트를 내장해 이용자가 트레드밀에서 낙상하지 않게끔 한다.

이 문제를 푸는 한 가지 방법은 추상적인 움직임 신호를 활용하는 것이다. 비디오게임이 조이스틱이나 마우스 클릭, 화살표 버튼을 활용하는 것처럼 말이다. 이는 가장 단순한 해결책 같고 세컨드 라이프 같은 가상현실 시스템에는 잘 통한다. 그러나 가상현실에서는 광학적 흐름을 다른 두 신호와 분리하는 가장 지독한 방법이다. 내 연구소에서 만일 어떤 이유에서 체험자를 마우스로 움직일 필요가 있고 자신은 움직이지 않는데 시야가 앞으로 이동한다면, 그는 아마 소리를 지를 것이다. 때로는 넘어질 것이다.

이를 고려해 현재 대다수 가상현실 시스템이 채택한 솔루션은 '텔레포트' 방식이다. 체험자가 한 장소에서 다른 장소에서 이동할 때 이동과 관련한 지각 신호가 제공되지 않는다. 이용자는 실제 세계에서 레이저 포인트를 이용하는 것과 비슷하게 핸드 컨트롤러로 한 장소를 가리키고 버튼을 누르면 그 장소로 점프해 이동할 수 있다. 이상하게 들리겠지만, 이 방식은 실제로는 이동 자체에 대한 광학적 흐름을 만드는 다른 추상적인 방법에 비해 놀라울 정도로 편안함을 준다. 만약 누군가 일반적인 침실 정도 크기의 공간에 있다면 그는 다양한 장소로 이동해 새 지점에서 자연스럽게 걸어 다닐 수 있다. 이동 후 걸어 다닐 때에는 광학적 흐름, 전정계 및 자기수용성 신호가 제대로 제공된다. 관건은 한 장소에서 다른 장소로 이동하는 텔레포트 과정에서 이용자의 신경을 거스르지 않게끔 전환을 잘하는 것이다.

공간 크기 문제에 대한 내가 좋아하는 솔루션은 방향 바꾸기이다. 이용자가 몇 마일을 일직선으로 걸어갈 필요가 있는, 만들기 어려운 가상현실 시뮬레이션을 상상해보자. 그렇게 넓은 공간은 없는 상황이다. 대신 넓은 정사각형 방이 있다. 이용자가 정사각형의 왼쪽 아래 점에서 출발해 왼쪽 벽을 따라 올라간다고 생각하자. 이 과정은 가상현실에서 완벽하게 구현된다. 그는 자신이 똑바로 걷는 것을 본다. 그런데 가상현실 시스템은 그 과정에서 그의 시야를 미세하게 조정해서, 예컨대 한 걸음 걸을 때마다 1도씩 반시계방향으로 돌린다. 그는 가상현실에서 똑바로 걸어가려고 하기 때문에, 의식하지 못하는 가운데 몸을 시계방향으로 돌려서 걷게 된다. 이렇게 하면 가상현실 속에서 곧게 걸어가고 있다고 느끼지만 실제로는 원을 그리면서 걷게 된다. 관건은 방향 조정이 감지되지 못할 정도로 미세할 만큼 방이 충분히 넓어야 한다는 것이다.* 이는 두 가지 이유에서 중요하다. 첫째, 이용자의 시야를 급격하게 돌림으로써 멀미를 일으키지 않는다. 둘째, 그가 물리법칙에 어긋남을 알아차리지 못한다.

가상현실로 체험할 수 있는 놀라운 일은 아주 많다. 우주를 비행하고 피라미드를 오르내릴 수 있으며, 역사 속 유명한 순간을 경험할 수도 있다. 그러나 여기엔 황금률이 있다. 이용자가 토하지 않게 하라는 것이다. 어지럽게 해서도 안 된다. 우리가 가상현실 개발에서 초기에 이 준칙을 지킨다면, 연구계와 산업은 더 잘 발전할 것이다.

---

* 이용자의 보폭이 0.7미터이고 그가 한 걸음 옮길 때마다 오른쪽으로 1도 방향을 바꾼다면 그는 둘레가 252미터인 360각형을 그리며 걷게 된다. 이를 원으로 생각하면 어림잡은 직경은 3으로 나눈 84미터이다.

3) 안전하게 하라

뛰어난 가상현실은 그들이 실제로는 실제 세계에 있음을 잊게 한다. 내 실험실에서 한번은 70세 남자가 갑자기 뒤로 공중제비를 넘으려다 내 팔에 떨어진 적이 있다. 유명한 언론인은 실제 벽을 향해 전속력으로 내달렸다. 러시아 사업가의 돌려차기에 내 머리가 맞을 뻔한 적도 있다. 유명한 미식축구 코치는 달리는 가상 선수를 찰싹 때린다는 생각에 두 손으로 연단을 쳤다. 우리 연구소는 항상 재능이 있고 바짝 경계하는 진행자가 있어서 안전하다. 그는 이용자의 모든 동작을 주시하면서 필요할 경우 그를 받아주고 제지한다. 물론 진행자 해법은 가상현실 시스템을 다량 공급할 때는 쓰지 못한다. 내가 즐기는 농담 중에 모든 가상현실 시스템마다 나를 넣어주지 못한다는 게 있다(나는 잡아주는 솜씨가 뛰어나다고 자부한다). 대신 '이 게임을 할 때엔 앉아서 하세요' 같은 안내 문구가 들어갈 것이다. 또는 항상은 아니지만 종종 벽이 있다고 경고하는 스캐닝 시스템이 포함될 것이다. 돋아나는 가상현실 혁명의 싹을 잘라버리는 데엔 눈에 띄고 두려움을 일으키는 사고 몇 건이면 충분하다. 가상현실 분야 사람들에게 하는 내 조언은 이것이다. 안전에 쏟는 에너지가 얼마이든, 그것의 세 배 노력을 기울이라.

안전 노력을 보강하는 노력에는 가상현실 시뮬레이션 시간을 짧게 하는 것이 있다. 당신 생애 가장 기억나는 경험을 떠올려보라. 그것은 몇 시간짜리였나, 아니면 몇 분짜리였나? 스토리텔링의 대부분 형태에서 주문은 '짧을수록 낫다less is more'라는 것이다. 가상현실에서는 특히 그렇다. 대부분 가상현실 시뮬레이션의 콘텐츠가 감정적으로 빠져들게 하고 지각적으로 끔찍하며 심리적으로 설득력이 높아 강렬하다는 점을 고려할 때, 시간은 대개 5분이나 10분이면 충분하다.

지난 몇 년 동안 가상현실이 언론에서 많은 관심을 받으면서, 이 기술이 새로운 종류가 아님을 잊기 쉬워졌다. 이 기술은 최근 기술도 아니다. 이 기술이 무엇을 할 수 있고 세상을 어떻게 바꿀지를 둘러싼 생각은 수십 년 동안 진행돼왔다. 그러나 가상현실의 미래가 무엇인지 아무도 모른다는 것도 사실이다. 우리가 할 수 있는 최선은 이 기술이 어떻게 작동하고 무엇을 할 수 있는지 이해하고, 이를 통해 인간의 수요와 욕망을 어떻게 충족할지 상상하는 일이다. 이 책에서 나는 가상현실이 미디어로서 어떻게 작동하는지에 대해 우리가 알게 된 바의 개요를 보여줬다. 가상현실의 영향에 대한 전망은 탄탄한 연구를 바탕으로 하고 있지만, 어느 기술이 실제로 어떻게 구현될지는 언제나 우연에 좌우된다. 과거 기술을 보면 설계자와 전문가들은 예측이 적중한 적이 별로 없다. 5세대(5G) 네트워크와 고해상도 스크린이 갖춰진 상황에서, 그렇게 강력한 데이터폰으로 가장 많이 하는 일이 텍스트 메시지를 보내고 트위터를 하는 것이리라고 누가 예측했겠나? 그런 일은 19세기 전신電信도 다룰 수 있다. 마이크로소프트 키넥트는 지금까지 발명된 게임 중 인터페이스가 가장 정교해, 온몸을 게임 컨트롤러로 쓸 수 있다. 이 키넥트가 기존의 X박스Xbox 게임 컨트롤러를 대체하지 못하리라고 누가 예상했던가?

가상현실이 어떻게 진화할지와 관련해 인터넷이 길잡이가 된다면, 대다수 사람들은 가상현실 소비자뿐 아니라 생산자도 될 것이다. 사람들이 인터넷에서 블로그를 운영하고 유튜브 비디오를 올리고 트위터를 하는 것처럼 말이다. 이 장은 제목이 '좋은 가상현실 콘텐츠를 어떻게 만들까'

이다. 여러분은 내가 방점을 '콘텐츠'가 아니라 '좋은'에 찍었음을 알아차렸으리라. 기술이 발달하고 창작 수단이 개발되면서 사람들이 가상현실에서 자신을 표현하는 방법의 폭은, 그리고 실제로 만들 수 있는 애플리케이션은, 오로지 상상으로만 제약될 것이다. 콘텐츠의 일부는 도덕적으로 불미스러울 것이다. 비록 내가 디지털 시뮬레이션도 언론의 자유로 보호된다는 미국 대법원의 결정에 전적으로 동의하지만, 나 또한 우리가 원하는 아무것이나 만들 자유가 있다는 것이 그렇게 해야 함을 의미하지는 않는다고 믿는다. 우리는 가상현실 엔터테인먼트에서 순전히 자극 위주인 오락거리나 도피주의를 넘어서는 콘텐츠를 추구해야 한다. 만약 이 미디어 고유의 힘을 제대로 평가하고 가상현실의 친사회적인 측면에 초점을 맞춘다면, 실리콘밸리의 상투적인 문구를 빌리면, 우리는 세상을 더 나은 곳으로 만들 수 있다. 설령 그 과정에서 흔들릴지라도 이 기술혁명의 일부가 되는 것은 매우 특별한 시간이다. 앞으로 다가오는 몇 년은 흥분되는 여정이 될 것이다.

감사의 말

내 아내 재나인 자카리아에게 첫번째로, 그리고 가장 감사하고 싶다. 내가 전에 쓴 책 『무한한 미래』를 읽은 사람이라면 이 책이 가상현실의 활용에 더 초점을 맞췄음을 알아차렸을 것이다. 실제로 사람, 정부, 동물, 환경을 돕는 데 활용되는 가상현실에 집중했다. 이전 책이 가상현실이 할 수 있는 일의 개요를 보여줬다면, 이 책은 우리가 가상현실로 해야 할 일에 포커스를 뒀다. 과학을 뛰어넘은 행동주의가 녹아들었다고 할 수 있다. 재나인은 내가 가상현실이 무엇인지뿐 아니라 가상현실이 무엇을 할 수 있는지에 초점을 맞추면서 더 잘하도록 독려하는 일에서 중요한 역할을 해왔다. 내가 연구소 관심 분야에 기후변화, 공감, 그리고 가상현실의 다른 친사회적인 적용을 올린 것은 아내 덕분이기도 했다.

두 번째로, 제프 알렉산더에게 고마움을 표하고자 한다. 그는 이 책의 거의 모든 부분을 도와줬다. 인터뷰, 편집, 자료조사, 가상현실 데모를 래퍼들에게 해준 일, 아이디어 논의, 브레인스토밍 논쟁 등이다. 제프의 명민함과 노고가 아니었다면 책은 매우 다른 모습을 띠었을 것이다.

내 출판 대리인 윌 리핀코트는 말 그대로 책이 만들어지게 했다. 나는 두 번째 책을 쓸 열정을 잃어버렸었다. 그러나 윌은 참을성 있고 지혜롭게 나를 격려해 결단을 내리게 했다. 편집자들에게도 감사한다. 브랜던

커리는 이 책의 전반적인 흐름을 다듬어줬고 퀸 도는 수없이 원고를 손질해 더 나아지게 했다.

나는 박사과정 학생 열 명한테서 주요 도움을 받는 큰 행운을 누렸다. 안선주, 재키 베일리, 제시 폭스, 페르난다 헤레라, 르네 키질체크, 오수연, 캐스린 세고비아, 케타키 슈리람, 안드리아 스티븐슨 원, 니키 이가 그들이다. 이 책에서 나는 종종 "우리"가 연구를 수행했다고 썼는데, 실은 이들 박사과정 학생이 궁리와 작업의 압도적인 대부분을 해냈다. 이들 명석한 학생들이 아니었다면 연구소가 내놓을 것이 정말 적었을 것이다. 나는 그들의 작업에 대한 내 기여를 과장했다. 그들의 헌신, 재능, 친절함과 인내에 감사한다. 이 연구의 중요한 부분을 맡아온 여러 스탠퍼드대학 학부생과 석사과정 학생들에게도 고맙다. 초고를 읽고 조언해준 토빈 애셔, 닐 베일렌슨, 케이트 베팅거, 마이클 카잘, 앨버트 캐슈체네프스키, 셸비 민히어, 재나인 자카리아에게도 감사를 표한다.

전일 근무하는 연구소 운영진과 함께 일할 만큼 운이 좋은 교수는 매우 적다. 그런데 내게는 2010년 이후 그런 행운이 주어졌고, 나는 연구소 매니저들에게 전적으로 의존했다. 처음엔 코디 캐러츠가, 이어 쇼니 보먼이, 그리고 이제는 토빈 애셔가 그들이다. 엘리제 오글은 프로젝트 매니저로서 역할을 톡톡히 해냈다. 내 연구소가 스탠퍼드대학에 자리 잡은 이래 우리는 1만 명이 넘는 방문자에게 가상현실 투어와 데모를 제공했다. 교수들은 연구소의 사회공헌 활동에 할애할 겨를이 거의 없다. 그 활동이 가상현실 투어든, 트라이베카 영화제 시사회에 제인 로젠탈을 위해 가상현실 영상을 제작하는 것이든지 마찬가지이다. 내 놀라운 운영진은 연구소를 과학의 요람으로뿐 아니라 누구나, 현장학습에 나선 초등학교

3학년 한 학급이든 인수할 기업을 물색하는 억만장자 CEO든, 와서 가상현실에 대해 배울 수 있는 학습장으로도 만들었다.

나는 이 책을 클리퍼드 나스Clifford Nass에게 바친다. 클리퍼드는 교수진 중 내 멘토였다. 그는 천재였지만 그보다 더, 내가 만난 교수 중에 가장 다감하고 특별했다. 그가 아니었다면 나는 스탠퍼드대학 일자리를 얻지 못했을 것이다. 내가 정년보장 교수직을 받기까지 그의 지도는 결코 과장할 수 없다. 한편 우리가 가상현실 체험을 진짜라고 봐야 한다는, 이 책에 깔린 전제가 친숙하다고 알아차리는 독자들도 있을 것이다. 사실 이는 원래 클리퍼드와 바이런 리브스가 함께 쓴 『더 미디어 이퀘이션The Media Equation』이 내놓았다. 나는 스탠퍼드대학에서 내 지적·학문적 발전에 대해 두 사람에게 감사한다.

다른 멘토도 많다. 짐 블라스코비치는 내게 사회심리학을 가르쳐줬다. 앤디 빌은 가상현실의 모든 것, 예컨대 코딩, 하드웨어, 크게 생각하기를 알려줬다. 잭 루미스는 인지 시스템에 대해 교육해줬다. 재런 러니어는 우리를 더 낫게 해주는 전환과 관련해 가상현실을 연구해야 한다고 가르쳤다. 종종 내가 독창적인 아이디어를 떠올렸다고 생각하는데, 그게 재런이 수십 년 전에 제시한 아이디어인 경우가 있었다. 월터 그린리프와 스킵 리조는 의료·임상 가상현실에 대해 알려줬다. 멜 슬레이터는 가상현실 속 인간 행동에 대해 더 이해하도록 도와줬다. 로이 피와 댄 슈워츠는 학습과 교육에 대해 가르쳐줬다. 브루스 밀러는 내가 기업의 세계에 눈을 뜨도록 했고 그쪽 사람들과 이야기하는 방법을 알려줬다. 멜 블레이크는 내가 그 기술을 더 연마하도록 했다. 그의 인내와 지혜가 아니었다면 이 책에 담은 가상현실에 대한 내 비전을 그렇게 많은 기업의 그토록 많은 의사결정권자에게 전하지 못했을 것이다. 더크 스미츠와 실러 컬렌은 내가 실리콘밸리라고 불리는 괴물을 이해할 수 있도록 도왔다(나는 여전히 갈 길이 멀다). 캐럴 벨리스는 업무 과정에서 법률 자문을 제공했을 뿐 아니라 그것을 재미있게 만들기도 했다.

데릭 벨치에게 특별히 감사한다. 나는 그가 가상현실을 주도했으며 사람들이 훈련받는 방식을 바꾼 인물로 가상현실 역사에 기록되리라고 본다. 내 동료들은 대부분 열심히 연구한다. 그러나 내가 아는 한 데릭보다 더 치열한 학자는 없다.

연구에는 돈이 많이 든다. 내 연구지원자들은 기쁘게도 지원에 관대할 뿐 아니라 전형적으로 현명하고 도움이 됐다. 다음 연구지원 기관과 업체에 감사한다. 브라운 연구소, 시스코, 산호초 연대, 다이 니폰 프린팅, 미국 방위고등연구계획국DARPA, 구글, 고든 앤드 베티 무어 재단, HTC 바이브, 코니카 미놀타, 미디어-X, 마이크로소프트, 미국 국립보건연구원NIH, 미국과학재단NSF, NEC, 오큘러스, 미국 해군연구소ONR, 옴론, 로버트 우드 존슨 재단, 스탠퍼드 장수연구소, 스탠퍼드 기술 라이센싱 사무소, 스탠퍼드 학부생 교육 부학장, 스탠퍼드 우즈 환경연구소, 사회과학을 위한 시간공유 실험Time-sharing Experiments for the Social Sciences, 미국 에너지부, 월드비즈.

마지막으로 내 성공을 만든 분들에게 감사한다. 엘리노어와 짐, 닐과 미르나이다. 한 현명한 여인이 언젠가 내게 말하길, 만약 당신 인생에서 한 가지를 선택할 수 있다면 부모를 선택하라고 했다. 나는 전혀 바꾸지 않을 것이다. 내 새로운 가족인 리처드와 데브라 자카리아 두 분에 대해서도 마찬가지이다. 물론 내 인생의 빛, 애너와 에디에게도.

주

- 들어가며

1. "Oculus," *cdixonblog*, March 25, 2014, http://cdixon.org/2014/03/25/oculus/.
2. "Insanely Virtual," *The Economist*, October 15, 2016, http://www.economist.com/news/business/21708715-china-leads-world-adoption-virtual-reality-insanely-virtual.

- 제1장

1. Bruce Feldman, "I Was Blown away: Welcome to Football's Quarterback Revolution," *FoxSports*, March 11, 2015, http://www.foxsports.com/college-football/story/stanford-cardinal-nfl-virtual-reality-qb-training-031115.
2. Carson Palmer와의 저자 인터뷰, June 9, 2016.
3. Peter King, "A Quarterback and His Game Plan, Part I: Five Days to Learn 171 Plays," *MMQB*, Wednesday, November 18, 2015, http://mmqb.si.com/mmqb/2015/11/17/nfl-carson-palmer-arizona-cardinals-inside-game-plan;

Peter King, "A Quarterback and His Game Plan, Part II: Virtual Reality Meets Reality," *MMQB*, Thursday, November 19, 2015, http://mmqb.si.com/2015/11/18/nfl-carson-palmer-arizona-cardinals-inside-game-plan-part-ii-cleveland-browns.

4. Josh Weinfuss, "Cardinals' use of virtual reality technology yields record season," *ESPN*, January 13, 2016, http://www.espn.com/blog/nflnation/post/_/id/195755/cardinals-use-of-virtual-reality-technology-yields-record-season.
5. M. Lombard and T. Ditton, "At the Heart of it All: The Concept of Presence," *Journal of Computer-Mediated Communication* 3, no.2 (1997).
6. James J. Cummings and Jeremy N. Bailenson, "How Immersive Is Enough? A Meta-Analysis of the Effect of Immersive Technology on User Presence," *Media Psychology*, 19 (2016): 1-38.
7. "Link, Edwin Albert," *The National Aviation Hall of Fame*, http://www.nationalaviation.org/our-enshrinees/link-edwin/.
8. National Academy of Engineering, Memorial Tributes: *National Academy of Engineering, Volume 2* (Washington, DC: Nation Academy Press, 1984), 174.

9. James L. Neibaur, *The Fall of Buster Keaton: His Films for MGM, Educational Pictures, and Columbia*, (Lanham, MD: Scarecrow Press, 2010), 79.

10. Jeremy Bailenson et al., "The Effect of Interactivity on Learning Physical Actions in Virtual Reality," *Media Psychology* 11 (2008): 354-76.

11. Feldman, "I Was Blown Away."

12. Daniel Brown, "Virtual Reality for QBs: Stanford Football at the Forefront," *The Mercury News*, September 9, 2015, http://www.mercurynews.com/49ers/ci_28784441/virtual-reality-qbs-stanford-football-at-forefront.

13. King, "A Quarterback and His Game Plan, Part I"; King, "A Quarterback and His Game Plan, Part II."

14. K. Anders Ericksson and Robert Pool, *Peak: Secrets from the New Science of Expertise* (New York: Houghton Mifflin Harcourt, 2016), 64. 한국어판은 강혜정 옮김, 『1만 시간의 재발견 - 노력은 왜 우리를 배신하는가』(비즈니스북스, 2016).

15. B. Calvo-Merino, D. E. Glaser, J. Grèzes, R. E. Passingham, and P. Haggard, "Action Observation and Acquired Motor Skills: An fMRI Study with Expert Dancers," *Cerebral Cortex* 15, no. 8 (2005): 1243-49.

16. Sian L. Beilock, et al. "Sports Experience Changes the Neural Processing of Action Language," *The National Academy of Sciences* 105 (2008): 13269-73.

17. http://www.independent.co.uk/environment/global-warming-data-centres-to-consume-three-times-as-much-energy-in-next-decade-experts-warn-a6830086.html.

18. http://www.businessinsider.com/walmart-using-virtual-reality-employee-training-2017-6.

• 제2장

1. Stanley Milgram, "Behavioral Study of obedience," *The Journal of Abnormal and Social Psychology* 67, no. 4 (1963): 371-78.

2. Mel Slater et al., "A Virtual Reprise of the Stanley Milgram Obedience Experiments" *PLoS One*, 1 (2006): e39.

3. 상동.

4. K. Y. Segovia, J. N. Bailenson, and B. Monin, "Morality in tele-immersive environments," Proceedings of the International Conference on Immersive Telecommunications (IMMERSCOM), May 27-29, Berkeley, CA.

5. C. B. Zhong, and K. Liljenquist, "Washing away your sins: Threatened morality and physical cleansing," *Science* 313 no. 5792 (2006): 1451.

6. T. I. Brown, V. A. Carr, K. F. LaRocque, S. E. Favila, A. M. Gordon, B. Bowles, J. N. Bailenson, A. D. Wagner, "Prospective representation of navigational goals in the human hippocampus," *Science* 352 (2016); 1323.

7. Stuart Wolpert, "Brain's Reaction to Virtual Reality Should Prompt Further Study Suggests New Research by UCLA Neuroscientists," *UCLA Newsroom*, November 24, 2014, http://newsroom.ucla.edu/releases/brains-reaction-to-virtual-reality-should-prompt-further-study-suggests-new-research-by-ucla-neuroscientists.

8. Zahra M. Aghajan, Lavanya Acharya, Jason J. Moore, Jesse D. Cushman, Cliff Vuong, and Mayank R. Mehta, "Impaired Spatial Selectivity and Intact Phase Precession in Two-Dimensional Virtual Reality," *Nature Neuroscience* 18 (2015): 121-28

9. Oliver Baumann and Jason B. Mattingley, "Dissociable Representations of Environmental Size and Complexity in the Human Hippocampus," *Journal of Neuroscience* 33, no. 25 (2013): 10526-33.

10. Albert Bandura et al., "Transmission of Aggression Through Imitation of Aggressive Models," *Journal of Abnormal and Social Psychology* 63 (1961): 575-82.

11. Andreas Olsson and Elizabeth A. Phelps, "Learning Fears by Observing Others: The Neural Systems of Social Fear Transmission," *Nature Neuroscience* 10 (2007): 1095-1102.

12. Michael Rundle, "Death and Violence 'Too intense' in VR, game developers admit," WIRED UK, October 28, 2015, http://www.wired.co.uk/article/virtual-reality-death-violence.

13. Joseph Delgado, "Virtual reality GTA: V with hand tracking for weapons," *veryjos*, February 18, 2016, http://rly.sexy/virtual-reality-gta-v-with-hand-tracking-for-weapons/.

14. Craig A Anderson, "An Update on the Effects of Playing Violent Video Games," *Journal of Adolescence*, 27 (2004): 113-22.

15. Jeff Grabmeier, "Immersed in Violence: How 3-D Gaming Affects Videogame Players," *Ohio State University*, October 19, 2014, https://news.osu.edu/news/2014/10/19/%E2%80%8Bimmersed-in-violence-how-3-d-gaming-affects-video-game-players/.

16. Hanneke Polman, Bram Orobio de Castro, and Marcel A. G. van Aken, "Experimental study of the differential effects of playing versus watching violent videogames on children's aggressive behavior," *Aggressive Behavior* 34 (2008): 256-64.

17. S. L. Beilock, I. M. Lyons, A. Mattarella-Micke, H. C. Nusbaum, and S. L. Small, "Sports experience changes the neural processing of action language," *Proceedings of the National Academy of Sciences of the United States of America*, September 2, 2008, https://wwww.ncbi.mln.nih.gov/pmc/articles/PMC2527992/.

18. Helen Pidd, "Anders Breivik 'trained' for shooting attacks by playing Call of Duty," *Guardian*, April 19, 2012, http://www.theguardian.com/world/2012/apr/19/anders-breivik-call-of-duty.

19. Jodi L. Whitaker and Brad J. Bushman, "'Boom, Headshot!' Effect of Videogame Play and Controller Type on Firing Aim and Accuracy," *Communication Research* 7 (2012) 879-89.

20. William Gibson, Neuromancer, (New York: Ace Books, 1984), 6. 한국어판은 김창규 옮김, 『뉴로맨서』(황금가지, 2005).

21. Sherry Turkle, *Alone Together*, (New York: Basic Books, 2011). 한국어판은 이은주 옮김, 『외로워지는 사람들 - 테크놀로지가 인간관계를 조정한다』(청림출판, 2012).

22. Frank Steinicke and Ger Bruder, "A Self-Experimentation about Long-Term Use of Fully-Immersive Technology," https://basilic.informatik.uni-hamburg.de/Publications/2014/SB14/sui14.pdf.

23. Eyal Ophir, Clifford Nass, and Anthony D. Wagner, "Cognitive control in media multitaskers," *PNAS* 106 (2009): 15583-87.

24. Kathryn Y. Segovia and Jeremy N. Bailenson, "Virtually True: Children's Acquisition of False Memories in Virtual Reality," *Media Psychology* 12 (2009): 371-93.

25. J.O. Bailey, Jeremy N. Bailenson, J. Obradović, and N. R. Aguiar, "Immersive virtual reality influences children's inhibitory control and social behavior," paper presented at the International Communication 67th Annual Conference, San Diego, CA.

26. Matthew B. Crawford, *The World Beyond Your Head: On Becoming an Individual in an Age of Distraction* (New York: Farrar, Straus, and Giroux, 2015), 86.

• 제3장

1. Gabo Arora and Chris Milk, Clouds Over Sidra (Within, 2015), 360 Video, 8:35, http://with.in/watch/clouds-over-sidra/.

2. 상동.

3. Chris Milk, "How virtual reality can create the ultimate empathy machine," Filmed March 2015, TED video, 10:25, https://www.ted.com/talks/chris_milk_how_virtual_reality_can_create_the_ultimate_empathy_machine#t-54386.

4. 상동.

5. John Gaudiosi, "UN Uses Virtual Reality to Raise Awareness and Money," *Fortune*, April 18, 2016, http://fortune.com/2016/04/18/un-uses-virtual-reality-to-raise-awareness-and-money/.

6. 다음 두 책을 참조할 것. Steven Pinker, *The Better Angels of Our Nature* (New York: Viking, 2011). 한국어판은 김명남 옮김, 『우리 본성의 선한 천사 - 인간은 폭력성과 어떻게 싸워 왔는가』(사이언스북스, 2015). 그리고 Peter Singer's *The Expanding Circle* (Princeton: Princeton University Press, 2011). 한국어판은 김성한 옮김, 『사회생물학과 윤리』(연암서가, 2012).

7. J. Zaki, "Empathy: A Motivated Account," *Psychological Bulletin* 140, no. 6 (2014): 1608-47.

8. Susanne Babbel, "Compassion Fatigue: Bodily symptoms of empathy," *Psychology Today*, July 4,

2012, https://www.psychologytoday.com/blog/somatic-psychology/201207/compassion-fatigue.

9. Mark H. Davis, "A multidimensional approach to individual differences in empathy," *JSAS Catalog of Selected Documents in Psychology* 10 (1980): 85, http://fetzer.org/sites/default/files/images/stories/pdf/selfmeasures/EMPATHY-InterpersonalReactivityIndex.pdf

10. Mark H. Davis, "Effect of Perspective Taking on the Cognitive Representation of Persons: A Merging of Self and Other," *Journal of Personality and Social Psychology* 70 no. 4 (1996): 713-26.

11. Adam D. Galinsky and Gordon B. Moskowitz, "Perspective-taking: Decreasing stereotype expression, stereotype accessibility, and in-group favoritism," *Journal of Personality and Social Psychology*, 78 (2000): 708-24.

12. Matthew Botvinick and Jonathan Cohen, "Rubber Hands 'Feel' Touch That Eyes See," *Nature*, 391, no. 756 (1998).

13. Mal Slater and Maria V. Sanchez-Vives, "Enhancing Our Lives with Immersive Virtual Reality," *Frontiers in Robotics and AI*, December 19, 2016, http://journal.frontiersin.org/article/10.3389/frobt.2016.00074/full.

14. N. Yee and J.N. Bailenson, "Walk a Mile in Digital Shoes: The Impact of Embodied Perspective-taking on the Reduction of Negative Sterotyping in Immersive Virtual Environments," *Proceedings of Presence 2006: The 9th Annual International Workshop on Presence*, August 24-26, 2006.

15. 상동.

16. Victoria Groom, Jeremy N. Bailenson, and Clifford Nass, "The influence of racial embodiment on racial bias in immersive virtual environments," *Social Influence* 4 (2009): 1-18.

17. 상동.

18. Tabitha C. Peck et al., "Putting yourself in the skin of a black avatar reduces implicit racial bias," *Consciousness and Cognition* 22 (2013): 779-87.

19. Sun Joo (Grace) Ahn, Amanda Minh Tran Le, and Jeremy Bailenson, "The Effect of Embodied Experiences on Self-Other Merging, Attitude, and Helping Behavior," *Media Psychology* 16 (2013): 7-38.

20. 상동.

21. Arielle Michal Silverman, "The Perils of Playing Blind: Problems with Blindness Simulation and a Better Way to Teach about Blindness," *Journal of Blindness Innovation and Research* 5 (2015).

22. Ahn, Le, and Bailenson, "The Effect of Embodied Experiences," *Media Psychology* 16 (2013): 7-38.

23. Kipling D. Williams and Blair Jarvis "Cyberball: A program for use in research on interpersonal ostracism and acceptance," *Behavior Research Methods* 38 (2006): 174-80.

24. Soo Youn Oh, Jeremy Bailenson, E. Weisz, and J. Zaki, "Virtually Old: Embodied Perspective Taking and the Reduction of Ageism Under Threat," *Computers in Human Behavior* 60 (2016): 398-410.

25. J. Zaki, "Empathy: A Motivatied Account," *Psychological Bulletin* 140, no. 6 (2014): 1608-47.

26. Frank Dobbin and Alexander Kalev, "The Origins and Effects of Corporate Diversity Programs," in *The Oxford Handbook of Diversity and Work*, ed. Peter E. Nathan (New York: Oxford University Press, 2013), 253-81.

27. Sun Joo (Grace) Ahn, et al., "Experiencing Nature: Embodying Animals in Immersive Virtual Environments Increases Inclusion of Nature in Self and Involvement with Nature," *Journal of Computer-Mediated Communication* (2016).

28. Caroline J. Falconer et al., "Embodying self-compassion within virtual reality and its effects on patients with depression," *British Journal of Psychiatry* 2 (2016): 74-80.

29. 상동.

• 제4장

1. Overview, documentary directed by Guy Reid, 2012; "What are the Noetic Sciences?," Institute of *Noetic Sciences*, http://www.noetic.org/about/what-are-noetic-sciences

2. 실제로 SpaceVR이라는 가상현실 스타트업 기업은 가상현실 카메라를 장착한 지구 저궤도 인공위성을 발사했고, 이를 통해 가입자가 우주에서 지구의 실시간 이미지를 바라볼 수 있게 할 계획이다.

3. Leslie Kaufman, "Mr. Whipple Left it Out: Soft is Rough on Forests," *New York Times*, February 25, 2009, http://www.nytimes.com/2009/02/26/science/earth/26charmin.html.

4. Mark Cleveland, Maria Kalamas, and Michel Laroche, "Shades of green: linking environmental locus of control and pro-environmental behaviors," *Journal of Consumer Marketing* 29, no 5 (May 2012):293-305, 22 (2005): 198-212.

5. S. J. Ahn, J. N. Bailenson, and D. Park "Short and Long-term Effects of Embodied Experiences in Immersive Virtual Environments on Environmental Locus of Control and Behavior," *Computers in Human Behavior* 39, (2014): 235-245.

6. S. J. Ahn, J. Fox, K. R. Dale, and J. A. Avant, "Framing Virtual Experiences: Effects on Environmental Efficacy and Behavior Over Time," *Communication Research* 42, no. 6 (2015): 839-63.

7. J. O. Bailey, J.N. Bailenson, J. Flora, K.C. Armel, D. Voelker, and B. Reeves, "The impact of vivid and personal messages on reducing energy consumption related to hot water use," *Environment and Behavior* 47, no. 5 (2015): 570-92.

8. "A History of the NOAA," *NOAA History*, http://www.history.noaa.gov/legacy/noaahistory_2.

html. last modified June 8, 2006.

9. Intergovernmental Panel on Climate Change, http://www.ipcc.ch/.

10. Remarks from Woods Institute Speech: "Increasingly common experiences with extreme climate-related events such as the Colorado wildfires, a record warm spring, and preseason hurricanes have convinced many Americans climate change is a reality."

11. Daniel Grossman, "UN: Ocean are 30 percent more acidic than before fossil fuels," *National Geographic*, December 15, 2009, http://voices.nationalgeographic.com/2009/12/15/acidification/.

12. BBC와의 인터뷰.

13. Alan Sipress, "Where Real Money Meets Virtual Reality, the Jury Is Still Out," *Washington Post*, December 26, 2006.

• 제5장

1. Anemona Hartocollis, "10 Years and a Diagnosis Later, 9/11 Demons Haunt Thousands," *New York Times*, August 9, 2011.

2. "세계무역센터 공격 당시 외상 후 스트레스 장애(PTSD)를 치료하는 전문가 가이드라인이 1999년 이후 처음으로 발간됐는데, 그 내용은 심상노출 치료를 결합한 인지행동치료(CBT)가 가장 우선적으로 제공되어야 할 요법이라는 것이었다." JoAnn Difede et al., "Virtual Reality Exposure Therapy for the Treatment of Posttraumatic Stress Disorder Following September 11, 2001," *Journal of Clinical Psychiatry* 68 (2007): 1639-47.

3. Yael Kohen, "Firefighter in Distress," *New York Magazine*, 2005, http://nymag.com/nymetro/health/bestdoctors/2005/11961/

4. JoAnn Defide와의 인터뷰.

5. JoAnn Defide and Hunter Hoffman, "Virtual Reality Exposure Therapy for World Trade Center Post-traumatic Stress Disorder: A Case Report," *CyberPsychology & Behavior* 5, no. 6 (2002): 529-35.

6. 상동.

7. JoAnn Defide와의 저자 인터뷰.

8. JoAnn Defide, et al, "Virtual Reality Exposure Therapy for the Treatment of Posttraumatic Stress Disorder Following September 11, 2001," *Journal of Clinical Psychiatry* 11 (2007): 1639-47.

• 제6장

1. "Lower Back Pain Fact Sheet," *National Institute of Neurological Disorders and Stroke*, http://www.ninds.nih.gov/disorders/backpain/detail_backpain.htm, last modified August 12, 2016.

2. Nora D. Volkow "America's Addiction to Opioids: Heroin and Prescription Drug Abuse," paper presented at the Senate Caucus on International Narcotics Control, Washington, DC, May 14, 2014, https://www.drugabuse.gov/about-nida/legislative-activities/testimony-to-congress/2016/americas-addiction-to-opioids-heroin-prescription-drug-abuse.

3. Dan Nolan and Chris Amico, "How Bad is the Opioid Epidemic?" *Frontline*, February 23, 2016, http://www.pbs.org/wgbh/frontline/article/how-bad-is-the-opioid-epidemic/.

4. Join Together Staff, "Herioin Use Rises as Prescription Painkillers Become Harder to Abuse," *Drug-Free*, June 7, 2012, http://www.drugfree.org/news-service/heroin-use-rises-as-prescription-painkillers-become-harder-to-abuse/.

5. Tracie White, "Surgeries found to increase risk of chronic opioid use," *Stanford Medicine* News *Center*, July 11, 2016, https://med.stanford.edu/news/all-news/2016/07/surgery-found-to-increase-risk-of-chronic-opioid-use.html.

6. "Virtual Reality Pain Reduction," HITLab, https://www.hitl.washington.edu/projects/vrpain/.

7. "VR Therapy for Spider Phobia," HITLab, https://www.hitl.washington.edu/projects/exposure/.

8. Hunter G. Hoffman et al., "Modulation of thermal pain-related brain activity with virtual reality: evidence from fMRI," *Neuroreport* 15 (2004): 1245-48.

9. 상동.

10. Yuko S. Schmitt et al., "A Randomized, Controlled Trial of Immersive Virtual Reality Analgesia during Physical Therapy for Pediatric Burn Injuries," *Burns* 37 (2011): 61-68.

11. 상동.

12. Mark D. Wiederhold, Kenneth Gao, and Brenda K. Wiederhold, "Clinical Use of Virtual Reality Distraction System to Reduce Anxiety and Pain in Dental Procedures," *Cyberpsychology, Behavior, and Social Networking* 17 (2014): 359-65.

13. Susan M. Schneider and Linda E. Hood, "Virtual Reality: A Distraction Intervention for Chemotherapy," *Oncology Nursing Forum* 34 (2007): 39-46.

14. Tanya Lewis, "Virtual Reality Treatment Relieves Amputee's Phantom Pain," *Live Science*, February 25, 2014, http://www.livescience.com/43665-virtual-reality-treatment-for-phantom-limb-pain.html.

15. J. Foell et al., "Mirror therapy for phantom limb pain: Brain changes and the role of body representation," *European Journal of Pain* 18 (2014): 729-39.

16. A. S. Won, J. N. Bailenson, and J. Lanier, "Homuncular Flexibility: The Human Ability to Inhabit Nonhuman Avatars," *Emerging Trends in the Social and Behavioral Sciences: An Interdisciplinary,*

Searchable, and Linkable Resource (Hoboken: John Wiley and Sons, 2015), 1-16.

17. A. S. Won, Jeremy Bailenson, J. D. Lee, and Jaron Lanier, "Homuncular Flexibilty in Virtual Reality," *Journal of Computer-Mediated Communication* 20 (2015): 241-59.

18. A. S. Won, C.A. Tataru, C. A. Cojocaru, E. J. Krane, J. N. Bailenson, S. Niswonger, and B. Golianu, "Two Virtual Reality Pilot Studies for the Treatment of Pediatric CRPS," *Pain Medicine* 16, no. 8 (2015): 1644-47.

• 제7장

1. Elisabeth Rosenthal, "Toward Sustainable Travel: Breaking the Flying Addiction," *environment360*, May 24, 2010, http://e360.yale.edu/feature/toward_sustainable_travel/2280/.

2. John Bourdreau, "Airlines still pamper a secret elite," *Mercury News*, July 31, 2011, http://www.mercurynews.com/2011/07/31/airlines-still-pamper-a-secret-elite/.

3. Ashley Halsey III, "Traffic Deaths Soar Past 40,000 for the First Time in a Decade," *Washington Post*, February 15, 2017.

4. Christopher Ingraham, "Road rage is getting uglier, angrier and a lot more deadly," *Washington Post*, February 18, 2015, https://www.washingtonpost.com/news/wonk/wp/2015/02/18/road-rage-is-getting-uglier-angrier-and-a-lot-more-deadly/.

5. "UN projects world population to reach 8.5 billion by 2030, driven by growth in developing countries," *UN News Centre*, July 29, 2015, http://www.un.org/apps/news/story.asp?NewsID=51526#.V9DVUJOU0o8.

6. Michael Abrash, "Welcome to the Virtual Age," *Oculus Blog*, March 31, 2016, https://www.oculus.com/blog/welcome-to-the-virtual-age.

7. W. S. Condon and W. D. Ogston, "A Segmentation of Behavior," *Journal of Psychiatric Research* 5 (1967): 221-35.

8. Adam Kendon, "Movement coordination in social interaction: Some examples described," *Acta Psychologica* 32 (1970): 101-25.

9. Adam Kendon, *Conducting Interaction: Patterns of Behavior in Focused Encounters* (Cambridge University Press, 1990), 114.

10. Clair O'Malley et al., "Comparison of face-to-face and video mediated interaction," *Interacting with Computers* 8 (1996): 177-92.

11. Marianne LaFrance, "Nonverbal synchrony and rapport: Analysis by the cross-lag panel technique," *Social Psychology Quarterly* 42 (1979): 66-70.

12. Andrea Stevenson Won et al., "Automatically Detected Nonverbal Behavior Predicts Creativity in Collaborating Dyads," *Journal of Nonverbal Behavior* 38 (2014): 389-408.

13. Scott S. Wiltermuth and Chip Heath, "Synchrony and Cooperation," Psychology Science 20 (2009): 1-5.

14. Philip Rosedale, "Life in Second Life," TED Talk, December 2008. https://www.ted.com/talks/the_inspiration_of_second_life/transcript?language=en.

15. "Just How Big is Second Life?-The Answer Might Surprise You [Video Infographic]," YouTube video, 1:52, posted by "Luca Grabacr," November 3, 2015, https://www.youtube.com/watch?v=55tZbq8yMYM.

16. Dean Takahashi, "Second Life pioneer Philip Rosedale shows of virtual toy room in High Fidelity," *Venture Beat*, October 28, 2015, http://venturebeat.com/2015/10/28/virtual-world-pioneer-philip-rosedale-shows-off-virtual-toy-room-in-high-fidelity/.

17. 상동.

18. J. H. Janssen, J. N. Bailenson, W. A. IJsselsteijn, and J. H. D. M. Westerink, "Intimate heartbeats: Opportunities for affective communication technology." *IEEE Transactions on Affective Computing* 1, no. 2 (2010): 72-80.

19. A. Haans and A. I. Wijnand, "The Virtual Midas Touch: Helping Behavior After a Mediated Social Touch," *IEEE Transactions on Haptics* 2, no. 3 (2009): 136-40.

20. Tanya L. Chartrand and John A. Bargh, "The Chameleon Effect: The Perception-Behavior Link and Social Interaction," *Journal of Personality and Social Psychology* 76, no. 6 (1999) 893-910.

21. David Foster Wallace, *Infinite Jest*, (Boston: Little, Brown, 1996), 146-49.

22. S. Y. Oh, J. N. Bailenson, Nicole Kramer, and Benjamin Li, "Let the Avatar Brighten Your Smile: Effects of Enhancing Facial Expressions in Virtual Environments," *PLoS One* (2016).

- 제8장

1. Susan Sontag, *Regarding the Pain of Others* (New York: Farrar, Straus and Giroux, 2003), 54. 한국어판은 이재원 옮김, 『타인의 고통』(이후, 2004).

2. Jon Peddie, Kurt Akeley, Paul Debevec, Erik Fonseka, Maichael Mangan, and Michael Raphael, "A Vision for Computer Vision: Emerging Technologies," July 2016 SIGGRAPH Panel, http://dl.acm.org/citation.cfm?id=2933233.

3. Zeke Miller, "Romney Campaign Exaggerates Size Of Nevada Event With Altered Image," *Buzzfeed*, October 26, 2012, https://www.buzzfeed.com/zekejmiller/romney-campaign-appears-to-exaggerate-size-of-neva.

4. Hillary Grigonis, "Lytro Re-Creates the Moon Landing to Demonstrate Just What Light-field VR Can Do," *Digital Trends*, August 31, 2016, http://www.digitaltrends.com/virtual-reality/lytro-immerge-preview-video-released/.

5. “One Dark Night,” *Emblematic*, https://emblematicgroup.squarespace.com/#/one-dark-night/.

6. Adi Robertson, “Virtual reality pioneer Nonny de la Peña charts the future of VR journalism,” *The Verge*, January 25, 2016, http://www.theverge.com/2016/1/25/10826384/sundance-2016-nonny-de-la-pena-virtual-reality-interview.

7 영화의 스토리텔링이 무성영화로부터 초기 토키(유성영화)로 어떻게 전개됐는지는 다음 다큐멘터리에서 볼 수 있다. *Vision of Light* (Kino International, 1992), directed by Arnold Glassman, Todd McCarthy, and Stuart Samuels.

• 제9장

1. “joan ganz cooney,” *Sesame Workshop*, http://www.sesameworkshop.org/about-us/leadership-team/joan-ganz-cooney/.

2. Kieth W. Mielke, “A Review of Research on the Educational and Social Impact of *Sesame Street*,” in *G Is for Growing: Thirty Years of Research on Children and Sesame Street*, ed. Shalom M. Fisch and Rosemarie T. Truglio (Mahwah, NJ: Lawrence Erlbaum Associates, 2001), 83.

3. Daniel L. Schwartz and John D. Bransford, “A Time for Telling,” *Cognition and Instruction* 16 (1998): 475-522.

4. Chris Dede, “Immersive Interfaces for Engagement and Learning,” *Science*, 323 (2009): 66-69.

5. S. J. Metcalf, J. Clarke, and C. Dede, “Virtual Worlds for Education: River City and EcoMUVE,” *Media in Transition International Conference*, MIT, April 24-26, 2009.

6. Roxana Moreno and Richard E. Mayer, “Learning Science in Virtual Reality Multimedia Environments: Role and Methods and Media,” *Journal of Educational Psychology* 94, no. 3 (September 2002) 598-610.

7. “the small data lab @CornellTech,” http://smalldata.io/.

8. Andrea Stevenson Won, Jeremy N. Bailenson, and Joris H. Jannsen, “Automatic Detection of Nonverbal Behavior Predicts Learning In Dyadic Interactions,” *IEEE Transactions On Affective Computing*, 5 (2014): 112-25.

9. J. N. Bailenson, N. Yee, J. Blascovic, and R. E. Guadagno, “Transformed Social Interaction in Mediated Interpersonal Communications,” from *Mediated Interpersonal Communications* (New York, Routledge, 2008), 75-99.

10. Ivan E. Sutherland, “The Ultimate Display,” in *Proceeding of the IFIP Congress*, ed. Wayne A. Kalenich (London: Macmillan 1965), 506-8.

11. Andries Van Dam, Andrew S. Forsberg, David H. Laidlaw, Joseph J. LaViola Jr., and Rosemary M. Simpson, “Immersive VR for Scientific Visualization: A Progress Report,” *IEEE Computer Graphics and Applications* 20, no. 6 (2000): 26-52.

• 제10장

1. Google Trends, https://www.google.com/trends/explore?date=today%203-m&q=vr%20porn.

찾아보기

| ㄹ |

| ㅁ |

| ㅂ |

| ㅅ |

| ㅇ |

지은이 **제러미 베일렌슨**Jeremy Bailenson

스탠퍼드대학 교수이자 가상인간상호작용연구소VHIL 소장이다. 1999년, 노스웨스턴대학에서 인지심리학 박사 학위를 받고, 캘리포니아대학 샌타바버라 캠퍼스UCSB에서 박사후연구원 및 조교수로 재직했다.
가상현실의 심리학, 특히 가상 경험이 자신과 타인의 인식 변화를 이끌어내는 방법에 대해 연구한다. 사람들이 가상 공간에서 만날 수 있는 시스템을 구축하고 연구하며, 사회적 상호 작용의 본질 변화를 탐구한다. 그의 최근 연구는 가상현실이 교육, 환경 보전, 공감, 건강 분야를 어떻게 변화시킬지에 초점을 두고 있다.
《워싱턴 포스트Washington Post》, 《슬레이트Slate》, 《샌프란시스코 크로니클San Francisco Chronicle》 등에 글을 썼다.

옮긴이 **백우진**

번역자이자 저술가, 글쓰기 강사.
인공지능(AI)의 물리적 기초와 원리부터 AI가 인간과 사회에 던지는 과제, AI와 인류의 미래까지 망라해 설명하고 논의한 책 『맥스 테그마크의 라이프 3.0』을 번역했다.
저서에 『백우진의 글쓰기 도구상자』, 『일하는 문장들』이 있다. 우리말 단어의 고유 무늬와 결을 탐구한 『단어의 사연들』도 있다. 『안티 이코노믹스』, 『한국경제 실패학』, 『슈퍼개미가 되기 위한 38가지 제언』, 『나는 달린다, 맨발로』도 썼다.
동아일보, 중앙일보 이코노미스트 등 활자 매체의 기자, 재정경제부 공무원, 한화투자증권 편집위원으로 활동했다.

두렵지만 매력적인

가상현실(VR)이 열어준 인지와 체험의 인문학적 상상력

초판 1쇄 찍은날 2019년 2월 12일
초판 1쇄 펴낸날 2019년 2월 20일
지은이 제러미 베일렌슨
옮긴이 백우진
펴낸이 한성봉
책임편집 이동현
편집 안상준·하명성·조유나·박민지·최창문·김학제
디자인 전혜진·김현중
본문조판 김경주
마케팅 이한주·박신용·강은혜
기획홍보 박연준
경영지원 국지연·지성실
펴낸곳 도서출판 동아시아
등록 1998년 3월 5일 제1998-000243호
주소 서울시 중구 소파로 131 [남산동 3가 34-5]
페이스북 www.facebook.com/dongasiabooks
전자우편 dongasiabook@naver.com
블로그 blog.naver.com/dongasiabook
인스타그램 www.instagram.com/dongasiabook
전화 02) 757-9724, 5
팩스 02) 757-9726

ISBN 978-89-6262-265-2 03400

이 도서의 국립중앙도서관 출판예정도서목록(CIP)은
서지정보유통지원시스템 홈페이지(http://seoji.nl.go.kr)와
국가자료공동목록시스템(http://www.nl.go.kr/kolisnet)에서
이용하실 수 있습니다. (CIP제어번호: CIP2019003837)